KB144784

물리의
정석

특수 상대성 이론과 고전 장론 편

레너드 서스킨드
아트 프리드먼

이종필 옮김

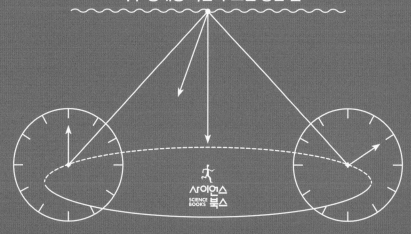

물리의 정석

특수 상대성 이론과 고전 장론 편

사이언스
SCIENCE
BOOKS 북스

내 아버지이며 나의 영웅이자

용감한 사나이였던

벤저민 서스킨드에게

— 레너드 서스킨드

내 아내 매기와

그 부모님이신

데이비드 슬론과 바버라 슬론에게

— 아트 프리드먼

이 책은 '최소한의 이론(Theoretical Minimum)'이라는 나의 유튜브 강좌를 거의 그대로 옮긴 단행본 중의 하나이다. 공저자인 아트 프리드먼은 그 강좌의 수강생이었다. 아트는 직접 강의 주제를 배웠으므로 초심자를 괴롭힐지도 모를 쟁점에 신경을 더 쏟을 수 있었다는 것이 이 책의 장점이다. 원고를 쓰는 동안 우리는 너무나 즐거웠으며, 그런 기분을 약간의 유머를 곁들여 전달하려고 노력했다. 이런 유머를 알아채지 못한다면 무시해도 좋다.

『물리의 정석』 1권과 2권은 고전 역학과 기초 양자 역학을 다루었다. 지금까지 우리는 빛을 다루지 않았다. 왜냐하면 빛은 상대론적 현상, 즉 특수 상대성 이론과 관계가 있는 현상이기 때문이다. 특수 상대성 이론과 고전 장론이 이 책의 목표이다. 특수 상대성 이론의 맥락에서 고전 장론은 파동, 하전 입자(charged particle)에 작용하는 힘 등을 다루는 전자기 이론이 된다. 우리는 특수 상대성 이론에서 시작할 것이다.

레너드 서스킨드

이민자의 후손이었던 부모님은 두 가지 언어를 하셨다. 우리 형제가 어렸을 때는 이디시 어[1] 단어와 구문을 몇 가지 가르치기도 하셨지만, 이디시 어는 주로 당신들만 사용하셨다. 종종 우리가 알아듣지 못했으면 하는 것들을 이야기할 때 말이다. 부모님들이 비밀 대화를 나눌 때 와자지껄하게 웃음이 터지는 경우가 많았다. 이디시 어는 표현적인 언어여서 위대한 문학뿐만 아니라 일상 생활과 현실적인 유머에도 아주 적합했다. 내 이해력이 부족해서 괴롭기는 했지만 말이다. 나는 모든 위대한 작품을 원전으로 꼭 읽고 싶었으나 솔직히 그냥 농담을 따라가는 것만으로도 충분히 만족했다.

우리 중 많은 사람은 수리 물리학에 비슷한 느낌을 갖고 있다. 우리는 위대한 생각과 문제를 이해하고, 자신의 창의력을 발휘하고 싶어 한다. 읽고 쓸 시가 있음을 알고 있고 어떤 식으로든 참가하기를 갈망한다. 우리에게 부족한 것은 단지 그 '비밀의 언

---

1) 독일과 프랑스를 중심으로 중앙 및 동부 유럽에 퍼져 살았던 아슈케나지 유대인의 언어. ― 옮긴이

어'이다. 이 연속 강좌의 목표는 여러분에게 물리학의 언어를 가르치고 그 속의 위대한 사상을 원래 모습 그대로 보여 주는 것이다.

이제 여러분은 20세기 물리학의 상당 부분을 파악할 수 있을 것이다. 알베르트 아인슈타인(Albert Einstein)의 초기 업적을 이해하게 될 것이라고 확실히 말할 수 있다. 최소한 여러분은 농담이라도 몇 마디 건질 것이고 그 밑에 깔린 진지한 생각도 알게 될 것이다. 여러분이 쉽게 시작할 수 있도록 우리가 직접 나누었던 농담을 몇 개 넣어 두었다.

이 책이 나오기까지 도움을 준 모두에게 감사를 표할 수 있어 기쁘다. "당신이 없었다면 결코 이 일을 해내지 못했을 겁니다."라는 말은 진부한 표현이지만, 그 말이 또한 사실인 것은 어쩔 수가 없다. 브록만 사(Brockman, Inc.)와 베이직 북스(Basic Books)의 전문가들과 함께 일하면 항상 즐거울뿐더러 새로운 경험을 하게 된다. 존 브록만(John Brockman), 맥스 브록만(Max Brockman), 마이클 힐리(Michael Healey)는 우리 아이디어를 실제 계획으로 전환하는 데 결정적인 역할을 했다. 거기서부터는 TJ 켈러허(TJ Kelleher), 엘렌 바르텔레미(Hélène Barthélemy), 캐리 나폴리타노(Carrie Napolitano), 멜리사 베로네시(Melissa Veronesi)가 엄청난 솜씨와 이해력을 발휘해 편집과 제작 과정을 헤쳐 나갔다. 펭귄 북스(Penguin Books)의 로라 스틱니(Laura Stickney)는 영국판이 아주 순조롭게 출판되게끔 일을 진행했다. 이런 경험은 정말로 처음이었다. 우리 초고를 극적으로 향상시킨 사람은 편집자 에이미 슈나이더(Amy Schneider)였다. 교정을 맡았던 로어 게 렛(Lor Gehret)과 벤 테도프(Ben Tedoff)도 마찬가지였다.

레너드의 수많은 옛 제자들은 너그럽게도 원고를 검토해 주 었다. 그들의 통찰과 제안 덕분에 책이 훨씬 더 좋아졌다. 제러미 브랜스컴(Jeremy Branscome), 바이런 돔(Byron Dom), 제프 저스 티스(Jeff Justice), 클린턴 루이스(Clinton Lewis), 조앤 샴릴 소사 (Johan Shamril Sosa), 던 마르시아 윌슨(Dawn Marcia Wilson)에게 진심으로 감사한다. 초고를 읽고 고칠 곳을 알려 준 베이커 지아 (Beike Jia), 필리프 반 리제베텐(Filip Van Lijsebetten), 조 앤 리스 (Jo Ann Rees)에게도 감사를 표한다.

언제나 그랬듯이 이 작업을 하는 내내 가족과 친구들의 온정 과 격려가 쏟아졌다. 내 아내 매기는 책에 들어간 헤르만의 은신 처 그림 두 장을 많은 시간을 쏟아 그리고 또 그렸다. 아픈 장모 님을 돌보면서 결국 먼 길을 떠나보내는 와중에도 제때 맞추어 작업을 끝내 주었다. 이 작업을 하면서 나는 내 인생의 두 가지 열정을 한꺼번에 추구하는 호사를 누렸다. 대학원 수준의 물리학 과 초등학교 5학년 수준의 유머가 그것이다. 이런 면에서 레너드 와 나는 완벽한 팀이었다. 레너드와의 공동 작업은 한 치의 에누 리도 없이 즐거웠다.

아트 프리드먼

차례

이 책은 「물리의 정석」 시리즈의 3권이다. 첫 번째 책인 『물리의 정석: 고전 역학 편』은 고전 역학을 다루었다. 이것은 물리학 교육에서 핵심 중의 핵심이다. 우리는 이 책을 간단히 1권이라 부르기도 할 것이다. 두 번째 책인 『물리의 정석: 양자 역학 편』은 양자 역학, 그리고 양자 역학과 고전 역학의 관계를 설명한다. 이번 책은 특수 상대성 이론과 고전 장론을 다룬다.

「물리의 정석」 시리즈는 스탠퍼드 대학교가 만든 웹사이트(www.theoreticalminimum. com)에서 이용할 수 있는 레너드 서스킨드의 강의 영상과 병행 출판된다. 기본적인 내용은 동일하지만 책은 영상에 나오지 않은 세부 내용과 주제를 부가적으로 담고 있다.

『특수 상대성 이론과 고전 장론 편』을
시작하며

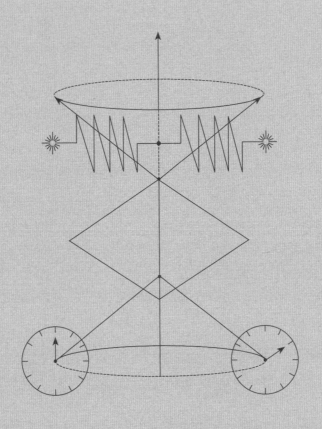

친애하는『물리의 정석』독자들과 학생들에게.

안녕하세요. 레니와 아트의 멋진 모험으로 돌아오신 것을 환영합니다. 우리는 지난번에 얽힘과 불확정성의 양자 세계 속으로 거칠고 흥겹게 질주하는 롤러코스터를 타다가 제정신을 차린 두 녀석을 남겨 두고 왔습니다. 이 둘은 무언가 차분하고, 믿을 만하며 결정론적이고, 고전적인 것을 기대하고 있었습니다. 하지만 지난번 같은 질주가 3권에서도 계속됩니다. 덜 거칠어진 것도 아닙니다. 길이 수축, 시간 팽창, 쌍둥이 역설, 상대적인 동시성, 폭스바겐 비틀 크기의 차고에 딱 들어맞았다가 또 맞지 않게 늘어나는 리무진. 레니와 아트는 무모한 모험을 거의 멈출 수가 없습니다. 그 질주의 끝에서 레니는 가짜 자기 홀극으로 아트를 속입니다.

글쎄요. 조금 지나친 표현일지도 모르겠습니다만, 초심자에게 상대론적 세상은 위험한 퍼즐과 믿기 힘든 역설로 가득 찬 이상하고도 경이로운 유령의 집입니다. 하지만 그 여정이 힘들어질 때면 우리가 거기서 여러분의 손을 잡아 줄 겁니다. 미적분과 선형 대수학의 몇 가지 기본적인 기초 지식만 있으면 앞길을 헤쳐 나가기에 충분합니다.

언제나처럼 우리 목표는 무언가를 지나치게 단순화하지 않으면서, 또한 다음 단계로 나아가기에 필요한 것보다 더 많이 이야기하지 않으면서도 완전히 진중한 방식으로 설명하는 것입니다. 그다음 단계는 여러분의 취향에 따라 양자 장론이나 일반 상대성 이론일 수도 있습니다.

아트와 제가 양자 역학을 다룬 2권을 출판한 지도 꽤 시간이 지났습니다. 물리학에서 가장 중요한 이론적 원리를 『물리의 정석』에 정제해서 담은 저희 노력에 감사를 표하는 전자 우편을 지금까지 수천 통 받아서 얼마나 기쁜지 모릅니다.

1권은 조제프 루이 라그랑주(Joseph Louis Lagrange), 윌리엄 해밀턴(William Hamilton), 시메옹 드니 푸아송(Simeon Denis Poisson), 그리고 다른 위대한 과학자들이 19세기에 정립한 고전 물리학의 일반적인 틀에 대해 설명하는 것이었습니다. 그 틀은 계속 유지되어 양자 역학으로 성장하면서 모든 현대 물리학을 바닥에서 떠받치게 되었습니다.

양자 역학은 막스 플랑크(Max Planck)가 고전 물리학의 한계를 발견한 1900년부터 물리학에 스며들기 시작해 1926년까지 계속되었습니다. 그해에 폴 디랙(Paul Dirac)은 플랑크, 알베르트 아인슈타인, 닐스 보어(Niels Bohr), 루이 드 브로이(Louis de Broglie), 에르빈 슈뢰딩거(Erwin Schrödinger), 베르너 하이젠베르크(Werner Heisenberg), 막스 보른(Max Born)의 아이디어를 종합해 하나의 일관된 수학 이론으로 만들었습니다. 그 위대한 종합 이론(그런데 이것은 고전 역학에 대한 해밀턴과 푸아송의 틀에 기초해 있습니다.)이 『물리의 정석』 2권의 주제였습니다.

3권에서 우리는 19세기 고전 장론의 기원으로 역사적인 발걸음을 돌릴 겁니다. 저는 역사가가 아닙니다만, 마이클 패러데이(Michael Faraday)의 장(field)이라는 개념은 정확하게 추적할 수 있다고 생각합니다. 패러데이의 수학은 초보적이었지만, 그의 시각화 능력은 탁월해서 덕분에 그는 전자기장, 역선, 그리고 전자기 유도라는 개념에 이르게 되었습니다. 나중에 제임스 클러크 맥스웰(James Clerk Maxwell)이 통합된 전자기 방정식으로 결합한 것들 대부분을 패러데이는 자신의 직관적인 방식으로 이해했습니다. 패러데이에게는 한 가지 요소만이 부족했습니다. 즉 전기장이 변하면 전류와 비슷한 효과를 내게 된다는 점입니다.

  시간이 흘러 1860년대 초반의 어느 날, 이른바 이 변위 전류를 발견한 이가 맥스웰입니다. 그는 연구를 계속해서 최초의 진정한 장론(場論, theory of fields/field theory)을 구축했습니다. 전자기 및 전자기 복사 이론이 바로 그것입니다. 하지만 맥스웰 이론은 그 자체로 혼란스러운 문제를 갖고 있었습니다.

  맥스웰 이론에 얽힌 문제는 이 이론이 갈릴레오 갈릴레이(Galileo Galilei)가 처음으로 밝혔고 아이작 뉴턴(Isaac Newton)이 명확하게 언급한 하나의 기본 원리, 즉 "모든 운동은 상대적"이라는 원리와 부합하지 않는 것처럼 보인다는 점이었습니다. 어떤 (관성) 기준틀도 자신이 정지해 있다고 여길 자격이 여느 다른 기준틀보다 더 많지는 않습니다. 그러나 이 원리는 전자기 이론과는 불화를 일으킵니다. 전자기 이론은 빛이 초속 $c = 3 \times 10^8$ 미터라는 고유한 속도로 움직인다고 예측합니다. 어떻게 모든 기준틀에서 빛이 똑같은 속도를 갖는 게 가능할까요? 어떻게 빛이 기차역이라는 정지틀에서도, 그리고 또 속도를 높이고 있는 기차라는 기준틀에서도 똑같은 속도로 움직일 수 있을까요?

맥스웰과 다른 사람들은 이 충돌을 알고 있었으며 자신들이 알고 있던 가장 간단한 방법으로 문제를 해결했습니다. 갈릴레오의 상대성 원리(principle of relativity)를 내던져 버리는 편법을 택한 거죠. 이들은 에테르라는 독특한 물질로 가득 찬 세상을 그려 냈습니다. 에테르는 다른 보통의 물질과 마찬가지로 그 자신이 움직이지 않는 정지틀을 갖고 있습니다. 에테르주의자들에게 이 기준틀은 맥스웰의 방정식이 올바르게 적용되는 유일한 기준틀이었습니다. 에테르에 대해 움직이는 여느 다른 기준틀에서는 맥스웰 방정식을 보정해야만 했습니다.

이런 상황이 계속되던 1887년에 앨버트 마이컬슨(Albert Michelson)과 에드워드 몰리(Edward Morley)는 유명한 실험을 수행합니다. 에테르 속을 움직이는 지구 때문에 빛의 운동에 약간의 변화가 생길 텐데, 이를 측정하기 위한 실험이었죠. 그 결과가 무엇인지는 많은 독자가 알고 있으리라 확신합니다. 아무것도 찾아내지 못했죠. 사람들은 어쨌든 마이컬슨과 몰리의 결과를 설명하려고 노력했습니다. 가장 간단한 아이디어는 에테르 끌림이라 불렸습니다. 에테르가 지구와 함께 끌려다녀서 마이컬슨-몰리 실험이 정말로 에테르에 대해 정지해 있었다는 아이디어죠. 하지만 아무리 에테르 이론을 구하려고 애써도 추하고 볼품없을 뿐이었습니다.

아인슈타인 자신의 증언에 따르면, 그는 전자기와 운동의 상대성 사이의 충돌에 대해 생각하기 시작했던 1895년(16세 때)에는 마이컬슨-몰리 실험을 알지 못했습니다. 아인슈타인은 단순하게 그 충돌이 실제가 아니라는 것을 왠지 직관적으로 느꼈습니다. 아인슈타인은 서로 양립할 것 같지 않은 2개의 가정을 자기 생각의 근거로 삼았습니다.

1. 자연 법칙은 모든 기준틀에서 똑같다. 따라서 에테르 틀처럼 우선하는 기준틀 따위는 있을 수 없다.
2. 빛이 속도 c로 움직인다는 것은 자연 법칙이다.

불편하게 느껴질지도 모르지만, 이 두 원리가 함께 의미하는 바는 빛이 모든 좌표계에서 똑같은 속도로 움직여야 한다는 것입니다.

거의 10년이 걸렸지만, 1905년까지 아인슈타인은 이 원리들을 자신이 특수 상대성 이론이라 부른 이론과 조화시켰습니다. 흥미롭게도 1905년의 논문 제목에는 **상대성 이론**이라는 단어가 전혀 들어 있지 않았습니다. 그 제목은 「움직이는 물체의 전기동역학에 관하여(Zur Elektrodynamik bewegter Körper)」였습니다. 훨씬 더 복잡한 에테르는 물리학에서 사라지고 그 자리에는 공간과 시간을 다루는 새로운 이론이 들어섰습니다. 하지만 오늘날까지도 교과서에서 여전히 에테르 이론의 찌꺼기를 찾을 수 있습니다. 진공 유전체 상수라 불리는 기호 ϵ_0가 그렇죠. 이것은 마치 진공이 물성을 가진 물질과도 같다고 이야기하는 것처럼 보입니다. 이 주제에 생소한 학생들은 에테르 이론까지 거슬러 올라가는 표기법과 용어 때문에 종종 엄청난 혼란에 빠지곤 합니다. 이 강의에서 딴짓을 하지 않았다면 저는 이런 혼란을 없애려고 했을 겁니다.

다른 『물리의 정석』 책과 마찬가지로 저는 여기에 다음 단계로 옮겨 가는 데 필요한 최소한의 것들만 담았습니다. 그다음 단계는 여러분의 취향에 따라 양자 장론이 될 수도 있고, 일반 상대성 이론이 될 수도 있겠죠.

여러분은 이런 말을 예전에 들어 봤을 겁니다. "고전 역학은 직관적이다.", "물체는 예측 가능한 방식으로 움직인다." 노련한 야구 선수는 날아가는 야구공을 재빨리 쳐다보고 야구공의 위치와 속도로부터 그 공을 제때 잡기 위해 어디로 달려가야 할지 알아챕니다. 물론 예기치 않게 돌풍이 불어 그를 농락할 수도 있지만, 그것은 단지 그 선수가 모든 변수를 고려하지 않았기 때문입니다. 고전 역학이 왜 직관적인지에 대해서는 명확한 이유가 있습니다. 인간, 그리고 인간 이전의 동물들은 생존을 위해 매일 수없이 고전 역학을 사용해 왔습니다.

『물리의 정석』 2권에서 우리는 양자 역학을 배울 때 왜 물리 직관을 **잊어버리고** 무언가 완전히 다른 것으로 대체해야 하는지 아주 자세하게 설명했습니다. 새로운 수학적 추상 관념들과 이를 물리 세계와 연결하는 새로운 방법을 배워야만 했죠. 그렇다면 특수 상대성 이론은 어떨까요? 양자 역학이 아주 작은 것들의 세상을 탐색한다면, 특수 상대성 이론은 아주 빠른 것들의 영역으로 우리를 안내합니다. 물론 여기서도 우리의 직관을 접어야만 합니다. 하지만 좋은 소식이 있습니다. 특수 상대성 이론의 수학은 훨씬 덜 추상적이라서, 양자 역학에서처럼 수학적인 추상 관념들을 물리 세계와 연결하기 위해 뇌를 수술할 필요가 없습니다. 특수 상대성 이론은 우리의 직관을 확장하지만, 훨씬 더 부드럽게 하거든요. 사실, 특수 상대성 이론은 일반적으로 **고전** 물리학의 한 갈래로 여겨집니다.

특수 상대성 이론 때문에 우리는 공간, 시간, 그리고 특히 동시성이라는 개념들을 다시 생각해야만 합니다. 물리학자들이 이 개조 작업을 가볍게 수행한 것은 아닙니다. 여느 개념적인 도약과 마찬가지로 많은 사람이 특수 상대성 이론에 저항했습니다. 몇몇 물리학자는 특수 상대성 이론을 받아들일 때 질질 끌려가면서 발길질하고 비명을 질렀고, 또 다른 이들은 절대로 특수 상대성 이론을 받아들이지 않았다고 해도 좋을 정도였습니다.[1] 왜 이

---

1) 미국인으로는 처음으로 노벨 물리학상을 받은 앨버트 마이컬슨과 그의 동료 에드워드 몰리가 특히 그랬습니다. 정작 이들의 엄밀한 측정 덕분에 특수 상대성 이론을 강력하게 확증할 수 있었죠.

들 대부분이 결국 마음을 누그러뜨렸을까요? 특수 상대성 이론의 예측을 확증한 많은 실험은 차치하고서라도, **이론적으로도** 강력한 뒷받침이 있었기 때문입니다. 19세기 맥스웰과 다른 이들이 완성한 고전 전자기 이론은 "광속은 광속이다."라고 점잖게 선언했습니다. 즉 광속은 모든 관성(비가속) 기준틀에서 똑같습니다. 이 결론이 껄끄럽긴 했지만, 그냥 무시할 수는 없었죠. 전자기 이론은 단연 너무나 성공적이어서 그냥 털어내 버릴 수가 없었던 겁니다. 이 책에서 우리는 특수 상대성 이론과 전자기 이론 사이의 깊은 관계는 물론, 많은 흥미로운 예측과 역설을 살펴볼 것입니다.

⏱ 1강 ⏱

로런츠 변환

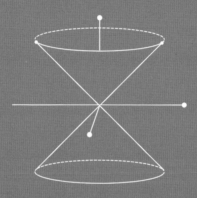

3권을 펼치자 아트와 레니가 죽어라 도망치고 있다.

아트: 이런, 레니, 힐베르트 공간에서 우리가 살아 나오다니 하늘에 감사해야겠군.

내 생각엔 우리가 결코 얽히지 않았어.

조금 더 고전적인 장소를 찾아서 지낼 수는 없을까?

레니: 좋은 생각이야, 아트. 불확정성에 관한 모든 것이 지겨워진 참이거든.

헤르만의 은신처로 가서 실제로는 무슨 일이 일어나고 있는지 알아보자고.

아트: 어디? 그 헤르만이라는 녀석은 누구야?

레니: 민코프스키 말이지? 오, 너도 좋아할 거야.

민코프스키 공간에는 브라가 하나도 없을 거야. 켓도 없고.

레니와 아트는 곧 헤르만의 은신처에 다다른다.

여기는 재빨리 스쳐 지나가는 사람들에게 음식을 제공하는 선술집이다.

아트: 헤르만은 왜 자기 은신처를 여기 이런 곳 한가운데에다가 세운 거지?

이게 뭐야? 젖소 목장? 논?

레니: 그것은 그냥 장(field)이라고 부른다네.

자네가 좋아하는 무엇이든지 키울 수 있지. 이를테면 젖소, 쌀, 신맛 피클 등등.

헤르만의 오랜 친구와 내가 아주 헐값에 그에게 땅을 빌려줬어.

아트: 그러니까 자넨 참 점잖은 농부로군! 누가 알았겠나?

그나저나, 여기 사람들은 죄다 어떻게 그리 홀쭉하지? 음식이 별로인가?

레니: 음식은 훌륭해. 사람들이 홀쭉한 이유는 이들이 아주 빨리 움직이기

때문이지. 헤르만은 공짜로 제트팩을 갖고 놀게 해 줘. 빨리! 조심해! 피하라고!

피하라니까!

아트: 완전 제트 미사일이네! 우리도 하나 입어 보자!

우리 둘 다 약간은 홀쭉해질 수도 있을 거 같아.

특수 상대성 이론은 무엇보다 기준틀에 관한 이론이다. 우리가 물리 세상에 대해 무언가를 말한다고 하면, 다른 기준틀에서도 우리의 진술이 여전히 사실일까? 땅에 가만히 서 있는 사람이 관측한 것이 제트 비행기를 타고 날아가는 사람에 대해서도 똑같이 유효할까? 관측자의 기준틀에 전혀 의존하지 않는, 변하지 않는 양이나 진술이 있을까? 이런 종류의 질문에 대한 답은 흥미롭고도 놀랍다. 실제로 그 대답이 20세기 초반 물리학의 혁명을 촉발했다.

1.1 기준틀

여러분은 이미 기준틀에 대해서 무언가를 좀 알고 있다. 고전 역학을 다룬 『물리의 정석』 1권에서 이야기를 했기 때문이다. 예를 들어 데카르트 좌표는 많은 사람에게 익숙하다. 데카르트의 틀에는 일군의 공간 좌표 x, y, z와 원점이 있다. 좌표계가 무슨 뜻인지 구체적으로 알고 싶다면, 미터자가 격자 형태로 가득 차 있는 공간을 생각해 보라. 이렇게 되면 공간상의 모든 점은 기준점으로부터 왼쪽으로 몇 미터, 위로 몇 미터, 안쪽으로 또는 바깥쪽으로 몇 미터 하는 식으로 표시할 수 있다. 이것이 공간 좌표계이다. 덕분에 우리는 사건이 어디서 일어나는지를 특정할 수 있다.

무언가가 **언제** 일어났는지를 특정하려면 시간 좌표 또한 필요하다. 기준틀은 공간과 시간 모두에 대한 좌표계로서 x, y, z 축과 t 축으로 구성된다. 공간의 모든 점에 시계가 놓여 있다고 상상하면, 앞서 우리가 구체화한 심상을 확장할 수 있다. 또한 모든 시계를 우리가 명확히 일치시켰다고 가정한다. 즉 똑같은 순간에 모든 시계는 $t = 0$을 가리키며 모든 시계는 똑같은 비율로 돌아간다. 따라서 기준틀이란 모든 점에 시간을 맞춘 시계가 놓여 있는 실제 또는 가상의 격자화된 미터자이다.

물론 시간과 공간에서 점을 명시하는 방법은 아주 많다. 이는 우리가 다른 기준틀을 가질 수 있음을 뜻한다. 우리는 $x = y = z = t = 0$인 기준을 어떤 다른 점으로 옮겨 새 기준에 대해 시간과 공간에서의 위치를 측정할 수 있다. 또한 좌표계를 다른 방향으로 돌릴 수도 있다. 마지막으로 어떤 특정한 기준틀에 대해 움직이고 있는 기준틀을 생각할 수도 있다. 우리는 **당신**의 기준틀과 **나**의 기준틀이라고 말할 수도 있다. 바로 여기가 중요한 지점이다. 좌표축과 기준 말고도 기준틀은 측정을 위해 그 모든 시계와 미터자를 사용할 수 있는 **관측자**와 결부되어 있다.

여러분이 강의실 앞줄 가운데에 가만히 앉아 있다고 가정해 보자. 강의실은 여러분의 기준틀에서 정지해 있는 미터자와 시계로 가득 차 있다. 강의실에서 벌어지는 모든 사건에는 여러분의 자와 시계로 위치와 시간이 할당된다. 나 또한 강의실에 있다. 하지만 가만히 서 있지 않고 여기저기 움직인다. 여러분을 지나쳐 왼쪽으로 또는 오른쪽으로 나아갈 수도 있다. 그렇게 움직이면서 나는 나만의 격자화된 시계와 자를 지니고 있다. 매 순간 나는 나 자신의 공간 좌표 한가운데에 있으며 여러분은 여러분 좌표의 한가운데에 있다. 나의 좌표와 여러분의 좌표는 분명히 다르다. 여러분은 하나의 사건을 x, y, z와 t로 명시한다. 나는 내가 여러분을 지나 움직일 수도 있음을 고려해 똑같은 사건을 다른 좌표계로 명시한다. 특히 내가 여러분에 대해 x 축을 따라 움직이고 있다면 여러분과 나의 x 좌표는 일치하지 않을 것이다. 나는 항상 내 코끝이 $x=5$에 있다고 말할 것이다. 이는 코끝이 내 머리 중심에서 5인치 앞에 있다는 뜻이다. 하지만 여러분은 내 코가 $x=5$에 있지 않다고 말할 것이다. 내 코가 움직이고 있으며 그 위치는 시간에 따라 변한다고 말할 것이다.

나는 또한 $t=2$일 때 내 코를 긁을 수도 있다. 내가 코를 긁었을 때 내 코끝의 시계가 강의 시작 뒤 2초를 가리키고 있었다는 뜻이다. 여러분은 내가 코를 긁었을 때 여러분의 시계 또한 $t=2$를 가리킬 것이라는 생각을 떨치기 어려울 것이다. 정확히 여기가 상대론적 물리학이 뉴턴 물리학과 결별하는 지점이다. 모든 기준틀의 모든 시계를 맞출 수 있다는 가정은 직관적으로 명확해 보이지만, 이는 아인슈타인의 가정인 상대적인 운동 및 광속의 보편성과 충돌한다.

다른 기준틀의 다른 위치에 있는 시계를 어떻게, 그리고 어느 정도까지 일치시킬 수 있을지는 곧 자세히 알아보겠지만, 당분간은 임의로 주어진 순간에 여러분의 모든 시계가 서로 일치하며 나의 시계와도 일치한다고 가정할 것이다. 다시 말하자면 우리는 잠정적으로 뉴턴을 따를 것이며 시간 좌표는 여러분에게나 나에게나 정확하게 똑같고 우리의 상대적인 운동으로부터 그 어떤 애매함도 생겨나지 않는다고 가정한다.

1.2 관성 기준틀

사건 발생에 표지를 붙이는 좌표가 없다면 물리 법칙을 기술하기란 굉장히 어려웠을 것이다. 우리가 앞서 보았듯이 좌표계는 많이 있으므로 똑같은 사건을 기술하는 방법도 많다. 아인슈타인뿐만 아니라 갈릴레오와 뉴턴에게도 상대성이란 그런 사건들을 지배하는 법칙이 모든 관성 기준틀에서 똑같음을 의미했다. 관성틀이란 외력이 작용하지 않을 때 어떤 입자가 일정한 속도로 직선으로 움직이는 좌표계이다. 모든 좌표계가 관성틀이 아님은 명백하다. 여러분의 좌표계가 관성틀이라 가정해 보자. 그렇다면 방안으로 내던진 입자는 여러분의 자와 시계로 측정했을 때 일정한 속도로 움직인다. 만약 내가 우연히도 앞뒤로 걷고 있었다면 내가 돌아설 때마다 내게 그 입자는 가속하는 것처럼 보일 것이다. 그러나 만약 내가 직선을 따라 일정한 움직임으로 걸어간다면 나 또한 그 입자가 일정한 속도로 움직이는 것을 보게 될 것이다. 일반적으로 임의의 두 관성틀은 직선을 따라 일정한 상대 운동으로 움직여야 한다고 말할 수 있다.

뉴턴의 만유인력이나 $F = ma$와 같은 물리 법칙은 모든 관성 기준틀에서 똑같다는 것이 뉴턴 역학의 한 특징이다. 나는 이 특징을 이런 식으로 표현하길 좋아한다. 내가 숙련된 곡예사라고 가정해 보자. 나는 저글링(공 던지고 받기)에 성공하는 몇 가지 규칙을 배우게 되었다. 만약 내가 공을 수직 상방으로 던지면 그 공은 똑같은 출발점으로 떨어져 되돌아올 것이다. 사실 나는 기차역 승강장에서 기차를 기다리며 서 있는 동안 나만의 이 규칙을 배웠다.

기차가 역에 정차하면 나는 기차에 올라타서 즉시 저글링을 시작한다. 하지만 기차가 역을 빠져나갈 때는 낡은 법칙이 작동하지 않는다. 한동안 공은 내가 예측할 수 없는 곳으로 떨어지며 이상한 방식으로 움직이는 것처럼 보인다. 그러나 일단 기차가 일정한 속도로 가기 시작하면 그 법칙은 다시 작동하기 시작한다. 만약 내가 움직이는 관성 기준틀 안에 있고 모든 것이 봉쇄돼 바깥을 보지 못한다면, 나는 내가 움직이고 있다고 말할 수 없다. 만약 저글링을 해서 알아내려고 한다면 나의 저글링 표준 법칙이 작동한다는 사실을 알게 될 뿐일 것이다. 나는 내가 정지해 있다고 생각할 수도 있겠지만, 그것은 옳지 않다. 내가 진실로 말할 수 있는 것은 내가 관성 기준틀 속에 있다는 사실뿐이다.

상대성 원리에 따르면 **물리 법칙은 모든 관성 기준틀에서 똑같다.** 이 원리는 아인슈타인이 만들어 낸 것이 아니다. 아인슈타인 이전부터 존재했고 대개는 갈릴레오의 공적으로 여겨진다. 뉴턴은 분명히 이 법칙을 인식했을 것이다. 아인슈타인은 어떤 새로운 요소를 보탰을까? 그는 하나의 물리 법칙을 더했다. 바로 "광속(c)은 광속이다."라는 법칙이다. 미터를 기준으로 하면 빛의 속도는 초속으로 대략 3×10^8 미터이다. 마일(mile)로는 초속 186,000마일, 광년(light-year)으로는 1년에 정확하게 1광년을 간다.[1] 그러나 일단 단위가 정해지면 아인슈타인의 새 법칙은 광속이 모든 관측자에게 똑같다고 주장한다.

이 두 가지 아이디어(물리 법칙이 모든 관성 기준틀에서 똑같다는 법칙과 빛은 고정된 속도로만 움직인다는 물리 법칙)를 조합하면 빛은 모든 관성 좌표계에서 똑같은 속도로 움직여야 한다는 결론에 이르게 된다. 이 결론은 정말 당황스럽다. 그래서 몇몇 물리학자들은 특수 상대성 이론을 모두 거부하기도 했다. 다음 절에서 우리는 아인슈타인의 논리를 쫓아 이 새로운 법칙의 결말을 보게 될 것이다.

1.2.1 (특수 상대성 이론 이전)뉴턴의 틀

이 절에서 나는 뉴턴이 기준틀 사이의 관계를 어떻게 기술했을지, 그리고 광선의 운동에 대한 그의 결론을 설명할 것이다. 뉴턴의 기본 가정은 모든 기준틀에서 똑같은 보편적인 시간이 존재한다는 것이었다.

y와 z 방향은 무시하고 x 방향에만 전적으로 초점을 맞춰

---

1) 1초 동안에는 0.000000031688087814029광년=1광초를 간다. — 옮긴이

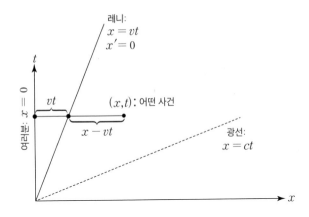

그림 1.1 뉴턴의 틀.

서 논의를 시작해 보자. 이 세상이 1차원이어서 모든 관측자가 x 축을 따라서는 자유롭게 움직이지만, 공간의 다른 두 방향에 대해서는 움직일 수 없는 듯이 여길 것이다. 그림 1.1은 표준적인 표기법으로서 x 축은 오른쪽을 가리키고 t 축은 위쪽을 가리킨다. 이 축들은 여러분의 좌표틀, 즉 강의실에 정지해 있는 틀에서 자와 시계를 기술한다. (나는 임의로 여러분의 틀을 **정지틀**, 나의 틀을 **운동틀**로 부를 것이다.) 우리는 여러분의 틀에서 빛이 표준 속력인 c 로 움직인다고 가정할 것이다. 이런 종류의 도표를 **시공간 도표**라 부른다. 여러분은 이를 세상에 대한 지도, 그것도 모든 가능한 장소와 **그리고** 모든 가능한 시간을 보여 주는 지도라 생각해도 좋다.

만약 광선이 원점에서 나와 오른쪽을 향해 움직인다면 빛은

$$x = ct$$

의 방정식으로 주어지는 궤적을 따라 움직일 것이다. 마찬가지로 왼편으로 움직이는 광선은

$$x = -ct$$

로 표현될 것이다. 음의 속도는 단지 왼쪽으로 움직인다는 뜻이다. 앞으로 나올 여러 그림에서 나는 나의 좌표틀이 오른쪽으로 (양의 v로) 움직이는 것처럼 그릴 것이다. 여러분은 연습 삼아 음의 v에 대해 그림을 그려 볼 수 있다.

그림 1.1에서 광선은 점선으로 그렸다. 만약 축의 단위가 미터와 초라면 광선은 거의 수평선처럼 보일 것이다. 빛은 수직으로 겨우 1초 움직이는 동안 오른쪽으로 3×10^8미터 움직이기 때문이다! 그러나 c의 수치는 전적으로 여러분이 선택하는 단위에 의존한다. 따라서 광속에 대해서는 어떤 다른 단위(광선 궤적의 기울기가 유한하다는 사실을 조금 더 분명하게 볼 수 있는 단위)를 사용하는 것이 편리하다.

이제 여러분의 틀에 대해 상대적으로 x 축을 따라 일정한 속도 v로 움직이는 **나의** 틀을 더해 보자.[2] 이 속도는 양수일 수도 있고(이 경우 나는 여러분의 오른쪽으로 움직일 것이다.) 음수일 수도

---

2) 이를 "여러분 틀 속의 내 궤적."으로 기술할 수도 있을 것이다.

있으며(나는 여러분의 왼쪽으로 움직일 것이다.) 또는 0이 될 수도 있다. (우리는 서로 정지해 있으며 나의 궤적은 이 그림에서 수직선이 될 것이다.)

나의 좌표는 x와 t 대신 x'과 t'이라고 부를 것이다. 내가 여러분에 대해 일정한 속도로 움직이고 있다는 사실은 시공간 속의 내 궤적이 직선임을 의미한다. 여러분은 나의 운동을

$$x = vt,$$

즉

$$x - vt = 0$$

이라는 식으로 기술할 수 있다. 여기서 v는 그림 1.1에서 보듯이 여러분에 대한 나의 속도이다. 나는 나 자신의 운동을 어떻게 기술할까? 쉽다. 나는 항상 나 자신의 좌표계의 원점에 있다. 즉 나는 나 자신을 $x' = 0$이라는 식으로 기술한다. 흥미로운 질문은 이런 것이다. 하나의 틀을 다른 틀로 어떻게 변환할까? 즉 여러분의 좌표계와 나의 좌표계 사이의 관계는 무엇일까? 뉴턴에 따르면 그 관계는

$$t' = t \qquad\qquad (1.1)$$
$$x' = x - vt \qquad\qquad (1.2)$$

이다. 첫 식은 모든 관측자에게 똑같은 보편적인 시간이라는 뉴턴의 가정이다. 두 번째 식은 단지 나의 좌표 x'이 원점에서 측정했을 때 여러분의 좌표로부터 우리의 상대 속도 곱하기 시간만큼 옮겨졌음을 보여 준다. 이로부터 우리는 방정식

$$x - vt = 0$$

과

$$x' = 0$$

이 똑같은 의미임을 알 수 있다. 식 1.1과 식 1.2는 관성 기준틀 2개 사이의 뉴턴식 좌표 변환이다. 여러분의 좌표에서 어떤 사건이 언제 어디서 발생했는지를 알면, 나의 좌표에서 그 사건이 언제 어디서 발생하는지 알 수 있다. 이 관계를 뒤집을 수 있을까? 쉬운 문제이므로 풀이는 여러분에게 남겨 둘 것이다. 그 결과는

$$t = t' \tag{1.3}$$
$$x = x' + vt' \tag{1.4}$$

이다.

이제 그림 1.1의 광선을 보자. 가정에 따르면 빛은 여러분의

틀에서 $x = ct$ 의 경로를 따라 움직인다. 빛의 운동을 나의 틀에서는 어떻게 기술할까? 식 1.3과 식 1.4로부터 x 와 t 의 값을 식 $x = ct$ 에 단지 대입하기만 하면

$$x' + vt' = ct'$$

을 얻는다. 이는 다음과 같은 형태로 다시 쓸 수 있다.

$$x' = (c - v)t'.$$

당연하게도 이 식은 광선이 나의 틀에서 $(c - v)$ 의 속도로 움직임을 보여 준다. 이는 아인슈타인의 새 법칙, 즉 모든 광선은 모든 관성 기준틀에서 똑같은 속도 c 로 움직인다는 법칙과 말썽을 일으킨다. 만약 아인슈타인이 옳다면 무언가 심각하게 잘못되었다. 아인슈타인과 뉴턴이 둘 다 옳을 수는 없다. 모든 관측자가 동의하는 보편적인 시간이 있다면 광속은 보편일 수 없다.

진도를 나가기 전에 **왼쪽**으로 움직이는 광선에 어떤 일이 벌어지는지 살펴보자. 여러분의 기준틀에서는 그런 빛이

$$x = -ct$$

의 식을 만족할 것이다. 나의 틀에서는 뉴턴의 규칙에 따라

$$x' = -(c+v)t$$

임을 쉽게 알 수 있다. 즉 내가 여러분의 오른쪽으로 움직이고 있다면 같은 방향으로 움직이는 광선은 약간 늦게 ($c-v$의 속력으로) 날아가고 반대 방향으로 움직이는 광선은 약간 빠르게 ($c+v$의 속력으로) 날아간다. 이는 뉴턴과 갈릴레오가 말했던 바이다. **모두가** 19세기 말이 되기 전까지는 이렇게 이야기했다. 그때는 광속을 엄청난 정밀도로 측정하기 시작했고 관성 관측자가 어떻게 움직이더라도 광속이 항상 똑같음을 알아낸 시기였다.

이 갈등을 조정하는 유일한 방법은 다른 기준틀 좌표들 사이의 뉴턴식 변환 법칙이 무언가 잘못되었음을 인식하는 것이다.[3] 광속이 우리 모두에게 똑같게 하려면 식 1.1과 식 1.2를 어떻게 고쳐야 할지를 알아야 한다.

1.2.2 특수 상대성 이론의 틀

새로운 변환식을 유도하기 전에 뉴턴의 핵심 가정을 다시 떠올려 보자. 가장 위험하면서도 사실상 잘못된 가정은 동시성이 모든 좌표틀에서 똑같음을 뜻한다는 것이다. 즉 우리가 시계를 동기화하고 실험에 착수한 뒤 내가 움직이기 시작했다면 나의 시계는

---

3) 이 말이 경박하게 들릴지도 모르겠다. 사실 세상에서 가장 뛰어난 수많은 물리학자들이 $t' = t$라는 식을 포기하지 않고 이 문제를 해결하려고 노력했으나, 모두 실패했다.

여러분의 시계와 동기화된 채로 남아 있을 것이다. 이제 우리는

$$t' = t$$

라는 식이 움직이는 시계와 정지한 시계 사이의 올바른 관계가 **아님을** 알게 될 것이다. 동시성이라는 개념 자체가 좌표틀에 의존한다.

시계를 동기화하다

이렇게 상상해 보자. 우리는 지금 강의실에 있다. 앞줄에는 열정적이고 집중력이 높은 학생인 여러분이 앉아 있고 각각 시계를 갖고 있다. 시계는 모두 똑같고 완전히 믿을 만하다. 여러분은 이 시계를 주의 깊게 살펴보고 시계가 모두 똑같은 시각을 가리키고 있으며 똑같은 속도로 째깍거린다는 점을 확인한다. 나는 나의 좌표틀에서 똑같은 시계 뭉치를 갖고 있으며, 여러분의 시계와 같은 방식으로 나를 중심으로 흩어져 있다. 여러분의 시계 각각은 내가 벌여 놓은 판에서 상응물을 갖고 있다. 그 반대도 마찬가지이다. 나는 내 시계가 서로 동기화되었으며 또한 여러분의 시계와도 동기화되었음을 확인했다. 이제 나는 내 모든 시계와 함께 여러분 및 여러분의 시계에 대해 움직이기 시작한다. 각각의 내 시계가 각각의 여러분의 시계를 지나칠 때 서로의 시계를 점검해 시계가 여전히 똑같은 시간을 가리키는지, 그렇지 않다면

각 시계가 그 상응물과 비교했을 때 얼마나 달라져 있는지를 살펴본다. 그 답은 움직이는 선을 따라 놓여 있는 각 시계의 위치에 좌우될 것이다.

물론 우리는 자에 대해서도 다음과 같이 비슷한 질문을 던질 수 있다. "내가 여러분을 지나갈 때 내 자가 여러분의 좌표계에서 1을 측정하나요?" 아인슈타인이 크게 도약한 지점이 바로 여기이다. 아인슈타인은 우리가 길이, 시간, 동시성을 어떻게 정의할 것인지에 훨씬 더 주의를 기울여야 함을 깨달았다. 우리는 2개의 시계를 어떻게 동기화할지에 대해 **실험적으로** 생각할 필요가 있다. 그러나 아인슈타인이 붙들고 있었던 하나의 지지대는 광속이 모든 관성 기준틀에서 똑같다는 가정이었다. 이를 위해 아인슈타인은 보편적인 시간이라는 뉴턴의 가정을 포기해야만 했다. 대신 아인슈타인은 '동시성은 상대적.'임을 알아냈다. 우리는 그의 논리를 따라갈 것이다.

2개의 시계 — A와 B라 하자.— 가 동기화되었다고 말할 때 정확히 우리는 무엇을 뜻하는 것일까? 만약 2개의 시계가 같은 속도로 움직이며 똑같은 위치에 놓여 있다면 그 둘을 비교해서 똑같은 시간값을 주는지 살펴보기란 쉬울 것이다. 그러나 설령 A와 B가 말하자면 여러분의 기준틀에서 정지해 있더라도 똑같은 위치에 있지 않으면 두 시계가 동기화되었는지를 점검하기 위해서는 머리를 좀 굴려야 한다. 빛이 A와 B 사이를 이동하는 데 시간이 걸린다는 문제가 있기 때문이다.

아인슈타인의 전략은 A와 B 사이 중간에 놓여 있는 세 번째 시계 C를 도입하는 것이었다.[4] 구체적으로 말해, 세 시계가 모두 강의실의 앞줄에 놓여 있다고 상상하자. 시계 A는 앞줄 왼쪽 끝의 학생이 들고 있고, 시계 B는 오른쪽 끝의 학생이 들고 있으며, 시계 C는 앞줄 가운데에 놓여 있다. A에서 C까지의 거리가 B에서 C까지의 거리와 똑같게끔 확실히 해 두기 위해 엄청난 주의를 기울여야 한다.

시계 A가 정오를 가리키는 정확히 그 시각에 A는 C를 향해 섬광을 번쩍인다. 마찬가지로 B가 정오를 가리킬 때 B 또한 C로 섬광을 보낸다. 물론 두 섬광이 C에 이르기까지 다소간의 시간이 걸릴 것이다. 그러나 광속은 두 섬광에게 모두 똑같고 이동해야 하는 거리도 똑같으므로 두 섬광은 C에 이르기까지 똑같은 시간이 걸린다. A와 B가 동기화되었다고 말할 때 우리는 두 섬광이 정확히 똑같은 시간에 C에 도달할 것임을 뜻한다. 물론, 만약 동시에 도달하지 않았다면 학생 C는 A와 B가 동기화되지 않았다고 결론을 내릴 것이다. 그러면 C는 A나 B에게 시계를 동기화하기 위해 이들의 설정을 얼마나 바꿔야 하는지 지침을 전달할 것이다.

시계 A와 B가 여러분의 기준틀에서 동기화되었다고 가정하자. 나의 움직이는 기준틀에서는 무슨 일이 벌어질까? 내가 오

---

4) 사실 이는 아인슈타인의 접근법을 약간 바꾼 것이다.

른쪽으로 움직이고 있다고 가정해 보자. 두 섬광이 방출되었을 때 마침 나는 우연히 중간점 C에 다다른다. 그러나 빛은 정오에 C에 이르지 못한다. 조금 늦게 도착한다. 그때까지 나는 이미 중간에서 조금 오른쪽으로 움직였다. 내가 중간점의 오른쪽에 있기 때문에 왼쪽에서 오는 광선은 오른쪽에서 오는 광선보다 약간 늦게 내게 도착할 것이다. 따라서 나는 여러분의 시계가 동기화되지 **않았다고** 결론지을 것이다. 왜냐하면 두 섬광이 내게 다른 시각에 도달했기 때문이다.

분명히 여러분과 내가 등시(等時)적 ─ 같은 시각에 일어난 ─ 이라고 말하는 것이 같지 않다. 여러분의 기준틀에서 같은 시각에 일어난 두 사건이 나의 기준틀에서는 다른 시각에 일어났다. 적어도 아인슈타인의 두 가정에 따르면 우리는 이를 받아들여야만 한다.

단위와 차원: 간단히 살펴보기

진도를 계속 나가기 전에 잠시 멈추고 우리가 사용할 2개의 단위계를 간략히 설명하려고 한다. 각 단위계는 각자의 목적에 잘 맞으며 하나의 단위계에서 다른 단위계로 아주 쉽게 바꿀 수 있다.

첫 번째 단위계는 미터, 초, 등과 같은 익숙한 단위를 사용한다. 이를 **일반계** 또는 **통상계**라 부를 것이다. 이 단위계는 대부분의 속도가 광속보다 아주 작은 보통의 세상을 탁월하게 기술한다. 이 단위계에서의 속도 1은 초속 1미터를 뜻한다. c보다는 크기의 차수가 작다.

두 번째 단위계는 광속에 기초를 두고 있다. 이 단위계에서는 광속이 단위가 없는 값인 1이 되게끔 길이와 시간의 단위가 정의된다. 이를 **상대론적** 단위라 부른다. 상대론적 단위에서는 방정식을 유도하거나 대칭성(symmetry)을 알아채기가 더 쉽다. 우리는 이미 시공간 도표에서 통상적인 단위가 실용적이지 않음을 확인했다. 상대론적 단위는 이 목적에 맞게 놀라우리만치 잘 작동한다.

상대론적 단위에서는 c가 1의 값을 가질 뿐만 아니라 모든 속도의 단위가 없다. 이게 잘 돌아가려면 길이와 시간 단위를 적절하게 정의해야 한다. 결국 속도는 길이를 시간으로 나눈 값이다. 만약 우리의 시간 단위가 초라면 길이 단위는 광초(light-second)를 선택해야 한다. 광초는 얼마나 클까? 우리는 이미 그 값이 3억 미터임을 알고 있다. 그러나 이는 지금 우리의 논의에서 별로 중요하지 않다.

중요한 점은 이것이다. 광초는 길이의 단위이며 정의상 빛은 1초 동안 1광초를 날아간다! 사실상 우리는 시간과 길이 모두를 초의 단위로 측정하고 있다. 이런 식으로 속도 ─길이를 시간으로 나눈 값─ 는 단위가 없어진다. 상대론적 단위를 사용하면 v 같은 속도 변수는 광속에 대한 무단위 비율이 된다. 이는 c 자체가 1의 값을 갖는 것과 부합한다.

그림 1.2와 같은 시공간 도표에서 x와 t 축은 모두 초 단위

로 조정되었다.[5] 광선의 궤적은 x 축 및 t 축과 똑같은 각을 이룬다. 역으로, 두 축과 같은 각을 이루는 그 어떤 궤적도 광선을 나타낸다. 여러분의 정지한 기준틀에서는 그 각이 45도이다.

두 형태의 단위 사이를 쉽게 바꿀 방법을 알면 도움이 될 것이다. 기본 원리는 이렇다. 우리가 어느 시점에 어떤 단위계를 사용하더라도 그 수학적 표현은 단위가 일관되어야 한다. 상대론적 단위에서 통상적인 단위로 넘어가는 가장 보편적이고 실용적인 수법은 v를 v/c로 대체하는 것이다. 다른 형태도 물론 존재한다. 이때는 대개 광속 c의 어떤 적절한 거듭제곱을 곱하거나 나누면 된다. 진도를 나가면서 사례들을 보여 줄 작정이다. 이런 식의 변환이 아주 간단함을 알게 될 것이다.

다시 우리 좌표계를 설정하자

우리의 두 좌표계로 돌아오자. 이번에는 움직이는 기준틀에서 **등시적**이라는 단어의 정확한 뜻에 대해 아주 주의를 기울일 것이다. 정지한 기준틀에서는 두 점이 모두 시공간 도표에서 똑같은 수평선 위에 있을 때 등시적이다. (또는 동시적이다.) 두 점은 모두 똑같은 t 좌표를 갖고 있으며 두 점을 연결하는 선은 x 축과 평행하다. 이 정도는 뉴턴도 동의할 것이다.

---

5) 원한다면 t 축이 초 대신 광초로 조정되었다고 생각할 수도 있다. 어차피 다 같은 말이다.

그렇다면 움직이는 기준틀에서는 어떤가? 곧 보게 되겠지만 **움직이는 기준틀**에서는

$$x = 0,\ t = 0$$

인 점이 x 축 위의 다른 점들과 등시적이지 **않다.** 사실 움직이는 기준틀에서 '등시적'이라고 부르는 표면 전체는 거기 말고 좀 다른 곳이다. 이 표면을 어떻게 나타낼 수 있을까? 우리는 앞선 절('시계를 동기화하다')에서 기술한, 그리고 그림 1.2에서 더 도해해 놓은 동기화 과정을 이용할 것이다.

상대성 이론에서 어떤 문제를 이해하는 최상의 방법은 대개 시공간 도표를 그리는 것이다. 이 도표는 항상 똑같다. x 는 수평축이고 t 는 수직축이다. 이 좌표들은 여러분이 정지해 있다고 생각할 수 있는 기준 좌표틀을 나타낸다. 시공간 속을 움직이는 관측자의 궤적을 나타내는 선을 **세계선**이라 부른다.

이렇게 축을 설정하고 나면 그다음으로 할 일은 광선을 그리는 것이다. 그림 1.2에서 $x = ct$ 와 $x = -ct$ 로 이름 붙인 선들이 광선을 나타낸다. 그림에서 점 a 부터 b 까지의 점선 또한 광선이다.

본 주제로 돌아가서

그림 1.2로 다시 돌아가서 일정한 속력 v 로 오른쪽으로 움직이

는 객차 안에 앉아 있는 관측자 아트를 더 자세히 살펴보자. 그의 세계선에는 그의 운동을 기술하는 방정식 표지가 붙어 있다. 다시 한번 아트의 기준틀은 $x' = x - vt$ 처럼 움직일 것이다. 이는 그림 1.1의 움직이는 관측자와 정확하게 똑같다.

이제 아트의 x' 축을 어떻게 그리는지 알아보자. 두 명의 관측자 매기와 레니를 더 추가하면서 시작해 보자. 매기는 객차에서 아트 바로 앞(여러분 오른쪽으로)에 앉아 있고, 레니의 객차는 매기의 객차 바로 앞에 있다. 이웃한 관측자들은 여러분의 기준틀(정지틀)에서 측정했을 때 하나의 길이 단위만큼 서로 떨어져 있다. 매기와 레니의 세계선을 나타내는 방정식이 그림에 주어져 있다. 매기는 한 단위만큼 아트의 오른쪽에 있으므로 그녀의 궤적은 그냥 $x = vt + 1$이다. 마찬가지로 레니의 궤적은 $x = vt + 2$이다. 아트와 매기, 레니는 똑같이 움직이는 틀 속에 있다. 이들은 서로에 대해서 정지해 있다.

우리의 첫 번째 관측자인 아트는 시계를 갖고 있다. 우연히도 그의 시계는 그가 원점에 도달할 때 12시 정오를 가리키고 있다. 이 사건이 일어났을 때 정지틀의 시계 또한 12시 정오를 가리킨다고 가정할 것이다. 우리는 모두 12시 정오를 우리의 '시간 0'이라 부르기로 합의하고 우리의 공통 원점을 여러분의 좌표계에서 $(x = 0, t = 0)$로, 아트의 좌표계에서 $(x' = 0, t' = 0)$이라 이름 붙인다. 움직이는 관측자와 정지한 관측자는 $t = 0$의 의미에 동의한다고 가정한다. 여러분(정지한 관측자)에게는 수평축을

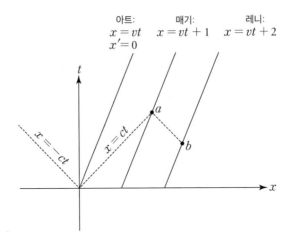

아트: 매기: 레니:
$x = vt$ $x = vt + 1$ $x = vt + 2$
$x' = 0$

그림 1.2 상대론적 단위($c = 1$)를 이용한 특수 상대성 이론적 틀. 아트와 관련된 방정식은 그의 세계선을 특징짓는 두 가지 다른 방식을 나타낸다. 점선은 광선의 세계선이다. 매기와 레니의 세계선에 대한 방정식 속의 상수 1과 2는 순수한 숫자가 아니다. 이들의 상대론적 단위는 초이다.

따라 t는 항상 0과 같다. 사실 이는 수평축의 **정의**에 다름 아니다. 정지한 관측자에게 모든 시간이 0인 선이기 때문이다.

아트가 원점에서 매기에게 광신호를 보낸다고 가정하자. 어떤 지점에서 ─ 아직은 그 지점이 어디인지 우리는 모른다. ─ 레니 또한 매기를 향해 광신호를 보낼 것이다. 레니는 어떻게든 2개의 광신호가 모두 똑같은 순간에 매기에게 도달하게끔 광신호를 보내기로 했다. 아트의 광신호가 원점에서 출발한다면 매기는 그림 1.2의 점 a에서 신호를 받을 것이다. 그와 똑같은 시간에 광선이 매기에게 도달하려면 레니는 어느 지점에서 자신의 광신호를 보내야 할까? 거꾸로 계산하면 답을 알 수 있다. 레니가 매기에게 보내는 임의의 광선의 세계선은 x축에 대해 45도 각도를 이룬다. 따라서 우리는 점 a에서 오른쪽 아래를 향하는 45도 기울기의 선을 긋고 그 선이 레니의 경로와 만날 때까지 연장하기만 하면 된다. 이것이 그림에서 점 b이다. 그림에서 쉽게 알 수 있듯이 점 b는 x 축 위가 아니라 너머에 있다.

　방금 우리가 보인 것은 아트의 틀에서 원점과 점 b가 **동시적인** 사건임에 다름 아니다! 즉 움직이는 관측자(아트)는 점 b에서 $t' = 0$이라고 말할 것이다. 왜 그런가? 움직이는 기준틀에서는 가운데 관측자 매기로부터 같은 거리에 있는 아트와 레니가 똑같은 순간에 매기에게 도달하는 광신호를 보냈기 때문이다. 따라서 매기는 이렇게 말할 것이다. "2개의 광신호가 똑같은 순간에 여기 도달했고 마침 저는 여러분들이 저로부터 같은 거리만큼 떨어져 있음을 알고 있으니까, 당신들은 내게 정확히 똑같은 순간에 광신호를 보냈습니다."

x' 축 찾기

우리는 아트(그리고 매기와 레니)의 x 축이 공통의 원점(즉 두 기준틀에 모두 공통인)과 점 b를 잇는 직선임을 확실히 알게 되었다. 다음으로 할 일은 점 b가 정확하게 어디에 있는가를 알아내는 것이다. 일단 점 b의 좌표를 알아내면 아트의 x' 축의 방향을 어떻게 특정할 것인지 알게 될 것이다. 이 연습 문제는 아주 자세하게 따라갈 작정이다. 약간 복잡하지만 아주 쉽다. 두 단계가 있는데, 첫 번째 단계는 점 a의 좌표를 알아내는 것이다.

점 a는 두 직선, 즉 오른쪽으로 움직이는 광선 $x = ct$와 매기의 세계선인 직선 $x = vt + 1$의 교점에 자리 잡고 있다. 교점을 알아내려면 그냥 하나의 방정식을 다른 방정식에 대입하면 된다. 광속 c가 1과 같은 상대론적 단위를 사용하고 있으므로 방정식

$$x = ct$$

를 훨씬 더 간단한 방식으로 쓸 수 있다.

$$x = t . \tag{1.5}$$

식 1.5를 매기의 세계선

$$x = vt + 1$$

에 대입하면

$$t = vt + 1,$$

즉

$$t(1-v)=1$$

을 얻는다. 또는

$$t_a = 1/(1-v) \tag{1.6}$$

로 쓰면 훨씬 더 낫다. 이제 점 a의 시간 좌표를 알았으니 그 x 좌표도 알 수 있다. 광선을 따라서는 항상 $x=t$임을 알면 쉽게 알 수 있다. 즉 식 1.6에서 t를 x로 바꾸기만 하면 다음과 같이 쓸 수 있다.

$$x_a = 1/(1-v).$$

자, 어떤가! 우리는 점 a를 알아냈다.

점 a의 좌표를 손에 얻었으니 직선 ab를 살펴보자. 일단 직선 ab의 방정식을 알기만 하면 그 직선이 레니의 세계선인 $x=vt+2$와 어디서 교차하는지 알아낼 수 있다. 몇 가지 단계를 거쳐야 하지만 재미있다. 내가 다른 지름길을 아는 것도 아니다.

오른쪽 아래를 향하는 45도 각도 기울기의 모든 직선은 그 직선을 따라 $x+t$가 상수라는 성질을 갖고 있다. 오른쪽 위로

45도 기울어진 모든 직선은 $x-t$가 상수인 성질을 갖고 있다. 직선 ab를 살펴보자. 그 방정식은

$$x + t = \text{어떤 상수}$$

이다. 그 상수는 얼마인가? 손쉬운 방법은 그 직선을 따라 한 점을 잡고 x와 t의 특정한 값들을 대입하는 것이다. 우리는 마침 점 a에서

$$x_a + t_a = 2/(1-v)$$

임을 알고 있다. 따라서 이는 직선 ab를 따라 항상 사실임을 알 수 있고 그 직선의 방정식은

$$x + t = 2/(1-v) \tag{1.7}$$

여야 한다. 이제 우리는 직선 ab와 레니의 세계선에 대한 연립 방정식을 풀어서 b의 좌표를 알 수 있다. 레니의 세계선은 $x = vt + 2$이다. 이를 다시 쓰면 $x - vt = 2$이다. 우리의 연립 방정식은

$$x + t = 2/(1-v)$$

와

$$x - vt = 2$$

이다. 손쉬운 대수 계산을 조금 하고 나면 그 풀이는 다음과 같다.

$$t_b = \frac{2v}{(1 - v^2)}$$

$$x_b = \frac{2}{(1 - v^2)}. \qquad (1.8)$$

먼저 가장 중요한 점은 t_b가 0이 아니라는 사실이다. 따라서 움직이는 틀에서 원점과 동시적인 점 b는 정지틀에서 원점과 동시적이지 **않다.**

다음으로, 원점과 점 b를 잇는 직선을 생각해 보자. 정의에 따라 그 직선의 기울기는 t_b/x_b이다. 식 1.8을 이용하면 그 기울기는 v임을 알 수 있다. 이 직선은 x' 축에 다름 아니며, 다음과 같은 식으로 아주 간단하게 주어진다.

$$t = vx. \qquad (1.9)$$

여러분의 기준틀에 대해 내가 오른쪽으로 또는 왼쪽으로 움직이는지에 따라 속도 v가 양수거나 음수일 수 있음을 앞으로 계속 명심하기를 바란다. 음의 속도에 대해서는 도표를 다시 그리거나 그냥 수평적으로 도표를 뒤집어야 할 것이다.

그림 1.3은 x'과 t' 축이 그려진 시공간 도표를 보여 준다. 직선 $t = vx$(다른 두 좌표 y, z를 고려했더라면 실제로는 시공간의 지도 속에서 3차원 표면인)는 중요한 성질을 갖고 있다. 이 직선 위에서는 움직이는 틀 속의 모든 시계가 t'이라는 똑같은 값을 기록한다. 이름을 지어 준다면 움직이는 틀에서의 **동시성의 표면** 정도가 좋겠다. 이는 정지틀에서 $t = 0$이라는 표면과 똑같은 역할을 한다.

지금까지 이 절에서 우리는 광속 $c = 1$인 상대론적 단위에서 계산했다. 여러분의 차원 분석 기술을 단련해서 식 1.9가 미터와 초를 쓰는 통상적인 단위에서는 어떻게 보일지 알아내기에 아주 좋은 기회인 듯하다. 통상적인 단위에서는 식 1.9가 차원적으로 일관되지 못한다. 좌변은 **초** 단위이고 우변은 **초당 제곱미터**이기 때문이다. 일관성을 회복하려면 우변에 c의 적절한 거듭제곱을 곱해야 한다. 정확한 인수는 $1/c^2$이다.

$$t = \left(\frac{v}{c^2}\right)x. \qquad (1.10)$$

식 1.10에서 흥미로운 점은 이 식이 믿기지 않을 정도로 미세한 $\frac{v}{c^2}$의 기울기를 가진 직선을 기술한다는 점이다. 예를 들어, 만약 v가 초속 300미터(대략 제트 여객기의 속력)라면 그 기울기는 $v/c^2 = 3 \times 10^{-15}$일 것이다. 즉 그림 1.3에서 x' 축은 거의 정확

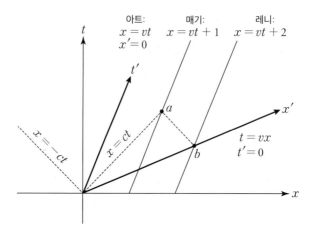

그림 1.3 x' 과 t' 이 그려진 특수 상대성 이론적 틀.

하게 수평일 것이다. 정지틀과 움직이는 틀에서의 동시성의 표면은 뉴턴 물리학에서와 마찬가지로 거의 정확하게 일치할 것이다.

이는 기준틀의 상대 속도가 광속보다 훨씬 작으면 아인슈타인의 시공간 기술이 뉴턴의 기술로 환원된다는 사실의 한 예이다. 이는 물론 중요한 '온전성' 검증이다.

이제 $c = 1$인 상대론적 단위로 돌아간다. 도표를 간단히 하고 진도를 나가는 데에 필요할 특징들만 남기자. 그림 1.4에서 점선은 광선을 나타낸다. 그 세계선은 t 와 x 축 모두에 대해 45도 각도를 이룬다. 아트의 세계선은 t' 축으로 표현된다. 아트의 x' 축 또한 표지가 붙어 있다. 아트의 두 축에는 또한 적절한 방정식들이 표기돼 있다. 아트의 두 축, $x = vt$ 와 $t = vx$ 의 대칭성

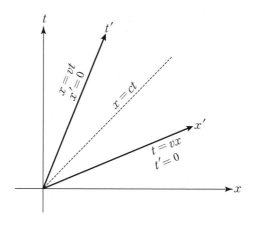

그림 1.4 간략화한 특수 상대성 이론적 틀.

에 주목하라. 이 두 직선은 점선인 광선 궤적에 대해 서로가 거울상이다. 즉 두 직선은 t와 x를 뒤바꾸면 서로 연결돼 있다. 다른 식으로도 말할 수 있다. 두 직선은 각각 프라임이 붙지 않은 가장 가까운 축과 똑같은 각을 이루고 있다. $t = vx$의 경우에는 x 축이고 $x = vt$의 경우는 t 축이다.

우리는 두 가지 흥미로운 점을 발견했다. 첫째, 만약 광속이 정말로 모든 기준틀에서 똑같고 광선을 이용해 시계를 동기화한다면, 하나의 틀에서 등시적인 한 쌍의 사건이 다른 틀에서는 등시적인 똑같은 쌍이 아니다. 둘째, 움직이는 틀에서 등시성이 실제로 무엇을 뜻하는지 알게 되었다. 그것은 수평적이지 **않은**, 기울기 v로 기울어진 표면에 해당한다. 우리는 아트의 움직이는 틀에서 x'과 t'의 방향을 알아냈다. 이후 우리는 이 축들을 따라 간격을 어떻게 표시할 것인지 알아낼 것이다.

시공간

여기서 잠시 멈추고 우리가 시간과 공간에 대해 무엇을 알아냈는지 숙고해 보자. 물론 뉴턴은 시간과 공간 모두에 대해 알았지만, 이들을 완전히 별개로 여겼다. 뉴턴에게는 3차원 공간이 공간이었고 시간은 보편적인 시간이었다. 이들은 완전히 분리되었고 그 차이는 절대적이었다.

그러나 그림 1.3과 1.4와 같은 도표는 뉴턴이 알지 못했던 무언가를, 즉 하나의 관성 기준틀에서 다른 관성 기준틀로 옮겨갈 때 시간과 공간의 좌표들이 서로 뒤섞인다는 사실을 시사한다. 예를 들어, 그림 1.3에서 원점과 점 b 사이의 간격은 움직이는 틀에서 똑같은 시간에서의 두 점을 나타낸다. 그러나 정지틀에서는 점 b가 원점으로부터 공간으로만 옮겨진 것이 아니다. 시간에서도 또한 옮겨졌다.

특수 상대성 이론을 도입한 아인슈타인의 기념비적인 1905년 논문이 나온 지 3년 뒤에 헤르만 민코프스키(Hermann Minkowski)가 그 혁명을 완수했다. 민코프스키는 독일 자연 과학자 및 의사 협회 80차 회의에서 이렇게 말했다.

공간 그 자체, 그리고 시간 그 자체는 그저 그림자 속으로 사그라질 운명입니다. 오직 그 둘의 일종의 결합체만이 독립적인 실체로 남을 것입니다.

그 결합체는 t, x, y, z의 좌표를 갖는 4차원이다. 물리학자들의 취향에 따라 우리는 이따금 그 공간과 시간의 결합체를 **시공간**이라 부른다. 때로는 **민코프스키 공간**이라고도 부른다. 민코프스키는 다른 이름을 지었다. 그는 **세계**라고 불렀다.

민코프스키는 시공간의 점을 **사건**이라 불렀다. 하나의 사건에는 t, x, y, z의 네 좌표가 붙는다. 민코프스키가 시공간의 점을 사건이라고 부를 때 그는 t, x, y, z에서 실제로 무언가가 발생한다는 것을 뜻하지는 않았다. 다만 무언가가 발생할 **수도 있다는** 뜻이었다. 그는 물체의 궤적을 기술하는 직선 또는 곡선을 **세계선**이라 불렀다. 예를 들어, 그림 1.3에서 $x' = 0$인 직선은 아트의 세계선이다.

공간과 시간에서 시공간으로 이렇게 관점을 바꾼 것은 1908년에는 급진적이었으나, 오늘날 시공간 도표는 물리학자들에게 손바닥만큼이나 익숙하다.

로런츠 변환

사건, 즉 시공간의 한 점은 정지틀의 좌푯값이나 움직이는 틀의 좌푯값으로 이름 붙일 수 있다. 우리는 하나의 사건에 대한 두 가지 다른 기술에 관해 이야기하고 있다. 빤한 질문은 이런 것이다.

한 가지 기술에서 다른 기술로 어떻게 옮겨갈 것인가? 즉 정지틀 좌표인 t, x, y, z와 움직이는 틀의 좌표인 t', x', y', z'을 연결하는 **좌표 변환식**은 무엇인가?

아인슈타인의 가정 중 하나는 시공간이 어디서나 똑같다는 것이다. 똑같다는 말은 무한 평면이 어디서나 똑같다는 것과 같은 의미이다. 시공간의 동일성은 어떤 사건도 여느 다른 사건과 다르지 않다고 말하는 하나의 대칭성이다. 누구나 물리 방정식을 바꾸지 않고 어디에서나 원점을 정할 수 있다. 대칭성은 하나의 틀에서 다른 틀로 바꾸는 변환의 특성에 수학적인 의미를 던진다. 예를 들어, 뉴턴식의 방정식

$$x' = x - vt \qquad\qquad (1.11)$$

은 선형적이라서 좌표들의 일차항만 갖고 있다. 식 1.11은 이렇게 단순한 형태로는 살아남지 못할 것이다. 다만 $x = vt$ 일 때마다 $x' = 0$이라는 한 가지 옳은 점만 갖고 있을 뿐이다. 사실 식 1.11을 수정해서 $x' = 0$이 $x = vt$와 똑같다는 사실과 함께 그 선형성(linearity)을 여전히 유지할 단 한 가지의 방법이 있다. 이 식의 우변에 어떤 속도의 함수를 곱하는 것이다.

$$x' = (x - vt)f(v). \qquad\qquad (1.12)$$

지금으로서는 함수 $f(v)$가 임의의 함수일 수 있으나 아인슈타인에게는 비장의 무기가 한 가지 더 있었다. 바로 또 다른 대칭성, 즉 왼쪽과 오른쪽 사이의 대칭성이다. 달리 말하자면, 물리에서는 그 어떤 것도 오른쪽으로의 움직임을 양의 속도로 표현하고 왼쪽으로의 움직임을 음의 속도로 표현하도록 요구하지 않는다. 이 대칭성은 v가 양수인지 음수인지에 $f(v)$가 좌우되지 말아야 함을 뜻한다. v가 양수이든 음수이든 똑같은 어떤 함수를 표기하는 간단한 방법이 있다. 비법은 그 함수를 속도의 제곱인 v^2의 함수로 표기하는 것이다.[6] 따라서 식 1.12 대신 아인슈타인은

$$x' = (x - vt)f(v^2) \qquad (1.13)$$

과 같이 썼다. 요컨대, $f(v)$ 대신 $f(v^2)$으로 쓰면 공간에서 우선하는 방향이 없다는 점을 강조하는 셈이다.

t'은 어떤가? 우리는 x'에 대해서 했던 것과 똑같은 방식으로 추론할 것이다. 우리는 $t = vx$일 때마다 $t' = 0$임을 알고 있다. 즉 단지 x와 t의 역할만 바꾸어서

$$t' = (t - vx)g(v^2) \qquad (1.14)$$

---

6) 이 또한 사실은 아인슈타인의 접근법에서 약간 벗어난 것이다.

으로 쓸 수 있다. 여기서 $g(v^2)$은 어떤 다른 가능한 함수이다. 식 1.13과 식 1.14에 따르면 $x = vt$일 때마다 x'이 0이고 $t = vx$일 때마다 t'이 0임을 알 수 있다. 이 두 방정식의 대칭성 때문에 t' 축은 단지 직선 $x = t$에 대한 x' 축의 거울상이며 그 반대도 마찬가지이다.

지금까지 우리가 알아낸 바는 변환식이 다음과 같은 형태를 취해야 한다는 점이다.

$$x' = (x - vt)f(v^2)$$
$$t' = (t - vx)g(v^2). \qquad (1.15)$$

다음으로 할 일은 함수 $f(v^2)$과 $g(v^2)$이 실제로 무엇인가를 알아내는 것이다. 이를 위해 우리는 이 두 가지 틀에서 광선의 경로를 고려해 광속이 두 기준틀 모두에서 똑같다는 아인슈타인의 원리를 적용할 것이다. 만약 광속 c가 정지틀에서 1이라면 움직이는 틀에서도 또한 1과 같아야 한다. 다시 말하자면 이렇다. 만약 우리가 정지틀에서 $x = t$를 만족하는 광선으로 시작한다면 움직이는 틀에서도 $x' = t'$을 또한 만족해야 한다는 것이다. 다른 식으로 말해 보자. 만약

$$x = t$$

라면

$$x' = t'$$

이어야만 한다. 식 1.15로 돌아가 보자. $x = t$ 라 두고 $x' = t'$ 을
요구하면 간단하게

$$f(v^2) = g(v^2)$$

이어야 한다. 즉 여러분의 틀과 나의 틀에서 광속이 똑같음을 요
구하면 두 함수 $f(v^2)$ 과 $g(v^2)$ 이 같다는 간단한 조건에 이르게
된다. 따라서 우리는 식 1.15를 다음과 같이 간단히 쓸 수 있다.

$$x' = (x - vt)f(v^2)$$
$$t' = (t - vx)f(v^2). \qquad (1.16)$$

$f(v^2)$ 을 알아내기 위해 아인슈타인은 한 가지 요소를 더 사
용했다. 실제로 아인슈타인은 이렇게 말했다. "잠깐, 어떤 기준틀
이 움직인다고 누가 말할 수 있는 거죠? 나의 기준틀이 여러분에
대해 상대적으로 속도 v 로 움직이고 있는지, 또는 여러분의 기
준틀이 나에 대해 속도 $-v$ 로 움직이고 있는지 누가 말할 수 있
습니까?" 두 기준틀 사이의 관계가 어떠하든지 간에 그 관계는

대칭적이어야만 한다. 이 접근법을 따라 우리는 전체 논증을 뒤집을 수 있다. x와 t에서 시작해 x'과 t'을 유도하는 대신 정확하게 그 반대로 할 수도 있다. 유일한 차이점은 나에 대해 여러분이 $-v$의 속도로 움직이고 있지만, 여러분에 대해서는 내가 $+v$의 속도로 움직이고 있다는 점이다. x'과 t'을 x와 t로 표현하고 있는 식 1.16에 기초하여 우리는 그 역변환을 즉시 쓸 수 있다. x와 t를 x'과 t'으로 표현한 방정식은

$$x = (x' + vt')f(v^2)$$
$$t = (t' + vx')f(v^2) \qquad (1.17)$$

이다. 식 1.17은 우리가 두 기준틀 사이의 물리적 관계를 추론해서 적었다는 점을 분명히 해 두어야겠다. 물리적인 추론을 하지 않고 식 1.16을 프라임이 붙지 않은 변수에 대해서 푸는 것은 그다지 똑똑한 방법이 아니다. 사실 이제 두 꾸러미의 방정식을 가졌으니 이들이 서로 양립 가능한지 확인할 필요가 있다.

식 1.17로 시작해서 식 1.16으로부터 x'과 t'에 대한 표현을 대입하자. 이게 순환적으로 보일지도 모르지만, 그렇지 않다는 사실을 곧 알게 될 것이다. 이렇게 대입한 뒤에 우리는 그 결과가 $x = x$ 및 $t = t$와 동등해야 함을 요구하려 한다. 방정식들이 처음부터 유효하다면 x나 t가 어떻게 달리 다른 값일 수 있겠는가? 거기서 우리는 $f(v^2)$의 형태를 알아낼 것이다. 계산 과정이

약간 지루하지만 외길이다. 식 1.17의 첫 식부터 시작해서 x에 대해 처음 몇 개를 대입한 결과를 펼쳐 놓으면 다음과 같다.

$$x = (x' + vt')f(v^2)$$
$$x = \{(x - vt)f(v^2) + v(t - vx)f(v^2)\}f(v^2)$$
$$x = (x - vt)f^2(v^2) + v(t - vx)f^2(v^2).$$

마지막 줄을 전개하면

$$x = xf^2(v^2) - v^2xf^2(v^2) - vtf^2(v^2) + vtf^2(v^2)$$

이고 이를 간단히 하면

$$x = xf^2(v^2)(1 - v^2)$$

이다. 양변에서 x를 상쇄하고 $f(v^2)$에 대해서 풀면

$$f(v^2) = \frac{1}{\sqrt{1 - v^2}} \qquad (1.18)$$

을 얻는다. 이제 우리는 정지틀의 좌표에서 움직이는 틀의 좌표로, 그리고 그 반대로 변환하는 데 필요한 모든 것을 얻었다. 식 1.16에 대입하면 다음과 같다.

$$x' = \frac{x - vt}{\sqrt{1 - v^2}} \qquad (1.19)$$

$$t' = \frac{t - vx}{\sqrt{1 - v^2}}. \qquad (1.20)$$

아트: 와우, 믿기 힘들 정도로 똑똑해, 레니. 자네 스스로 알아낸 거야?

레니: 그랬으면 하는데, 아닐세. 그저 아인슈타인의 논문을 따라갔을 뿐이야. 그 논문을 50년 동안 읽은 적이 없었는데, 참 인상적이더군.

아트: 좋아, 그런데 이 식을 아인슈타인이 발견했다면서 왜 로런츠 변환식이라고 불러?

1.2.3. 역사적 측면

아트의 질문에 답하자면, 아인슈타인이 로런츠 변환을 발견한 최초의 사람은 아니었다. 그 영광은 네덜란드 물리학자 헨드릭 안톤 로런츠(Hendrik Antoon Lorentz)의 몫이다. 로런츠와 심지어 그 이전의 사람들—특히 아일랜드 물리학자 조지 피츠제럴드(George FitzGerald)—은 맥스웰의 전자기 이론에 따르면 움직이는 물체는 운동 방향을 따라 수축해야 한다고 생각했다. 이 현상을 지금 우리는 **로런츠 수축**이라고 부른다. 1900년까지 로런츠는 움직이는 물체의 이 수축에 자극받아 로런츠 변환식을 써 내려갔다. 그러나 아인슈타인 이전 사람들은 관점이 달랐기에 어떤 의미에서는 새로운 출발점이라기보다 더 낡은 사고로의 후퇴에 가까웠다. 로런츠와 피츠제럴드는 정지한 에테르와 모든 보통 물질의 움직이는 원자들 사이의 상호 작용이 운동 방향을 따라 물질을 쥐어짜는 압력을 만들어 낸다고 상상했다. 어느 정도 근사적으로는 그 압력이 모든 물질을 똑같은 양만큼 수축시키기 때문에 그 효과는 좌표 변환으로 표현할 수 있었다.

아인슈타인의 논문이 나오기 직전에는 프랑스의 위대한 수학자인 앙리 푸앵카레(Henri Poincaré)가 모든 관성틀에서 맥스웰 방정식이 똑같은 형태를 취해야 한다는 요구 조건으로부터 로런츠 변환식을 유도하는 논문을 출간했다. 그러나 이 작업들 중 그 어느 것도 아인슈타인의 추론만큼 명확하고 단순하고 일반적이지 못했다.

1.2.4. 방정식으로 돌아가서

우리가 정지틀에서 어떤 사건의 좌표를 안다면 식 1.19와 식 1.20을 통해 움직이는 틀에서 똑같은 사건의 좌표를 알 수 있다. 다른 식으로 변환할 수도 있을까? 즉 움직이는 틀에서 좌표를 안다면 정지틀에서의 좌표를 예측할 수 있을까? 이를 위해 우리는 x'과 t'을 써서 x와 t에 대해 방정식을 풀 수도 있을 것이다. 그러나 더 쉬운 방법이 있다.

정지틀과 움직이는 틀 사이에 대칭성이 있다는 점만 깨달으면 된다. 결국 어떤 기준틀이 움직이고 어떤 기준틀이 정지해 있다고 누가 말할 수 있을까? 이들의 역할을 바꾸기 위해 우리는 단지 식 1.19와 식 1.20에서 프라임이 붙은 좌표와 프라임이 붙지 않은 좌표를 뒤바꾸기만 하면 된다. 이는 거의 옳지만, 100퍼센트 확실한 것은 아니다.

생각해 보자. 만약 내가 여러분의 오른쪽으로 움직이고 있다면 여러분은 나에 대해 왼쪽으로 움직이고 있다. 이는 나에 대한 여러분의 속도가 $-v$라는 뜻이다. 따라서 x'과 t'을 써서 x와 t에 대한 로런츠 변환식을 쓸 때 v를 $-v$로 대체해야 한다. 그 결과는

$$x = \frac{x' + vt'}{\sqrt{1 - v^2}} \qquad (1.21)$$

$$t = \frac{t' + vx'}{\sqrt{1 - v^2}} \qquad (1.22)$$

이다.

통상계로 바꾸기

광속을 1로 선택하지 않았다면 어떻게 될까? 상대론적 단위에서 통상계로 돌아가는 가장 쉬운 방법은 우리의 방정식이 이 단위 계들에서 차원적으로 일관됨을 명확히 하는 것이다. 예를 들어, $x - vt$라는 표현은 이 자체가 차원적으로 일관된다. 왜냐하면

x와 vt 모두 길이, 말하자면 미터의 단위를 갖기 때문이다. 한편 $t - vx$는 통상계에서 차원적으로 일관되지 않는다. t는 초의 단위이고 vx는 미터 제곱 나누기 초의 단위를 갖기 때문이다. 이 단위를 고치는 유일한 방법이 있다. $t - vx$ 대신

$$t - \frac{v}{c^2}x$$

로 대체하면 된다. 이제 두 항 모두 시간의 단위를 갖는다. 만약 $c = 1$인 단위를 사용한다면 원래 표현인 $t - vx$로 되돌아간다. 마찬가지로 분모의 인수($\sqrt{1 - v^2}$)는 차원적으로 일관되지 않는다. 이를 바로잡기 위해서는 v를 v/c로 바꾸면 된다. 이런 식으로 바꾸면 통상계에서 로런츠 변환식을 다음과 같이 쓸 수 있다.

$$x' = \frac{x - vt}{\sqrt{1 - \dfrac{v^2}{c^2}}} \qquad (1.23)$$

$$t' = \frac{t - \dfrac{vx}{c^2}}{\sqrt{1 - \dfrac{v^2}{c^2}}}. \qquad (1.24)$$

v가 광속에 비해서 아주 작으면 v^2/c^2이 훨씬 더 작아짐에 유의하라. 예를 들어, 만약 v/c가 $1/10$이면 v^2/c^2은 $1/100$이다. 만약 $v/c = 10^{-5}$이면 v^2/c^2은 정말로 작은 숫자여서 분모

에 있는 $\sqrt{1 - v^2/c^2}$ 식은 1에 아주 가까워진다.[7] 이때는 아주 훌륭한 근사식으로 다음과 같이 쓸 수 있다.

$$x' = x - vt.$$

이는 좌표 변환의 훌륭하고 오래된 뉴턴식 표현이다. v/c가 아주 작을 때 시간에 대한 방정식 1.24는 어떻게 될까? v가 초속 100미터라 가정해 보자. c는 아주 커서 초속으로 약 3×10^8미터이다. 따라서 v/c^2은 아주 작은 숫자이다. 만약 움직이는 틀의 속도가 작으면, 분자의 두 번째 항 vx/c^2을 무시할 만해서 높은 정도의 근사로 로런츠 변환식의 두 번째 식은 뉴턴식의 변환

$$t' = t$$

와 같아진다. 서로가 서로에 대해 천천히 움직이는 기준틀에 대해 로런츠 변환식은 뉴턴의 공식으로 줄어든다. 이는 좋은 일이다. 우리가 c에 비해 천천히 움직이는 한 우리는 예전과 같은 답을 얻게 된다. 그러나 속도가 광속에 가까워지면 수정항들이 커진다. v가 c에 가까워지면 엄청나게 커진다.

---

7) $v/c = 10^{-5}$이면 $\sqrt{1 - v^2/c^2} = 0.99999999995$이다.

다른 두 축

식 1.23과 식 1.24는 일반계, 또는 통상계에서의 로런츠 변환식이다. 물론 전체 방정식 세트는 공간의 다른 두 성분인 y와 z가 어떻게 변환하는지도 우리에게 알려 줘야 한다. 우리는 기준틀이 x 축을 따라 상대적으로 운동하고 있을 때 x와 t 좌표에 어떤 일이 벌어지는지 아주 구체적으로 알아보았다. y 좌표에는 어떤 일이 벌어질까?

여기에 대해서는 간단한 사고 실험으로 대답할 것이다. 여러분의 기준틀에서 여러분과 내가 모두 정지해 있을 때 여러분의 팔 길이와 나의 팔 길이가 같다고 가정해 보자. 그러고는 내가 x 방향으로 일정한 속도로 움직이기 시작한다. 우리가 서로 지나쳐 움직일 때 각자는 우리의 상대적인 운동 방향에 대해 직각으로 팔을 내민다. 질문: 우리가 서로 지나쳐 움직일 때 우리 팔들의 길이가 여전히 똑같을까, 아니면 여러분의 팔이 내 팔보다 더 길어질까? 이 상황의 대칭성 때문에 우리의 팔 길이는 딱 맞아떨어질 것이 분명하다. 왜냐하면 한쪽 팔이 다른 쪽 팔보다 더 길 이유가 없기 때문이다. 따라서 로런츠 변환식의 나머지는 $y' = y$와 $z' = z$여야 한다. 즉 상대적인 운동이 x 축을 따라 일어날 때에는 x, t 평면에서만 재미있는 일이 벌어진다. x와 t 좌표는 서로 뒤섞이지만 y와 z는 그대로 남아 있다.

쉽게 참고할 수 있도록, 프라임이 붙지 않은 기준틀에 대해 상대적으로 양의 x 방향으로 속도 v로 움직이는 기준틀(프라임이 붙은 틀)에 대한 통상계에서의 완전한 로런츠 변환식을 여기 제시한다.

$$x' = \frac{x - vt}{\sqrt{1 - v^2/c^2}} \tag{1.25}$$

$$t' = \frac{t - vx/c^2}{\sqrt{1 - v^2/c^2}} \tag{1.26}$$

$$y' = y \tag{1.27}$$

$$z' = z . \tag{1.28}$$

1.2.5. 그 어떤 것도 빛보다 빨리 움직일 수 없다

식 1.25와 식 1.26을 들여다보면 두 기준틀의 상대 속도가 c보다 더 커질 때 무언가 이상한 일이 벌어짐을 알 수 있다. 이 경우 $1 - v^2/c^2$은 음수가, $\sqrt{1 - v^2/c^2}$는 허수가 된다. 이는 명백히 말도 안 되는 결과이다. 자와 시계는 실수값의 좌표만 정의할 수 있다.

아인슈타인은 또 다른 가정을 추가해 이 역설을 해결했다. 즉 어떤 물질계도 빛보다 더 큰 속도로 움직일 수 없다. 조금 더 정확히 말해, 어떤 물질계도 여느 다른 물질계에 대해 상대적으로 빛보다 더 빨리 움직일 수 없다. 특히 그 어떤 두 관측자도 서로에 대해 상대적으로 빛보다 빨리 움직일 수 없다.

따라서 c보다 더 큰 속도 v는 결코 필요 없다. 오늘날 이 원리는 현대 물리학의 초석이다. 보통은 빛보다 더 빨리 이동하는

신호는 없다는 형태로 표현한다. 그러나 신호란 물질계로 구성돼 있어서, 광자보다 더 본질적이지 않다고 하더라도 똑같은 결과로 귀착된다.

1.3 일반적인 로런츠 변환

방정식을 보면 우리가 가장 간단한 형태의 로런츠 변환, 즉 각각의 프라임이 붙은 축이 프라임이 붙지 않은 대응축에 평행하고 두 기준틀 사이의 상대적인 운동이 x와 x' 축이 공유하는 방향을 따라서만 일어나는 그런 변환만 고려했음을 알 수 있다.

일정한 운동은 간단하지만, 항상 그렇게 간단한 것은 아니다. 각각의 프라임이 붙은 축이 프라임이 붙지 않은 대응축에 0이 아닌 어떤 각도를 이루면서 공간 축의 두 세트가 앞서와 다르게 방향을 잡을 가능성을 배제할 수 없다.[8] 또한 x 방향뿐만 아니라 y와 z 방향으로도 서로에 대해 움직이고 있는 두 기준틀을 쉽게 보여 줄 수 있다. 여기서 질문이 생긴다. 이런 요소들을 무시하면 일정한 운동의 물리학에 대해 우리가 무언가 본질적인 부분을 놓친 것일까? 다행히 그 답은 **"아니오."**이다.

여느 좌표축을 따라서가 아니라 다소 비스듬한 방향을 따라 상대적으로 움직이는 두 기준틀을 생각해 보자. 일련의 회전 작

---

8) 우리가 말하고 있는 것은 어느 기준틀이 0이 아닌 각속도로 회전하고 있는 상황이 아니라, 방향이 **고정된** 채로 다른 상황이다.

업을 수행하면 프라임이 붙은 축들을 프라임이 붙지 않은 축들로 쉽게 줄을 맞출 수 있다. 이런 식으로 회전을 하면 여러분은 다시 x 방향으로 일정하게 운동하는 상황을 맞게 될 것이다. 일반적인 로런츠 변환— 두 기준틀이 서로 공간에서 임의의 각도로 연결돼 있고 어떤 임의의 방향으로 서로 상대적으로 움직이고 있을 때— 은 다음과 같다.

1. 프라임이 붙은 축을 프라임이 붙지 않는 축에 정렬하는 공간의 회전.
2. 새로운 x 축을 따라가는 간단한 로런츠 변환.
3. 프라임이 붙은 축에 대해 프라임이 붙지 않은 축의 원래 방향을 복원하는 공간의 두 번째 회전.

여러분의 이론이 예컨대 x 축을 따라가는 **간단한** 로런츠 변환과 회전에 대해 불변함이 확실한 이상, 그 이론은 임의의 로런츠 변환에 대해서도 모두 불변일 것이다.

용어상으로는 한 기준틀이 다른 기준틀에 대해 상대적인 속도로 움직이는 것과 관련된 변환을 **오름**(boost)이라 부른다. 예를 들어, 식 1.25와 식 1.26 같은 로런츠 변환은 x 축을 따른 오름이라 한다.

1.4 길이 수축과 시간 팽창

특수 상대성 이론은 익숙해지기 전까지는 반직관적이다. 아마도 양자 역학만큼이나 반직관적이지는 않겠지만, 그럼에도 역설적인 현상으로 가득 차 있다. 나의 충고는 이렇다. 이런 역설 가운데 하나와 마주친다면 시공간 도표를 그려야 한다. 여러분의 물리학자 친구에게 묻지 말고, 나에게 전자 우편도 하지 마라. 시공간 도표만 그리면 된다.

길이 수축

여러분은 자를 하나 들고 있고 나는 양의 x 방향으로 여러분을 지나쳐 걸어가고 있다고 가정해 보자. 여러분은 여러분의 자가 1미터임을 알고 있지만, 나는 그다지 확실하지 않다. 나는 걸어가면서 내 자의 길이에 대해 상대적으로 여러분의 자를 측정한다. 내가 움직이고 있으므로, 나는 아주 조심해야 한다.

그렇지 않으면 여러분 자의 끝점들을 다른 두 시간에 측정할 수도 있기 때문이다. 여러분의 기준틀에서 동시적인 사건이 나의 기준틀에서 동시적이지 않음을 기억하라. 나는 **나의** 기준틀에서 정확하게 똑같은 시각에 여러분 자의 끝점들을 측정하고자 한다. 그것이 나의 기준틀에서 여러분의 자의 길이라고 했을 때 내가 **의미하는** 바이다.

그림 1.5는 이 상황을 보여 주는 시공간 도표이다. 여러분의 틀에서 자의 길이는 x 축을 따른 수평 선분 $\overline{OQ}$로 표현된다. 이는 여러분에 대한 동시성의 표면이다. 자는 정지해 있고 자의 끝점들의 세계선은 여러분의 틀에서 $x = 0$과 $x = 1$의 수직선들이다.

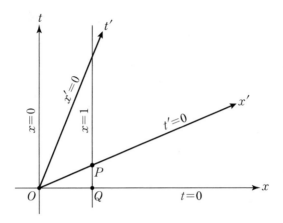

그림 1.5 길이 수축.

나의 움직이는 틀에서는 어느 한 순간에 그 똑같은 자가 x' 축을 따라 선분 $\overline{OP}$ 로 표현된다. x' 축은 나에게 동시성의 표면이고 도표에서 기울어져 있다. 자의 한쪽 끝은 내가 지나쳐 갈 때 우리 공통의 원점 O 에 있다. 자의 다른 끝은 $t' = 0$ 인 시간에 도표에서 P 라는 이름이 붙어 있다.

나의 틀에서 $t' = 0$ 인 시간에 양쪽 끝의 위치를 측정하기 위해서는 점 O 와 P 에서 x' 의 좌푯값을 알아야 한다. 그런데 점 O 에서 x' 이 0임을 이미 알고 있으니까 점 P 에서 x' 의 좌푯값을 계산하기만 하면 된다. 우리는 (광속이 1과 같은) 상대론적 단위를 이용해 쉬운 방법으로 계산할 것이다. 즉 우리는 식 1.19와 식 1.20의 로런츠 변환식을 이용할 것이다.

먼저, 점 P가 두 직선 $x = 1$과 $t' = 0$의 교점 위에 놓여 있음에 주목하라. (식 1.20에 기초해서) $t' = 0$이 $t = vx$를 뜻한다는 점을 상기하자. 식 1.19에 t 대신 vx를 대입하면

$$x' = \frac{(x - v^2 x)}{\sqrt{1 - v^2}}$$

을 얻는다. 앞의 방정식에 $x = 1$을 대입하면

$$x' = \frac{(1 - v^2)}{\sqrt{1 - v^2}},$$

즉

$$x' = \sqrt{1 - v^2}$$

를 얻는다. 결과가 나왔다. 움직이는 관측자는 어느 한 순간 — 이는 $t' = 0$의 동시성의 표면을 따라간다는 의미이다. — 에 자의 두 끝이 $\sqrt{1 - v^2}$의 거리만큼 떨어져 있음을 알게 되었다. 움직이는 틀에서는 자가 정지해 있을 때보다 약간 짧아졌다.

똑같은 자가 여러분의 틀에서 어떤 길이를 갖고 있는데 나의 틀에서 다른 길이를 가진다니 모순처럼 보일지도 모르겠다. 그러나 두 관측자가 정말로 2개의 다른 것들에 대해서 말하고 있음에 주목하라. 자 그 자체가 정지해 있는 정지틀에서는 정지한 자로 측정한 점 O에서 점 Q까지의 거리에 대해 말하고 있다.

움직이는 틀에서는 움직이는 측정 막대로 측정한 점 O와 점 P 사이의 거리에 대해 말하고 있다. P와 Q는 시공간에서 다른 점이다. 따라서 $\overline{OP}$ 가 $\overline{OQ}$ 보다 더 짧다고 말하는 데에는 아무런 모순이 없다.

연습 삼아 정반대의 계산을 해 보자. 움직이는 자부터 시작해서 정지틀에서의 그 길이를 알아보는 것이다. 잊지 말자. 도표부터 그려서 시작한다. 그러다 막히면 아닌 척 속이고 계속 읽어 나가면 된다.

움직이는 자가 정지틀에서 관측된다고 생각해 보자. 그림 1.6이 이 상황을 보여 주고 있다. 만약 자가 그 자체의 정지틀에서 1단위만큼 길다면, 그리고 앞쪽 끝이 점 Q를 지나쳐 간다면, 그 세계선에 대해서 우리가 무엇을 알고 있는가?

직선 $x = 1$인가? 아니다! 자는 움직이는 틀에서 길이가 1이다. 이는 앞쪽 끝의 세계선이 $x' = 1$임을 뜻한다. 정지한 관측자는 이제 자의 길이가 선분 $\overline{OQ}$ 임을 알게 된다. 그리고 점 Q의 x 좌표는 1이 아니다. 로런츠 변환으로 계산해야 할 어떤 값이다. 이 계산을 하면 그 길이가 또한 $\sqrt{1 - v^2}$ 인수만큼 짧아진다는 사실을 알게 될 것이다.

움직이는 자는 정지틀에서 짧고 정지한 자는 움직이는 틀에서 짧다. 모순은 없다. 다시 한번, 관측자들은 단지 다른 것들에 대해 말하고 있을 뿐이다. 정지한 관측자는 자기 시간의 한 순간에 측정한 길이를 말하고 있다. 움직이는 관측자는 다른 시간의

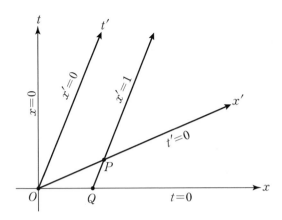

그림 1.6 길이 수축 연습 문제.

한 순간에 측정한 길이를 말하고 있다. 따라서 이들은 동시성에 대한 개념이 다르기 때문에 길이가 무슨 뜻인지에 대해서도 다른 개념을 갖고 있다.

연습 문제 1.1: 그림 1.6에서 점 Q의 x좌표가 $\sqrt{1-v^2}$ 임을 보여라.

시간 팽창

시간 팽창도 아주 똑같은 방식으로 작동한다. 내가 움직이는 시계, 즉 나의 시계를 갖고 있다고 생각해 보자. 그림 1.7에서와 같이 나의 시계는 나를 따라 일정한 속도로 움직이고 있다고 가정한다.

질문은 이렇다. 내 시계가 나의 기준틀에서 $t' = 1$로 읽히는 그 순간 여러분의 기준틀에서 시간은 얼마인가? 여담이지만 내가 보통 차고 다니는 손목시계는 아주 고급 브랜드인 롤렉스이다.[9] 나는 여러분의 타이멕스[10]로 측정한, $t' = 1$에 상응하는 t의 값을 알고자 한다. 도표에서 수평면(점선)은 **여러분**이 동기화라 부르는 표면이다. 여러분의 틀에서 t의 값을 알아내기 위해서는 두 가지를 알아야 한다. 첫째, 나의 롤렉스는 방정식 $x' = 0$이 표현하는 t' 축 위에서 움직인다. 우리는 또한 $t' = 1$임을 알고 있다. t를 알아내기 위해 우리에게 필요한 것은 로런츠 변환식 중 하나였던 식 1.22, 즉

$$t = \frac{t' + vx'}{\sqrt{1 - v^2}}$$

---

9) 믿지 못하겠다면 뉴욕 카날 스트리트에서 25달러에 내게 시계를 판 친구에게 물어보라.

10) 1854년 코네티컷 주에서 창립한 미국의 손목시계 회사. — 옮긴이

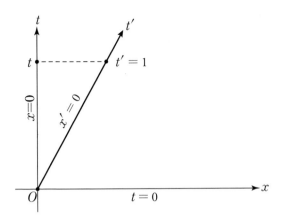

그림 1.7 시간 지연.

이다. $x' = 0$과 $t' = 1$을 대입하면

$$t = \frac{1}{\sqrt{1 - v^2}}$$

를 얻는다. 우변의 분모가 1보다 작으므로 t 자체는 1보다 크다. t축을 따라 (여러분의 타이멕스로) 측정한 시간 간격은 t' 축을 따라 (나의 롤렉스로) 움직이는 관측자가 측정한 시간 간격보다 $1/\sqrt{1 - v^2}$의 인수만큼 더 크다. 간단히 말해, $t > t'$ 이다.

 달리 말하자면, 정지틀에서 봤을 때 움직이는 시계는 $\sqrt{1 - v^2}$의 인수만큼 늦게 간다.

쌍둥이 역설

레니: 이보게, 아트! 여기 로런츠에게 인사하게나. 질문이 있다는 군.

아트: 로런츠가 우리에게 질문이 있다고?

로런츠: 저를 론츠라 불러 주세요. 그게 원래의 로런츠 축약 입니다. 헤르만의 은신처에 들르는 동안 여러분 중 한 분만 홀로 계신 모습을 본 적이 없네요. 생물학적인 쌍둥이들이신가요?

아트: 뭐라고요? 보세요, 만약 우리가 생물학적인 쌍둥이라 면 제가 천재였거나…. 숨 쉬세요, 론츠. 그거 재미 없거든요?! 아무튼 방금 말했듯이 제가 천재거나 아니면 레니가 브롱크스 출 신의 어느 잘난 체하는 놈이었겠죠. 잠시만요…….[11]

시간 팽창은 이른바 쌍둥이 역설의 기원이다. 그림 1.8에서 레니는 정지해 있고 아트는 양의 x 방향으로 고속 여행을 떠난 다. 도표에서 $t' = 1$이라고 표지된 지점에서 한 살배기 아트는 방 향을 바꿔 집으로 다시 향한다.

이미 우리는 도표에서 원점과 t라 표지된 지점 사이에 흐른 정지틀에서의 시간 양을 계산했다. 그 값은 $1/\sqrt{1-v^2}$이다. 즉 정지한 시계의 경로를 따르는 것보다 움직이는 시계의 경로를 따

---

11) 앞으로는 아트와 레니가 모두 그림 1.8의 똑같은 시공간 사건(O라 이름 붙은)에서 태 어난 것처럼 생각할 것이다.

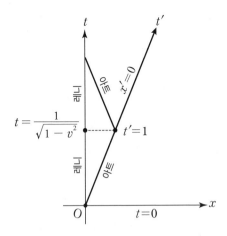

$$t = \frac{1}{\sqrt{1 - v^2}}$$

그림 1.8 쌍둥이 역설.

라서 시간이 덜 흐름을 알 수 있다. 이는 이 여정의 두 번째 구간 에서도 마찬가지이다. 집에 돌아온 아트는 그의 쌍둥이 레니가 아트 자신보다 더 늙었음을 알게 된다.

우리는 아트와 레니의 나이를 그들의 시계에 기록된 시간으로 측정했다. 그러나 정지틀의 관점에서 아트의 시계를 늦춘 시간 팽창은 생물학적 노화 시계를 포함해서 그 어떤 시계에도 영향을 준다. 따라서 아주 극단적일 때 아트는 여전히 소년으로 집에 돌아왔는데 레니는 기다란 회색 수염을 길렀을 수도 있다.

사람들은 종종 쌍둥이 역설의 두 가지 면에 혼란스러워한다. 첫째, 두 쌍둥이의 경험이 대칭적일 것이라 기대하는 게 자연스러워 보인다. 만약 레니가 자신으로부터 멀어지는 아트를 보고 있다면 아트 또한 레니가 반대 방향으로 멀어지고 있음을 보게 된다. 공간에는 우선하는 방향이 없다. 그렇다면 왜 둘은 조금이라도 다르게 나이를 먹는 것일까?

사실 이 둘의 경험은 전혀 대칭적이지 않다. 여행을 떠난 쌍둥이는 방향을 바꾸기 위해 큰 가속도를 겪게 된다. 반면 집에 남아 있는 쌍둥이는 그렇지 않다. 이 차이가 결정적이다. 급작스럽게 방향을 바꾸었기 때문에 아트의 틀은 하나의 관성 기준틀이 아니다. 그러나 레니의 틀은 관성 기준틀이다. 다음 연습 문제를 통해 여러분은 이 생각을 더 발전시키게 될 것이다.

연습 문제 1.2: 그림 1.8에서 여행을 떠난 쌍둥이는 방향을 바꿀 뿐만 아니라 방향을 바꿀 때 다른 기준틀로 옮겨 간다.

(a) 로런츠 변환을 이용해 방향 전환이 일어나기 전 쌍둥이들 사이의 관계가 대칭적임을 보여라. 각 쌍둥이는 자신보다 다른 쌍둥이가 더 천천히 노화하는 모습을 보게 된다.

(b) 시공간 도표를 이용해 여행하는 쌍둥이가 하나의 기준틀에서 다른 기준틀로 갑자기 옮겨 탄 것이 어떻게 그의 동시성에 대한 정의를 바꾸는지를 보여라. 여행자의 새로운 틀에서는 그 쌍둥이 형제가 원래 틀에서보다 갑자기 훨씬 더 노화된다.

또 다른 혼란의 지점은 간단한 기하학에서 생긴다. 그림 1.7로 돌아가, 우리가 계산해 보니 점 O에서 $t' = 1$로 표지된 점까지의 "시간 거리"가 O에서 t 축을 따라 $t(= 1/\sqrt{1-v^2})$로 표지된 점까지의 거리보다 더 작았음을 떠올려 보자. 이 두 값을 보면 이 직각 삼각형의 수직변이 그 빗변보다 더 길다. 수치로 비교해 보면 도표에서의 시각적인 정보와 모순을 일으키는 것처럼 보이기 때문에 많은 사람이 당황스러워한다. 사실, 이 때문에 상대성 이론의 핵심 아이디어 중 하나인 **불변**이라는 개념에 이르게 된다. 1.5절에서 우리는 이 개념을 폭넓게 논의할 것이다.

장대형 리무진과 비틀

이따금 장대와 헛간의 역설이라 불리는 또 다른 역설도 있다. 폴란드에서는 장대형 리무진과 비틀의 역설로 부르길 더 좋아한다.

아트의 차는 폭스바겐 사의 '딱정벌레 차' 비틀이다. 길이가 4.3미터도 안 된다. 그의 차고는 비틀에 꼭 맞게 지어졌다.

레니는 중고 장대형 리무진을 갖고 있다. 길이가 8.6미터이다. 아트는 휴가를 떠나 자기 집을 레니에게 빌려줬다. 휴가를 떠나기 전 두 친구는 만나서 레니의 차가 아트의 차고에 꼭 맞도록 하려고 한다. 레니는 미심쩍어 했지만, 아트에겐 계획이 있었다. 아트는 레니에게 후진해서 차고로부터 충분한 거리를 유지하라고 말했다. 그러고는 가속 페달을 밟고 불꽃처럼 가속하라고 일렀다.

만약 레니가 리무진을 차고의 뒤 끝에 이르기 전에 초속 26만 킬로미터에 이르게 한다면 리무진은 차고에 꼭 맞게 들어갈 수 있다. 둘은 실행에 옮긴다.

아트는 인도에서 지켜보고 있고 레니는 리무진을 후진시킨 다음 가속 페달을 밟는다. 속도계는 초속 27만 킬로미터로 치솟아 속도는 충분히 남아돈다. 하지만 그때 레니는 차 밖으로 차고를 바라본다. "이런! 차고가 진짜 빨리 나에게 다가오고 있어서 원래 크기의 절반보다 더 작아! 절대로 맞출 수가 없어!"

"걱정하지 말게, 레니. 내 계산에 따르면 차고 정지틀에서는 자네가 4미터보다 약간 더 길 뿐이야. 걱정할 게 없어."

"이크, 아트, 자네가 맞길 바라네."

그림 1.9의 시공간 도표에서 어둡게 칠해진 영역은 레니의 장대형 리무진을, 밝게 칠해진 영역은 차고를 보여 주고 있다. 리무진의 앞쪽 끝이 a에서 차고에 들어가고 c 바로 위에서 차고를 떠난다. (아트가 차고의 뒷문을 열어 두었다고 가정한다.) 리무진의 뒤끝은 b에서 들어가 d에서 떠난다. 이제 직선 $\overline{bc}$를 보자. 이는 차고 정지틀에서 동시성의 표면의 일부이다. 그림에서 볼 수 있듯이 전체 리무진은 이때 차고 안에 들어가 있다. 이것이 아트

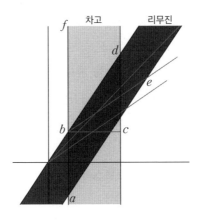

그림 1.9 장대형 리무진-차고 시공간 도표.

의 주장이다. 아트의 틀에서 리무진은 차고에 꼭 맞춰 들어갈 수
있다. 이제 레니의 동시성의 표면을 살펴보자. 직선 $\overline{be}$ 가 그 표
면이다. 그림에서 볼 수 있듯이 리무진은 차고의 길이를 넘어선
다. 레니가 걱정했듯이 리무진은 차고에 맞게 들어갈 수가 없다.

　이 그림을 보면 무엇이 문제인지 명확해진다. 리무진이 차고
안에 있다고 말하는 것은 앞끝과 뒤끝이 동시에 차고 안에 있음
을 뜻한다. **동시적**이라는 단어가 다시 등장한다. 누구에 대한 동
시성인가? 아트? 아니면 레니? 차가 차고 안에 있다고 말하는 것
은 단지 다른 기준틀에서 다른 것을 뜻할 뿐이다. 아트의 틀에서
어느 순간 리무진이 정말로 차고 안에 있다고 말하는 것과 레니
의 틀에서는 그 어떤 순간에도 리무진이 통째로 차고 안에 있을

수가 없다고 말하는 데에는 모순이 없다.

특수 상대성 이론의 거의 모든 역설은 주의 깊게 진술하면 명확해진다. **동시적**이라는 단어를 혹시나 암묵적으로 쓰고 있지 않은지 주의하라. 대개는 거기서 진실이 드러난다. 누구에 대해 동시적인가?

1.5 민코프스키의 세계

물리학자의 공구 가방 속에서 가장 강력한 도구 중 하나는 불변이라는 개념이다. 불변이란 다른 시각에서 바라보았을 때도 변하지 않는 어떤 양이다. 여기서는 모든 기준틀에서 똑같은 값을 가지는 시공간의 어떤 속성을 뜻한다.

이 아이디어를 이해하기 위해 유클리드 기하학에서 예를 들겠다. 두 세트의 데카르트 좌표 x, y와 x', y'이 있는 2차원 평면을 생각해 보자. 두 좌표계의 원점은 똑같은 점에 위치해 있지만 x', y' 축(프라임이 붙은 축)은 프라임이 붙지 않은 축에 대해 어떤 일정한 각도로 반시계 방향으로 돌아가 있다고 가정한다. 이 예에서 시간축은 없으며 움직이는 관측자도 없다. 그저 고등학교 기하학 시간에 등장할 법한, 평범한 유클리드 평면이다. 그림 1.10에 그려져 있다.

이 공간에서 임의의 점 P를 생각해 보자. 두 좌표계는 P에 똑같은 좌푯값을 할당하지 않는다. 분명히 이 점의 x와 y는 x' 및 y'과 같은 숫자가 아니다. 두 좌표계가 공간에서 똑같은 점

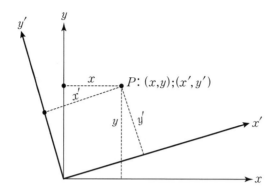

그림 1.10 유클리드 평면.

P를 가리키고 있음에도 그렇다. 우리는 좌표가 불변이지 않다고 말할 것이다.

그러나 여러분이 프라임이 붙은 좌표계에서 계산하든 붙지 않은 좌표계에서 계산하든 똑같은 성질도 있다. **원점에서 P까지의 거리**이다. 이 거리는 좌표계가 어떻게 방향을 잡든지에 상관없이 모든 좌표계에서 똑같다. 이는 거리의 제곱에 대해서도 마찬가지이다. 프라임이 붙지 않은 좌표계에서 이 거리를 계산하려면 피타고라스 정리, 즉 $d^2 = x^2 + y^2$을 이용해 거리의 제곱을 얻을 수 있다. 만약 프라임이 붙은 좌표계를 이용한다면 똑같은 거리는 $x'^2 + y'^2$으로 주어질 것이다. 따라서

$$x^2 + y^2 = x'^2 + y'^2$$

이 된다. 즉 임의의 점 P에 대해 $x^2 + y^2$이라는 양은 불변이다. **불변**이라는 말은 계산을 위해 여러분이 사용하는 좌표계에 좌우되지 않음을 뜻한다. 어떤 좌표계를 쓰든 여러분은 똑같은 답을 얻는다.

유클리드 기하학에서 직각 삼각형에 관한 한 가지 사실은 일반적으로 빗변이 다른 두 변보다 더 길다는 것이다. (한 변이 0이 아닐 때만 그렇다. 한 변이 0이면 빗변은 다른 변과 같다.) 이는 거리 d가 적어도 x나 y만큼 크다는 말이다. 똑같은 논리로 d는 적어도 x'이나 y'만큼 크다.

다시 상대성 이론으로 돌아오면, 쌍둥이 역설에 관한 우리의 논의는 직각 삼각형과 무언가 아주 많이 닮았다. 그림 1.8로 돌아가서 3개의 검은 점을 잇는 선들 —수평 점선, 레니의 수직 세계선의 첫 절반, 그리고 아트 여정의 첫 구간으로 형성된 빗변— 로 이루어진 삼각형을 생각해 보자. 우리는 둘째와 셋째 점 사이의 점선 거리를 이 사이의 시공간 거리를 정의하는 것으로 생각할 수 있다.[12] 삼각형에서 레니의 변을 따라가는 시간 또한 시공간 거리로 생각할 수 있다. 그 길이는 $1/\sqrt{1-v^2}$가 될 것이다. 그리고 마지막으로 아트 여행의 전반부 동안 흘러간 시간은 빗변의 시공간 길이이다. 그런데 잠깐 살펴보면 무언가 어색함이 보

---

12) 우리는 일반적인 의미에서 **시공간 거리**라는 용어를 사용하고 있다. 앞으로 우리는 조금 더 엄밀한 용어인 **고유 시간**과 **시공간 간격**으로 바꿀 것이다.

인다. 즉 수직변이 빗변보다 더 길다. (때문에 아트가 소년으로 남아 있는 동안 레니는 수염을 기를 시간이 있었다.) 이로부터 우리는 유클리드 공간에서와 똑같은 법칙이 민코프스키 공간을 지배하지 않음을 즉시 알 수 있다.

그럼에도 이렇게 질문할 수 있다. 민코프스키 공간에도 유클리드 공간에서와 비슷한 불변량이 있을까? 로런츠 변환과 연동되는, 모든 관성 기준틀에서 같은 값으로 남는 그런 양 말이다. 우리는 원점에서 고정된 점 P까지의 거리의 제곱이 유클리드 좌표계의 간단한 회전에 대해 불변임을 알고 있다. 이와 비슷한 양, 어쩌면 $t^2 + x^2$이 로런츠 변환에 대해 불변일까? 한번 확인해 보자. 시공간 도표의 임의의 점 P를 생각해 보자. 이 점은 t 값과 x 값으로 규정되며 어떤 움직이는 기준틀에서는 또한 t'과 x'으로 규정된다. 우리는 이미 이 두 세트의 좌표계가 로런츠 변환으로 연결돼 있음을 알고 있다. 우리의 추측

$$t'^2 + x'^2 \overset{?}{=} t^2 + x^2$$

이 옳은지 알아보자. 로런츠 변환식(식 1.19와 식 1.20)을 이용해서 t'과 x'에 대입하면

$$t'^2 + x'^2 \overset{?}{=} \frac{(t - vx)^2}{1 - v^2} + \frac{(x - vt)^2}{1 - v^2}$$

을 얻고, 이를 간단히 하면

$$t'^2 + x'^2 \stackrel{?}{=} \frac{t^2 + v^2 x^2 - 2vtx}{1 - v^2} + \frac{x^2 + v^2 t^2 - 2vtx}{1 - v^2}$$

이다. 우변이 $t^2 + x^2$ 과 같을까? 전혀 아니다! 첫 식의 tx 항이 두 번째 식의 tx 항과 더해짐을 즉시 알 수 있다. 이들은 상쇄되지 않으며, 이와 균형을 맞추어 없앨 tx 항이 좌변에는 없다. 따라서 좌우변이 같을 수 없다.

하지만 자세히 살펴보면 우변의 두 항을 더하는 대신 빼기를 하면 tx 항이 상쇄될 것임을 알 수 있다. 새로운 양

$$\tau^2 = t^2 - x^2$$

을 정의하자. t'^2 빼기 x'^2 의 결과는

$$t'^2 - x'^2 = \frac{t^2 + v^2 x^2 - 2vtx}{1 - v^2} - \frac{x^2 + v^2 t^2 - 2vtx}{1 - v^2}$$

$$= \frac{t^2 + v^2 x^2}{1 - v^2} - \frac{x^2 + v^2 t^2}{1 - v^2} \qquad (1.29)$$

이다. 약간만 정리하면 정확하게 우리가 원하는 바를 얻는다.

$$t'^2 - x'^2 = t^2 - x^2 = \tau^2. \qquad (1.30)$$

빙고! 우리는 x 축을 따른 임의의 로런츠 변환에 대해 그 값이 똑같은 불변량 τ^2을 찾았다. 이 양의 제곱근 값인 τ를 **고유 시간**이라 부른다. 왜 이렇게 부르는지는 곧 명확해질 것이다.

지금까지 우리는 이 세상이 하나의 "철길"과도 같아서 모든 운동이 x 축을 따라가는 것처럼 상상했다. 로런츠 변환은 모두 x 축을 따른 오름이었다. 지금 여러분은 그 철길에 수직인 다른 두 방향을 잊어버렸을지도 모르겠다. y와 z 좌표가 기술하는 방향 말이다. 이제 이들을 다시 불러오자. 1.2.4절에서 나는 x 축을 따른 상대 운동(x 축을 따른 오름)에 대한 전체 로런츠 변환식($c=1$로 두고)이 4개의 방정식이라고 설명했다.

$$x' = \frac{x - vt}{\sqrt{1 - v^2}}$$

$$t' = \frac{t - vx}{\sqrt{1 - v^2}}$$

$$y' = y$$

$$z' = z \,.$$

다른 축을 따른 오름은 어떨까? 1.3절에서 설명했듯이, 이 다른 오름들은 x를 따른 오름과 x 축을 다른 방향으로 돌리는 회전의 조합으로 표현할 수 있다. 그 결과 만약 어떤 양이 x를 따른 오름과 공간에서의 회전에 불변이라면 그 양은 로런츠 변환에 대해 불변일 것이다. $\tau^2 = t^2 - x^2$ 이라는 양은 어떨까? 우리가 봤듯이 이 양은 x-오름에 대해서는 불변이다. 그러나 공간이 돌아가면 변한다. x만 관련돼 있지 y나 z는 관련이 없기 때문에 이 점은 명확하다. 다행히 τ를 완전한 형태의 불변으로 쉽게 일반화할 수 있다. 식 1.30의 일반화된 버전인

$$\tau^2 = t^2 - x^2 - y^2 - z^2 \qquad (1.31)$$

을 생각해 보자. 먼저 τ가 x 축을 따른 오름에 대해 불변임을 논증해 보자. 이미 우리는 $t^2 - x^2$ 항이 불변임을 확인했다. 거기에 우리는 수직 좌표인 y와 z가 x를 따른 오름에 대해 변하지 않는다는 사실을 추가할 수 있다. 하나의 틀에서 다른 틀로 변환할 때 $t^2 - x^2$ 이나 $y^2 + z^2$ 어느 것도 변하지 않는다면 명백히 $t^2 - x^2 - y^2 - z^2$ 도 또한 불변일 것이다. 이로써 x 방향으로의 오름은 처리되었다.

이제 이 값이 공간축이 회전하더라도 왜 변하지 않는지 살펴보자. 여기서도 논증은 두 갈래로 나뉜다. 첫째, 공간 좌표의 회전은 x, y, z를 뒤섞지만, 시간에는 영향을 미치지 않는다. 따라서 t는 공간 회전에 대해 불변이다. 다음으로 $x^2 + y^2 + z^2$ 이라는 양을 생각해 보자. 피타고라스 정리의 3차원 버전에 따르면 $x^2 + y^2 + z^2$ 은 점 x, y, z에서 원점까지의 거리의 제곱이다. 이 또한 공간 회전에 대해 변하지 않는 어떤 양이다. 시간의

불변성과 원점까지의 거리의 불변성(공간 회전에 대한)을 조합하면, 우리는 식 1.31에서 정의한 고유 시간 τ가 모든 관측자가 동의하는 불변량이라는 결론에 이른다. 이는 임의의 방향으로 움직이는 관측자들뿐만 아니라 좌표축이 임의의 방식으로 방향을 잡고 있는 관측자들에게도 적용된다.

1.5.1. 민코프스키와 광원뿔

고유 시간 τ가 불변이라는 사실은 강력하다. 아인슈타인도 이점을 알았는지는 나도 잘 모르겠다. 다만 이 장을 쓰는 동안 나는 아인슈타인의 1905년 논문을 포함하고 있는 나의 낡아 해지고 빛바랜 도버 출판사 판본 한 권을 다시 훑어보았다. (표지에 적힌 가격은 1.5달러였다.) 식 1.31에 대한 언급이나 시공간 거리라는 아이디어를 찾을 수는 없었다. 비직관적인 마이너스 부호를 품고 있는 고유 시간의 불변성이 완전히 새로운 4차원 시공간의 기하학(민코프스키 공간)의 기초가 될 것이라고 처음으로 이해한 사람은 민코프스키였다. 민코프스키에게는 아인슈타인이 3년 일찍 시동을 건 특수 상대성 이론 혁명을 1908년에 완성한 공로가 충분히 있다고 말해야 공정하다고 나는 생각한다. 4차원 시공간의 **네 번째 차원으로서의 시간**이라는 개념을 우리는 민코프스키에게 빚지고 있다. 이 두 논문을 읽을 때 나는 아직도 전율을 느낀다.

민코프스키를 따라 원점에서 출발하는 광선의 경로를 생각해 보자. 섬광(플래시 전구에서 나온 사건)이 원점에서 출발해 바깥

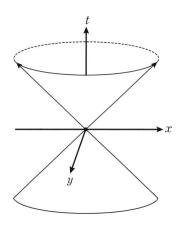

그림 1.11 민코프스키 광원뿔.

으로 진행하고 있다고 상상해 보자. t 라는 시간 뒤에 섬광은 ct 의 거리만큼 진행했을 것이다. 우리는 이 섬광을 다음의 방정식

$$x^2 + y^2 + z^2 = c^2 t^2 \qquad (1.32)$$

으로 기술할 수 있다. 식 1.32의 좌변은 원점에서의 거리이고 우변은 시간 t 동안 광신호가 이동한 거리이다. 이 둘을 같다고 놓으면 섬광이 도달하는 모든 지점이 주어진다. 이 방정식은 비록 4차원 대신 3차원이기는 하지만, 시공간에서 정의되는 원뿔로 시각화할 수 있다. 민코프스키가 이 원뿔을 정말 그리지는 않았지만, 자세하게 기술하기는 했다. 그림 1.11에 민코프스키의 광원

뿔이 그려져 있다. 위를 향하는 부분은 **미래 광원뿔**이라 부른다. 아래를 향하는 부분은 **과거 광원뿔**이다.

이제 엄격하게 x 축을 따라서만 움직이는 철길의 세상으로 돌아가 보자.

1.5.2 고유 시간의 물리적 의미

불변량 τ^2은 단지 수학적인 추상물이 아니다. 물리적인, 심지어 실험적인 의미가 있다. 이를 이해하기 위해 아까처럼 x 축을 따라 움직이는 레니와 정지틀에 정지해 있는 아트를 생각해 보자. 이들은 원점 O에서 서로 마주친다. 또한 레니의 세계선을 따라 두 번째 점 D를 표시한다. 이 점은 t' 축을 따라 움직이는 레니를 표현한다.[13] 이 모든 상황이 그림 1.12에 그려져 있다. 세계선을 따라가는 출발점은 공통 원점인 O이다. 정의에 따라 레니는 $x' = 0$에 위치해 있고 t' 축을 따라 움직인다.

좌표 (x, t)는 아트의 틀을 가리키며 프라임이 붙은 좌표 (x', t')은 레니의 틀을 가리킨다. 불변량 τ^2은 레니의 틀에서 $t'^2 - x'^2$으로 정의된다. 정의에 따라 레니는 자기 자신의 정지 틀에서 항상 $x' = 0$에 머물러 있다. 점 D에서 $x' = 0$이므로 $t'^2 - x'^2$은 t'^2과 같다. 따라서 방정식

---

13) 이 논의에서 우리는 t'이라는 이름표를 약간 다른 두 가지 방식으로 사용한다. 주된 의미는 '레니의 t' 좌표'이다. 하지만 또한 t' 축에 이름 붙이기 위해 사용한다.

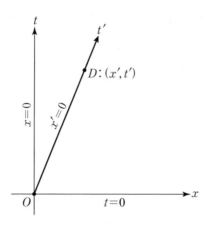

그림 1.12 고유 시간. 이 도표에서 t' 의 두 가지 의미를 설명하는 각주 13을 읽어 보라.

$$\tau^2 = t'^2 - x'^2$$

은

$$\tau^2 = t'^2$$

이 되고

$$\tau = t'$$

이다. 그런데 t' 은 무엇인가? 이는 레니의 틀에서 레니가 원점을 떠난 뒤에 경과한 시간의 양이다. 따라서 불변량 τ 에는 물리적인 의미가 있음을 알 수 있다.

> 세계선을 따라가는 불변의 고유 시간은 그 세계선을 따라 움직이는 시계의 똑딱거림을 나타낸다. 이 경우에는 레니가 원점에서 점 D까지 움직일 때 레니의 롤렉스가 째깍거린 숫자를 나타낸다.

고유 시간에 관한 논의를 마무리하며 통상적인 좌표에서 고유 시간을 쓰면 다음과 같다.

$$\tau^2 = t^2 - \frac{x^2}{c^2}.$$

1.5.3. 시공간 간격

고유 시간이라는 용어는 구체적인 물리적 의미와 정량적인 의미를 모두 지닌다. 한편 똑같은 아이디어의 일반적인 버전으로 **시공간 거리**라는 용어도 사용했다. 나는 한 걸음 더 나아가 보다 엄밀한 용어인 **시공간 간격** $(\varDelta s)^2$ 을 쓰기 시작할 것이다. 이는

$$(\varDelta s)^2 = -\varDelta t^2 + (\varDelta x^2 + \varDelta y^2 + \varDelta z^2)$$

로 정의된다. 사건 (t, x, y, z)와 원점 사이의 시공간 간격을 기술하기 위해

$$s^2 = -t^2 + (x^2 + y^2 + z^2)$$

로 쓴다. 즉 s^2은 단지 음의 τ^2일 뿐이며 따라서 불변이다.[14] 지금까지는 τ^2과 s^2 사이의 구분이 중요하지 않았지만, 곧 제 역할을 수행할 것이다.

1.5.4. 시간성, 공간성, 그리고 광선성 이격

민코프스키가 상대성 이론에 도입한 많은 기하학적 아이디어 중에 사건들 사이의 시간성, 공간성, 광선성 이격이라는 개념이 있다. 이 분류는 불변량

$$\tau^2 = t^2 - (x^2 + y^2 + z^2),$$

또는 이의 또 다른 자아이면서 사건 (t, x, y, z)를 원점과 분리하는 시공간 간격

$$s^2 = -t^2 + (x^2 + y^2 + z^2)$$

에 기초를 두고 있다. 우리는 s^2을 이용할 것이다. 간격 s^2은 음

---

14) 상대성 이론에서 부호 표기법은 우리가 원하는 바처럼 일관적이지 못하다. 어떤 저자들은 s^2이 τ^2과 똑같은 부호를 갖도록 정의한다.

일 수도, 양일 수도, 0일 수도 있다. 한 사건이 원점으로부터 시간성, 공간성, 광선성 이격인지 여부는 이 부호로 결정된다.

이 범주들을 다소 직관적으로 이해하기 위해 시간 0일 때 센타우루스자리 알파별에서 나온 광신호를 생각해 보자. 그 신호가 지구에 있는 우리에게 도달하려면 약 4년이 걸린다. 이 예에서 센타우루스자리 알파별의 섬광은 원점에 있고 우리는 그 미래 광원뿔(그림 1.11의 위쪽 절반)을 생각하고 있다.

시간성 이격

먼저 원뿔의 안쪽에 있는 점을 생각해 보자. 이는 그 시간 좌표의 크기 $|t|$가 그 사건까지의 공간적 거리보다 더 큰 경우, 즉

$$-t^2 + (x^2 + y^2 + z^2) < 0$$

일 때에 해당한다. 이런 사건들은 원점에 대해 시간성이라 부른다. t 축 위의 모든 점은 원점에 대해 시간성(나는 이 점들을 그냥 시간성이라 부를 것이다.)이다. 시간성이라는 성질은 불변이다. 만약 한 사건이 어느 틀에서 시간성이면 모든 틀에서 시간성이다.

만약 지구에서의 한 사건이 섬광 전송 이후 4년보다 더 뒤에 발생한다면 그 사건은 섬광에 대해 시간성이다. 이 사건들은 너무 늦어서 신호가 부딪히지 못할 것이다. 빛은 이미 지나갔을 것이다.

공간성 이격

공간성 사건들은 원뿔 바깥에 있는 사건들이다.[15] 즉 이들은

$$-t^2 + (x^2 + y^2 + z^2) > 0$$

인 사건들이다. 이런 사건들에 대해서는 원점으로부터의 공간 이격이 시간 이격보다 더 크다. 한 사건의 공간성 성질도 역시 불변이다.

공간성 사건들은 너무 멀리 떨어져 있어서 광신호가 닿지 못한다. 광신호가 여정을 시작한 이후 4년보다 더 빨리 지구에서 일어난 사건은 섬광이 만들어 낸 사건의 영향을 받을 가능성이 없다.

광선성 이격

마지막으로 광원뿔 위의 사건들이 있다. 이들은

$$-t^2 + (x^2 + y^2 + z^2) = 0$$

이다. 이 점들은 원점에서 출발한 광신호가 도달하는 점들이다.

---

15) 다시 한번 우리는 '시간성 사건'이라는 축약된 용어를 사용하고 있다. 이는 '원점으로부터 시간성으로 떨어진 사건.'을 뜻한다.

원점에 대해 광선성인 사건에 있는 사람은 그 빛의 섬광을 보게 될 것이다.

1.6 역사적인 조망

1.6.1. 아인슈타인

사람들은 종종 "c는 물리 법칙이다."라는 아인슈타인의 선언이 이론적인 통찰에서 기인했는지 아니면 적절한 실험 결과(특히나 마이컬슨-몰리 실험)에서 기인한 것인지 궁금해한다. 물론 우리는 그 답을 확신할 수 없다. 다른 사람의 마음속에 무엇이 있는지는 정말 누구도 알 수 없다. 아인슈타인 자신은 1905년 논문을 썼을 때 마이컬슨과 몰리의 결과를 몰랐다고 주장했다. 나는 그의 말을 믿을 만한 여러 이유가 있다고 생각한다.

아인슈타인은 맥스웰 방정식을 물리 법칙이라 여겼다. 그는 맥스웰 방정식이 파동 같은 풀이를 준다는 점을 알았다. 아인슈타인은 16살 때 만약 광선과 함께 움직인다면 무슨 일이 벌어질까 궁금해했다. '빤한' 답은 여러분이 움직이지 않는 파동적 구조를 가진 정지한 전기장과 자기장을 보게 될 것이라는 점이다. 어떻게든 아인슈타인은 이게 틀렸음을 알았다. 왜냐하면 그것은 맥스웰 방정식의 풀이가 아니었기 때문이다. 맥스웰 방정식은 빛이 광속으로 움직인다고 말할 뿐이다. 나는 아인슈타인 자신의 설명과 부합되게 그가 논문을 썼을 때 마이컬슨-몰리 실험을 알지 못했을 거라고 믿는 편이다.

현대적인 언어로는 아인슈타인의 추론을 약간 다르게 설명할 수 있다. 즉 맥스웰 방정식이 어떤 종류의 **대칭성**을 갖고 있다고 말할 수 있다. 모든 기준틀에서 방정식이 똑같은 형태를 갖도록 하는 어떤 좌표 변환식들이다. 여러분이 x'과 t'을 포함하고 있는 맥스웰 방정식을 취해 옛날의 갈릴레오식 규칙

$$x' = x - vt$$
$$t' = t$$

을 대입하면 프라임이 붙은 좌표계에서 맥스웰 방정식들이 다른 형태를 취한다는 점을 알게 될 것이다. 이들은 프라임이 붙지 않은 좌표계에서와 같은 형태를 갖지 않는다.

하지만 맥스웰의 방정식에 로런츠 변환식을 대입하면 프라임이 붙은 좌표계에서 변환된 맥스웰 방정식은 프라임이 붙지 않은 좌표계에서와 정확하게 똑같은 형태를 갖게 된다. 현대적인 언어로 말하자면 아인슈타인의 위대한 업적은 맥스웰 방정식의 대칭 구조가 갈릴레오 변환식이 아니라 로런츠 변환식임을 인식한 것이다. 그는 이 모든 것을 하나의 원리에 압축했다. 어떤 면에서 아인슈타인은 실제로 맥스웰 방정식을 알 필요는 없었다. (물론 잘 알고 있었지만.) 아인슈타인은 맥스웰 방정식이 물리 법칙이며 물리 법칙은 빛이 어떤 속도로 움직여야 함을 요구한다는 점만 알면 되었다. 그로부터 아인슈타인은 광선의 움직임을 연구

하기만 하면 되었을 것이다.

1.6.2. 로런츠

로런츠는 마이컬슨-몰리 실험을 알고 있었다. 그는 똑같은 변환
식에 이르렀지만 다르게 해석했다. 그는 변환식을 에테르 속에
서의 물체의 운동이 움직이는 물체에 야기하는 효과로 생각했다.
다양한 종류의 에테르 압력 때문에 물체가 짓눌리고 따라서 짧아
질 것이다.

　　로런츠가 틀렸을까? 어떤 면에서는 그가 틀리지 않았다고 여
러분이 말할 수도 있으리라 생각한다. 그러나 로런츠는 **대칭** 구
조라는 아인슈타인의 통찰을 분명 갖지 못했다. 상대론의 원리
및 광속의 속성과 일치하기 위해 시간과 공간이 요구하는 대칭성
말이다. 누구도 아인슈타인이 한 일을 로런츠가 했다고 말하지는
못할 것이다.[16] 게다가 로런츠는 그것이 정확하다고 생각하지 않
았다. 로런츠는 변환식을 1차 근사라고 여겼다. 어떤 종류의 유
체 속을 움직이는 물체는 짧아질 것이며 그 1차 근사는 로런츠
축약이 될 것이다. 로런츠는 마이컬슨-몰리 실험이 정확하지 않
다고 정말로 예상했다. 그는 v/c의 고차 보정항이 있을 것이며
실험 기술이 결국에는 아주 엄밀해져서 광속의 차이를 감지할 수
있을 것으로 생각했다. 반면 이것은 정말로 물리 법칙이며 원리

---

16)　로런츠 자신을 포함해서라고 나는 믿는다.

라고 말했던 사람은 아인슈타인이었다.

.

속도와 4-벡터

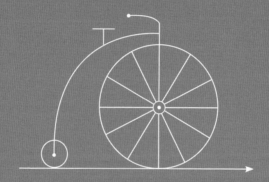

아트: 이건 믿기 힘들 정도로 환상적이군! 난 완전히 변환된 거 같아.

레니: 로런츠 변환?

아트: 그래, 양으로 오름된.

물체가 상대론적 속도로 움직이면 적어도 정지틀에서 봤을 때 그 물체들이 평평해진다는 말은 정말이다. 사실, 물체가 광속에 가까워질수록 그 물체는 운동 방향을 따라 무한히 얇은 판으로 줄어든다. 비록 자신들에게는 스스로가 멀쩡하고 좋아 보이겠지만 말이다. 빛보다 더 빨리 움직이면 그 물체가 소실점을 지나서까지 줄어들까? 아니, 그렇지 않다. 어떤 물리적인 물체도 빛보다 더 빨리 움직일 수 없다는 단순한 이유 때문이다. 하지만 여기서 역설이 생긴다.

아트가 기차역에 정지해 있다고 생각해 보자. 레니를 태운 기차가 광속의 90퍼센트로 아트를 지나 쌩하고 지나간다. 이들의 상대 속도는 $0.9c$이다. 레니가 타고 있는 똑같은 객차에서 매기는 자전거를 타고 레니에 대해 $0.9c$의 속도로 복도를 따라 달리고 있다. 매기가 아트에 대해서는 빛보다 더 빨리 움직이고 있음이 분명하지 않은가? 뉴턴 물리학에서는 아트에 대한 매기의 상대 속도를 계산하기 위해 레니의 속도에 매기의 속도를 더할 것이다. 그 결과 매기는 광속의 거의 2배인 $1.8c$의 속도로 아트를 지나가게 될 것이다. 분명히 이 지점에서 무언가가 잘못되었다.

2.1 속도 더하기

무엇이 잘못되었는지를 이해하려면 로런츠 변환식을 어떻게 조합할지 주의 깊게 분석할 필요가 있다. 우리의 실험은 이제 3명의 관측자로 설정돼 있다. 아트는 정지해 있고, 레니는 아트에 대해 속도 v로 움직이고 있고, 매기는 레니에 대해 속도 u로 움직이고 있다. 우리는 $c = 1$인 상대론적 단위에서 작업할 것이고 v와 u는 모두 양수이며 1보다 작다고 가정한다. 우리 목표는 매기가 아트에 대해 얼마나 빨리 움직이고 있는지를 결정하는 것이다. 그림 2.1이 이 상황을 보여 주고 있다.

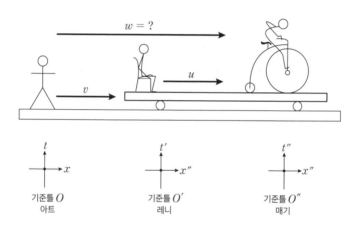

그림 2.1 속도 결합하기.

이제 3개의 기준틀과 3개의 좌표계가 있다. (x, t)를 기차역에 정지한 기준틀에서의 아트의 좌표라 하자. (x', t')을 기차 안에서 정지한 틀인 레니의 좌표라 하자. 마지막으로 (x'', t'')을 매기의 자전거와 함께 움직이는 매기의 좌표라 하자. 기준틀 중임의의 쌍은 각각이 적절한 속도에 대한 로런츠 변환으로 연결돼 있다. 예를 들어 레니와 아트의 좌표는

$$x' = \frac{x - vt}{\sqrt{1 - v^2}} \qquad (2.1)$$

$$t' = \frac{t - vx}{\sqrt{1 - v^2}} \qquad (2.2)$$

로 연결돼 있다. 또한 우리는 이 관계를 뒤집는 방법도 알고 있다. 이는 x'과 t'에 대해 x와 t를 푸는 것에 해당한다. 그 결과는

$$x = \frac{x' + vt'}{\sqrt{1 - v^2}} \qquad (2.3)$$

$$t = \frac{t' + vx'}{\sqrt{1 - v^2}} \qquad (2.4)$$

임을 상기해 주고자 한다.

2.1.1 매기

우리의 세 번째 관측자는 매기이다. 우리가 매기에 대해 아는 것은 매기가 레니에 대해 상대 속도 u로 움직이고 있다는 점이다. 이를 레니와 매기의 좌표를 연결하는 로런츠 변환식을 써서 표현해 보자. 이번에는 속도가 u이다.

$$x'' = \frac{x' - ut'}{\sqrt{1 - u^2}} \qquad (2.5)$$

$$t'' = \frac{t' - ux'}{\sqrt{1 - u^2}}. \qquad (2.6)$$

우리 목표는 아트와 매기의 좌표를 연결하는 변환식을 찾아 그로부터 이들의 상대 속도를 읽어 내는 것이다. 즉 우리는 레니를 소거하려 한다.[1] 식 2.5부터 시작해 보자.

$$x'' = \frac{x' - ut'}{\sqrt{1 - u^2}}.$$

식 2.1과 식 2.2를 이용해 우변의 x'과 t'에 대입하면

$$x'' = \frac{\dfrac{x - vt}{\sqrt{1 - v^2}} - \dfrac{u(t - vx)}{\sqrt{1 - v^2}}}{\sqrt{1 - u^2}}$$

---

1) 당황하지 마라. 우리가 없애려는 것은 단지 레니의 **속도**이다.

이고 분모를 통분하면

$$x'' = \frac{x - vt - u(t - vx)}{\sqrt{1 - v^2}\sqrt{1 - u^2}} \qquad (2.7)$$

이다. 이제 핵심에 이르렀다. 아트의 틀에서 아트에 대한 매기의 속도를 결정하는 것이다. 식 2.7이 로런츠 변환의 형태를 취한다는 것이 완전히 명확하지는 않다. (실제로는 그렇다.) 그러나 다행히 우리는 잠시 이 문제를 피할 수 있다. 매기의 세계선이 방정식 $x'' = 0$으로 주어진다는 점에 주목하라. 이게 사실이려면 식 2.7의 분자만 0이 되게 놓으면 된다. 따라서 분자의 항을 조합하면

$$(1 + uv)x - (v + u)t = 0$$

이고 그 결과는

$$x = \frac{u + v}{1 + uv}t \qquad (2.8)$$

이다. 이제 명확해졌다. 식 2.8은 속도 $(u + v)/(1 + uv)$로 움직이는 세계선에 대한 방정식이다. 따라서 아트의 틀에서의 매기의 속도를 ω라 하면

$$\omega = \frac{u + v}{1 + uv} \qquad (2.9)$$

를 얻는다. 이제 아트의 틀과 매기의 틀이 정말로 로런츠 변환으로 연결돼 있음을 검증하기가 아주 쉽다. 다음 식

$$x'' = \frac{x - \omega t}{\sqrt{1 - \omega^2}} \qquad (2.10)$$

$$t'' = \frac{t - \omega x}{\sqrt{1 - \omega^2}} \qquad (2.11)$$

을 증명하는 것은 연습 문제로 남겨 둘 것이다. 요약하면 이렇다. 만약 레니가 아트에 대해 속도 v로 움직이고 매기가 레니에 대해 속도 u로 움직인다면, 매기는 아트에 대해

$$\omega = \frac{u + v}{1 + uv} \qquad (2.12)$$

의 속도로 움직인다. 우리는 곧 이 결과를 분석할 것이다. 다만 우선 차원 일관성을 적용해 식 2.12를 통상적인 단위로 표현해 보자. 분자 $u + v$는 차원적으로 옳다. 그러나 분모의 $1 + uv$는 그렇지 않다. 왜냐하면 1은 차원이 없는 반면 u와 v는 모두 속도이기 때문이다. u와 v를 u/c와 v/c로 대체하면 쉽게 차원을 복원할 수 있다. 그 결과 상대론적 속도합 법칙은

$$\omega = \frac{u + v}{1 + \dfrac{uv}{c^2}} \qquad (2.13)$$

이다. 이 결과를 뉴턴의 예상과 비교해 보자. 뉴턴은 아트에 대한 매기의 속도를 구하기 위해 단지 u를 v에 더하기만 하면 된다고 말했을 것이다. 이는 정말로 우리가 식 2.13의 분자에서 하는 일이다. 그러나 상대성 이론은 분모에서 $(1 + uv/c^2)$의 형태로 보정을 요구한다.

몇몇 수치적인 예를 살펴보자. 먼저 u와 v가 광속과 비교했을 때 작은 경우를 생각해 보자. 간단히 하기 위해 속도의 차원이 없는 식 2.9를 이용할 것이다. 여기서는 u와 v가 광속의 단위로 측정되었다는 점만 기억하라. $u = 0.01$, 즉 광속의 1퍼센트이고 v 또한 0.01이라 하자. 이 값들을 식 2.9에 대입하면

$$\omega = \frac{0.01 + 0.01}{1 + (0.01)(0.01)},$$

즉

$$\omega = \frac{0.02}{1.0001} = 0.019998$$

을 얻는다. 뉴턴의 답은 물론 0.02였을 것이다. 하지만 상대론적 답은 약간 작다. 일반적으로 u와 v가 작을수록 상대론적 결과와 뉴턴의 결과는 가까워질 것이다.

이제 원래의 역설로 돌아가 보자. 만약 레니의 기차가 아트에 대해 $v = 0.9$의 속도로 움직이고 매기의 자전거가 레니에 대

해 $u = 0.9$의 속도로 움직인다면 매기가 아트에 대해 빛보다 더 빨리 움직인다고 기대하면 안 될까? v 와 u 의 값을 잘 대입하면

$$\omega = \frac{0.9 + 0.9}{1 + 0.9 \times 0.9},$$

즉

$$\omega = \frac{1.8}{1.81}$$

을 얻는다. 분모가 1.8보다 약간 더 크기 때문에 그 결과로 나온 속도는 1보다 약간 작다. 즉 아트의 틀에서 매기가 광속보다 더 빨리 가도록 하는 데에 성공하지 못했다.

내친김에 u 와 v 가 모두 광속과 **같다면** 어떤 일이 벌어지는 지에 대한 우리의 궁금증을 해결해 보자. 아주 간단하게

$$\omega = \frac{1 + 1}{1 + (1)(1)},$$

즉

$$\omega = \frac{2}{2} = 1$$

이 됨을 알 수 있다. 설령 레니가 어떻게든 아트에 대해 광속으로 움직일 수 있고, 매기가 레니에 대해 광속으로 움직일 수 있다 하

더라도 매기는 여전히 아트에 대해 빛보다 더 빨리 움직일 수 없을 것이다.

2.2 광원뿔과 4-벡터

1.5절에서 봤듯이 고유 시간

$$\tau^2 = t^2 - (x^2 + y^2 + z^2)$$

과 그의 또 다른 모습인 원점에 대한 시공간 간격

$$s^2 = -t^2 + (x^2 + y^2 + z^2)$$

은 4차원 시공간에서 일반적인 로런츠 변환에 대해 불변량이다. 즉 이 양들은 임의의 로런츠 오름과 좌표 회전에 대해 불변이다.[2] 우리는 이따금 τ를 축약된 형태로

$$\tau^2 = t^2 - \vec{x}^2 \tag{2.14}$$

와 같이 쓸 것이다. 이는 아마도 상대성 이론에서 가장 핵심적인 사실이다.

---

[2] 우리는 이를 τ에 대해서만 명시적으로 보였으나 똑같은 논증이 s에도 적용된다.

2.2.1 광선은 어떻게 움직이는가

1강에서 우리는 시공간의 영역과 광선의 궤적을 논의했다. 그림 2.2는 이 아이디어를 조금 더 자세히 보여 주고 있다. 서로 다른 종류의 이격은 불변량 s의 값이 각각 음수, 양수, 0에 해당한다. 또한 우리는 만약 시공간에서 두 점의 이격이 0이라도 이것이 그 두 점이 똑같은 점이어야 함을 뜻하는 것은 **아니라는** 흥미로운 결과를 알아냈다. 0 이격은 단지 광선이 한 점에서 다른 점으로 갈 수 있다는 가능성으로 두 점이 관계되어 있음을 뜻할 뿐이다. 이는 광선이 어떻게 움직이는지에 대한 한 가지 중요한 개

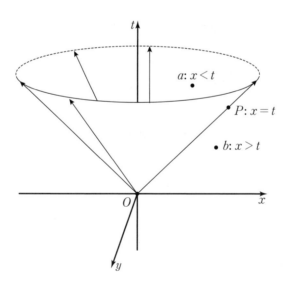

그림 2.2　미래 광원뿔. 원점에 대해, 점 a는 시간성 이격, 점 b는 공간성 이격, 점 P는 광선성 이격이다. 공간의 2차원만 그려져 있다.

넘이다. 광선은 고유 시간(또는 시공간 간격)이 그 궤적을 따라 0인 방식으로 움직인다. 원점에서 출발하는 광선의 궤적은 원점에서 시간성으로 이격된 시공간 영역과 공간성으로 이격된 영역 사이에서 일종의 경계로 작용한다.

2.2.2 4-벡터의 도입

이 그림에 공간 차원 y와 z를 다시 가져온 데에는 이유가 있다. 상대론에 대한 수학적 언어는 4-벡터라 불리는 것에 굉장히 의지하고 있으며 4-벡터는 모든 3차원 공간을 포괄한다. 우리는 여기서 4-벡터를 도입하고 3강에서 더 심화할 것이다.

    3차원에서 가장 기본적인 벡터(vector)의 예는 공간 속 두 점 사이의 간격이다.[3] 두 점이 주어지면 이들을 잇는 벡터가 존재한다. 벡터는 방향과 크기를 갖고 있다. 벡터가 어디서 시작하는지는 중요하지 않다. 벡터를 여기저기로 움직이더라도 여전히 똑같은 벡터이다. 여러분은 벡터를 원점에서 시작해 공간의 어떤 점에서 끝나는 소풍이라고 생각할 수 있다. 우리의 벡터는 좌표를 갖고 있다. 이 경우 끝점의 위치를 정하는 것은 x, y, z이다.

---

3) 우리는 단지 공간 속에서의 벡터에 대해서 이야기하고 있을 뿐이다. 양자 역학의 추상적인 상태 벡터가 아니다.

새 표기법

물론 우리의 좌표 이름이 반드시 x, y, z일 필요는 없다. 원하는 대로 자유롭게 다른 이름을 붙여도 된다. 예를 들어, 좌표를 X^i라 부를 수도 있다. 여기서 i는 1, 2 또는 3이다. 이 표기법을 사용해 우리는

$$X^i \Rightarrow (x, y, z)$$

로 쓸 수 있다. 또는 그 대신

$$X^i \Rightarrow (X^1, X^2, X^3)$$

로 쓸 수도 있다.

우리는 이 표기법을 광범위하게 쓸 작정이다. 우리가 어떤 원점에 대해 공간 **그리고** 시간을 측정하고 있으므로 시간 좌표 t를 보탤 필요가 있다. 그 결과 벡터는 4차원적인 물건, 즉 하나의 시간 성분과 3개의 공간 성분을 가진 4-벡터가 된다. 관습적으로 시간 성분이 성분 목록의 첫 자리이다.

$$X^\mu \Rightarrow (X^0, X^1, X^2, X^3).$$

여기서 (X^0, X^1, X^2, X^3)은 (t, x, y, z)와 똑같은 의미를 지

닌다. 여기 위 첨자들은 지수가 **아님을** 기억하라. 좌표 X^3은 '종 종 z라 쓰던 세 번째 공간 좌표'를 뜻한다. $X \times X \times X$를 뜻하 지 **않는다.** 지수와 위 첨자는 맥락 속에서 명확하게 구분할 수 있 다. 이제부터 우리가 4차원 좌표를 쓸 때에는 시간 좌표가 가장 먼저 오도록 쓸 것이다.

우리의 첨자 표기법에서는 두 가지 약간 변형된 형태를 사용 하고 있음에 유의하라.

- X^μ : μ 같은 그리스 첨자는 네 가지 모든 값, 0, 1, 2, 3을 아우른 다는 뜻이다.
- X^i : i 같은 로마 첨자는 오직 3개의 공간 성분 1, 2, 3만 포함한 다는 뜻이다.

고유 시간과 원점으로부터의 시공간 간격은 어떻게 될까? 이들은

$$\tau^2 = (X^0)^2 - (X^1)^2 - (X^2)^2 - (X^3)^2$$

그리고

$$s^2 = -(X^0)^2 + (X^1)^2 + (X^2)^2 + (X^3)^2$$

로 쓸 수 있다. 여기 새로운 내용은 없다. 그저 표기법일 뿐이

다.[4] 하지만 표기법은 중요하다. 우리의 4-벡터를 구축하고 공식을 간단하게 해 주는 길을 열어 준다. μ 첨자가 등장하면, 이 첨자는 공간과 시간의 네 가능성을 아우른다. i 첨자가 등장하면, 이 첨자는 공간만 아우른다. X^i를 공간 벡터의 기본 버전으로 생각할 수 있는 것과 마찬가지로, 4개의 성분을 가진 X^μ는 시공간에서 4-벡터를 나타낸다. 좌표를 회전하면 벡터가 변환하는 것과 마찬가지로 4-벡터는 하나의 움직이는 틀에서 다른 틀로 옮겨갈 때 로런츠 변환을 한다. 우리의 새 표기법에서 로런츠 변환식이 여기 있다.

$$(X')^0 = \frac{X^0 - vX^1}{\sqrt{1-v^2}}$$

$$(X')^1 = \frac{X^1 - vX^0}{\sqrt{1-v^2}}$$

$$(X')^2 = X^2$$
$$(X')^3 = X^3.$$

우리는 이 결과를 임의의 4-벡터의 변환 성질에 관한 규칙으로 일반화할 수 있다. 정의에 따라 4-벡터는 A^μ 성분을 가진 임

---

4) 왜 우리가 아래 첨자 대신 위 첨자를 사용하는지 궁금해할 수도 있다. 나중에 (4.4.2절에서) 아래 첨자 표기법도 도입할 것이다. 그 의미는 약간 다르다.

의의 집합으로서 x 축을 따른 오름에 대해

$$(A')^0 = \frac{A^0 - vA^1}{\sqrt{1 - v^2}}$$

$$(A')^1 = \frac{A^1 - vA^0}{\sqrt{1 - v^2}}$$

$$(A')^2 = A^2$$

$$(A')^3 = A^3 \qquad\qquad (2.15)$$

에 따라 변환한다. 또한 우리는 공간 회전에 대해 공간 성분 A^1, A^2, A^3는 보통의 3-벡터처럼 변환하고 A^0은 변하지 않는다고 가정한다.

3-벡터와 마찬가지로 4-벡터에는 보통의 숫자를 그 성분에 곱하는 식으로 숫자를 곱할 수 있다. 또한 개별 성분을 더하는 식으로 4-벡터들을 더할 수도 있다. 이런 연산의 결과 또한 4-벡터이다.

4-속도

또 다른 4-벡터를 하나 살펴보자. 원점에 대한 상대적인 성분을 말하는 대신 이번에는 시공간 궤적을 따른 작은 간격을 생각할 것이다. 결국 우리는 이 간격을 무한소 변위까지 줄일 것이다. 지금으로서는 작지만 유한한 양으로 생각하자. 그림 2.3이 우리의

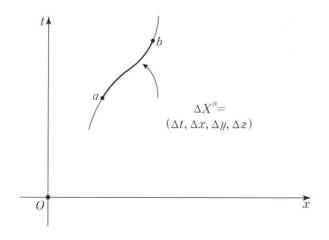

그림 2.3 시공간 궤적(입자).

이런 심상을 보여 주고 있다. 궤적을 따라 분리된 점들 a와 b 사이의 간격이 ΔX^{μ} 이다. 이는 단순히 한 벡터의 끝점에서 다른 끝점으로 옮겨 가는 네 좌표의 변화를 뜻한다. 이 간격은 Δt, Δx, Δy, Δz 로 구성된다.

이제 4-속도라는 개념을 도입할 준비가 되었다. 4차원 벡터는 보통의 속도 개념과는 약간 다르다. 그림 2.3의 곡선을 입자의 궤적이라 하자. 나는 특정한 순간에서 선분 $\overline{ab}$ 를 따르는 속도라는 개념에 관심이 있다. 만약 우리가 보통의 속도를 다루고 있다면 우리는 Δx 를 취해 Δt 로 나눌 것이다. 그러고는 Δt 가 0으로 접근하는 극한을 취할 것이다. 보통의 속도는 세 성분, 즉 x 성분, y 성분, z 성분을 갖고 있다. 네 번째 성분 따위는 없다.

우리는 비슷한 방식으로 4차원 속도를 구축할 것이다. ΔX^μ에서 시작한다. 하지만 보통의 시간 좌표인 Δt로 나누는 대신 고유 시간 $\Delta \tau$로 나눌 것이다. 그 이유는 $\Delta \tau$가 불변이기 때문이다. 4-벡터 ΔX^μ를 불변량으로 나누면 4-벡터의 변환 성질이 유지된다. 즉 $\Delta X^\mu / \Delta \tau$는 4-벡터이지만, $\Delta X^\mu / \Delta t$는 아니다.

4-속도를 보통의 3-속도와 구분하기 위해 우리는 V 대신 U를 쓸 것이다. U는 네 성분 U^μ를 갖고 있으며

$$U^0 = \frac{dX^0}{d\tau} = \frac{dt}{d\tau}$$

$$U^1 = \frac{dX^1}{d\tau} = \frac{dx}{d\tau}$$

$$U^2 = \frac{dX^2}{d\tau} = \frac{dy}{d\tau}$$

$$U^3 = \frac{dX^3}{d\tau} = \frac{dz}{d\tau} \tag{2.16}$$

으로 정의된다. 우리는 다음 장에서 4-속도를 조금 더 자세히 살펴볼 것이다. 이는 입자의 운동에 대한 이론에서 중요한 역할을 수행한다. 입자의 운동에 대한 상대론적 이론에서는 속도(speed), 위치, 운동량(momentum), 에너지, 운동 에너지 등등과 같은 낡은 개념에 대해 새로운 관념이 필요하다. 뉴턴의 개념들을 상대론적으로 일반화할 때 4-벡터의 관점에서 그렇게 할 것이다.

상대론적 운동 법칙

> Dear prof. Susskino,
> Let me explain
> Einsteins' mistake.
> Force equals mass
> times acceleration.
> <F=MA> So I push
> something with a
> constant force for
> a long time. - - -

레니는 바 의자에 앉아 손으로 머리를 감싸 쥐고 있었다.

그때 레니의 휴대전화에 전자 우편 메시지가 떴다.

아트: 무슨 일이야, 레니? 비어 밀크셰이크를 너무 많이 마신 거 아냐?

레니: 아트, 여기 전자 우편 한번 보게나.

이런 전자 우편이 매일 두어 건 정도는 온다고.

전자 우편 메시지:[1]

친애하는 서스키노(원문대로 표기) 교수님

아인슈타인은 치명적인 실수를 저질렀고 제가 그것을 발견했습니다.
당신의 친구인 스티븐 호킨스(원문대로 표기)에게도 편지를 썼습니다만
답장이 없었습니다.

아인슈타인의 실수를 설명해 보겠습니다. 힘은 질량 곱하기 가속도와 같습니다.
제가 오랜 시간 동안 일정한 힘으로 무언가를 밀면 가속도는 일정하고
따라서 제가 충분히 오랫동안 이렇게 하면 속도는 계속 증가합니다.
제가 계산해 보니 만약 220파운드(제 몸무게입니다. 아마 다이어트를 꼭 해야겠죠.)의
사람을 수평 방향으로 224.809파운드의 힘으로 계속해서 밀면 1년 뒤
그 사람은 광속보다 더 빨리 움직일 겁니다. 제가 이용한 것이라곤 뉴턴의 방정식
$F = MA$뿐입니다. 따라서 그 어떤 것도 빛보다 더 빨리 움직일 수 없다고 말한
아인슈타인은 틀렸습니다. 물러학자들(원문대로 표기)이 이를 알 필요가 있다고
저는 확신하기 때문에 이 결과를 공표하는 데에 교수님께서 저를 도와주시길
바랍니다.
저는 돈이 많아서 대가를 지불해 드릴 수 있습니다.

아트: 세상에, 끔찍하게도 미련하네. 그런데, 뭐가 잘못된 거지?

---

1) 2007년 1월 22일에 실제로 받은 전자 우편 메시지이다.

아트의 질문에 대한 답은 이렇다. 우리는 뉴턴의 이론을 하고 있지 않다. 우리는 아인슈타인의 이론을 하고 있다. 운동 법칙, 힘, 가속도를 포함해서 물리학 모두를 특수 상대성 이론의 원리와 부합하게 기초부터 다시 쌓아 올려야 한다.

이제 우리는 이 주제와 씨름할 준비가 됐다. 특히 우리는 입자의 역학―특수 상대성 이론에 따라 입자들이 어떻게 움직이는지에 관심이 있다. 이를 달성하기 위해서는 고전 역학에서 비롯된 많은 것들을 포함해서 광범위한 개념들을 한데 모아야 할 것이다. 우리의 계획은 각각의 아이디어를 따로 분리해서 논의하고 막판에 이 모두를 짜깁기하는 것이다.

상대성 이론은 에너지, 운동량, 정규 운동량, 해밀토니안(Hamiltonian), 라그랑지안(Lagrangain) 같은 고전적인 개념들 위에 세워지며 최소 작용의 원리(principle of least action)가 중요한 역할을 수행한다. 진도를 나가면서 이런 개념을 좀 간략하게 상기시켜 주긴 하겠지만, 기본적으로 여러분이 이 시리즈의 첫 책 『물리의 정석: 고전 역학 편』에서 이런 개념들을 배워 기억하고 있으리라 상정할 것이다. 그렇지 않다면 이 장은 그런 것들을 복습하는 좋은 시간이 될 것이다.

3.1 간격에 대해서 조금 더

1강과 2강에서 우리는 시간성 및 공간성 간격을 논의했다. 앞서 설명했듯이 시공간 속에 있는 두 점 사이의 간격 또는 이격은 불변량

$$(\Delta s)^2 = -(\Delta t)^2 + (\vec{\Delta x})^2 \qquad (3.1)$$

이 0보다 작을 때, 즉 간격의 시간 성분이 공간 성분보다 더 클 때 시간성이다.[2] 한편 두 사건 사이의 시공간 간격 $(\Delta s)^2$이 0보다 크면 그 반대가 성립하며 이 간격은 공간성이라 부른다. 이런 아이디어는 앞선 그림 2.2에서 나타낸 적이 있다.

3.1.1 공간성 간격

$(\vec{\Delta x})^2$이 $(\Delta t)^2$보다 더 크면 두 사건 사이의 공간 이격이 시간 이격보다 더 크고 따라서 $(\Delta s)^2$은 0보다 더 크다. 이를 그림 3.1에서 볼 수 있다. 사건 a와 b 사이의 이격은 공간성이다. 이 두 점을 잇는 직선은 x 축에 대해 45도보다 더 작은 각을 이룬다.

공간성 간격은 그 속에 시간보다 더 많은 공간을 갖고 있다.

---

[2] 우리가 4차원 시공간(3개의 공간 좌표와 하나의 시간 좌표)에 대해 말할 때는 $\vec{\Delta x}$ 기호가 공간의 모든 세 방향을 대신한다. 이런 맥락에서 $(\vec{\Delta x})^2$은 이들의 제곱의 합을 뜻하며 보통은 $(\Delta x)^2 + (\Delta y)^2 + (\Delta z)^2$으로 쓴다.

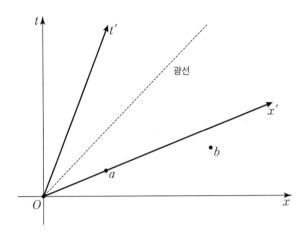

그림 3.1 공간성 간격.

또한 두 사건이 공간의 똑같은 지점에 위치하게 되는 그런 기준 틀을 **구할 수 없다는** 성질을 갖고 있다. 대신 다른 장소이긴 하지만 정확히 똑같은 시간에 두 사건이 일어나는 기준틀을 구할 수는 있다. 이는 x' 축이 두 점 모두를 관통해 지나가는 기준틀을 찾는 것에 해당한다.[3] 하지만 훨씬 더 놀랄 일이 있다. 그림 3.1의 t, x 틀에서는 사건 a가 사건 b 이전에 일어난다. 그러나 만약 우리가 도표 속의 t', x' 틀로 로런츠 변환하면 사건 b가 사건 a 이전에 발생한다. 이들의 시간 순서는 실제로 역전된다. 이 결과는 동시성의 상대성이 무슨 의미인지에 대해 예리하게 초

---

3) x' 축이 그 연결 직선에 평행한 기준틀도 그와 꼭 마찬가지 역할을 수행한다.

점을 맞추고 있다. 두 사건이 공간성으로 이격되어 있다면 한 사건이 다른 사건보다 더 늦게 또는 더 일찍 발생했다는 개념 자체가 불변적으로 중요하지 않다.

3.1.2 시간성 간격

0이 아닌 질량을 가진 입자는 시간성 궤적을 따라 움직인다. 이게 무슨 뜻인지 명확히 하기 위해 그림 3.2에 한 사례를 소개한다. 만약 우리가 점 a에서 출발해 점 b에 이르는 경로를 따라가면 그 경로의 모든 작은 선분이 시간성 간격이다. 입자가 시간성 궤적을 따라간다는 말을 다른 식으로 표현하면, 그 속도가 결코 광속에 이르지 못한다는 뜻이 된다.

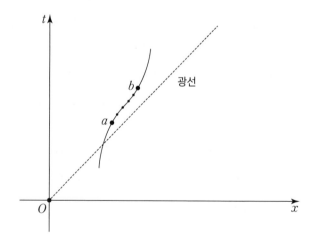

그림 3.2 시간성 궤적.

간격이 시간성이면 두 사건이 똑같은 곳에서 발생하는 그런 기준틀(다른 시간에 발생하긴 하지만 똑같은 공간 좌표를 가진)을 항상 찾을 수 있다. 사실 여러분은 단지 두 점을 잇는 직선이 정지해 있는 그런 기준틀을 고르기만 하면 된다. 그 틀에서는 t' 축이 두 점을 잇는 직선과 일치한다.[4]

3.2 4-속도를 더 느긋하게 들여다보면

2강으로 돌아가 보면, 거기서 우리는 4-속도에 대한 몇몇 정의와 개념을 소개했다. 이제는 그 아이디어를 더 다듬을 때이다. 4-속도의 성분인 dX^i/dt는 보통의 속도 좌표 성분인 $dX^\mu/d\tau$와 비슷하지만, 다음 사항이 다르다.

- 4-속도는 아주 놀랍게도 3개 대신 4개의 성분을 갖고 있다. 그리고
- 4-속도는 좌표의 시간에 대한 변화율을 말하는 대신 고유 시간에 대한 변화율을 말하고 있다.

4-속도는 적절하게 정의된 4-벡터이기 때문에 그 성분들은 전형적인 4-벡터인

$$(t, x, y, z),$$

---

4) t' 축이 그 연결 직선에 평행한 기준틀도 그와 꼭 마찬가지 역할을 수행한다.

또는 우리의 새 표기법으로

$$(X^0, X^1, X^2, X^3)$$

와 똑같은 방식으로 변환한다. 즉 그 성분은 로런츠 변환식에 따라 변환한다. 보통의 속도와 비슷하게 4-속도는 시공간 속의 경로(또는 세계선)를 따라 작거나 무한소인 선분과 관련돼 있다. 우리는 보통의 3차원 속도를

$$\vec{V} = \frac{d\vec{x}}{dt},$$

또는

$$V^i = \frac{dX^i}{dt}$$

라 쓰고 4-속도는

$$U^\mu = \frac{dX^\mu}{d\tau} \tag{3.2}$$

로 쓸 것이다. 4-속도와 보통의 속도 사이의 관계는 무엇일까? 보통의 비상대론적 속도는 당연히 오직 3개의 성분만 갖고 있다. 때문에 (우리가 0이라는 딱지를 붙일) 네 번째 성분에 대해서는 무언

가 재미있는 게 있으리라고 기대할 수 있다. U^0 부터 시작해 보자. 이를

$$U^0 = \frac{dX^0}{d\tau} = \frac{dX^0}{dt}\frac{dt}{d\tau}$$

와 같은 형태로 쓰자. 이제 X^0 는 그저 t 를 쓰는 또 다른 방식일 뿐임을 떠올려 보면 우변의 첫 인수는 그냥 1이다. 따라서 우리는

$$U^0 = \frac{dt}{d\tau}, \tag{3.3}$$

즉

$$U^0 = \frac{1}{d\tau/dt}$$

로 쓸 수 있다. 다음 단계로 $d\tau = \sqrt{dt^2 - \vec{dx}^2}$ 임을 떠올려 보면

$$\frac{d\tau}{dt} = \frac{\sqrt{dt^2 - \vec{dx}^2}}{dt},$$

즉

$$\frac{d\tau}{dt} = \sqrt{1 - \vec{v}^2} \tag{3.4}$$

이다. 여기서 $\vec{v}$ 는 보통의 3-벡터 속도이다. 이제 식 3.3으로 돌아가 식 3.4를 이용하면

$$\frac{dt}{d\tau} = \frac{1}{\sqrt{1 - \vec{v}^2}} \tag{3.5}$$

및

$$U^0 = \frac{1}{\sqrt{1 - \vec{v}^2}} \tag{3.6}$$

을 얻는다. 여기서 우리는 로런츠 변환식, 로런츠 축약 및 시간 팽창 공식에 등장하며 어디서나 그 모습을 내보이는 인수

$$1/\sqrt{1 - v^2}$$

의 새로운 의미를 알 수 있다. 이 인수는 움직이는 관측자의 4-벡터에서 시간 성분이다.

U 의 시간 성분은 무엇으로 만들어야 할까? 뉴턴은 그것을 무엇으로 만들었을까? 입자가 광속에 비해 아주 천천히 움직인다고 가정해 보자. 즉 $v \ll 1$이다. 그렇다면 분명히 U^0 은 1에 아주 가까울 것이다. 뉴턴의 극한에서는 이 값이 그냥 1이고 따라서 특별히 재미있는 요소가 없다. 뉴턴의 사고에서는 어떤 역할도 하지 않았을 것이다. 이제 U 의 공간 성분으로 돌아가 보

자. 특히, U^1을

$$U^1 = \frac{dx}{d\tau}$$

로 쓸 수 있고 이는 다시

$$U^1 = \frac{dx}{dt}\frac{dt}{d\tau}$$

으로 쓸 수 있다. 첫 인수인 dx/dt는 그저 속도의 평범한 x 성분인 V^1일 뿐이다. 두 번째 인수는 다시 식 3.5로 주어진다. 이모두를 대입하면

$$U^i = \frac{V^i}{\sqrt{1 - \vec{v}^2}}$$

를 얻는다. 다시 한번 뉴턴이 어떤 생각을 했을지 물어보자. 우리는 아주 작은 v에 대해서는 $\sqrt{1 - \vec{v}^2}$가 1에 아주 가깝다는 사실을 알고 있다. 따라서 상대론적 속도의 공간 성분은 실질적으로 보통의 3-속도 성분과 똑같다.

4-속도에 대해 알아야 할 한 가지가 더 있다. U^μ의 네 성분 중 오직 3개만이 독립적이다. 이들은 하나의 제한 조건으로 연결돼 있으며, 우리는 이것을 불변량으로 표현할 수 있다. 다음과 같은 양

$$(X^0)^2 - (X^1)^2 - (X^2)^2 - (X^3)^2$$

이 불변인 것과 꼭 마찬가지로 이에 상응하는 속도 성분의 조합, 즉

$$(U^0)^2 - (U^1)^2 - (U^2)^2 - (U^3)^2$$

도 불변이다. 이 양이 흥미로울까? 이 값이 항상 1과 같음을 보이는 것을 연습 문제로 남겨 둘 것이다.

$$(U^0)^2 - (U^1)^2 - (U^2)^2 - (U^3)^2 = 1. \tag{3.7}$$

4-속도에 대한 우리의 결과를 여기 정리한다.

4-속도 정리:

$$U^0 = \frac{1}{\sqrt{1-v^2}} \tag{3.8}$$

$$U^i = \frac{V^i}{\sqrt{1-v^2}} \tag{3.9}$$

$$(U^0)^2 - (\vec{U})^2 = 1 \tag{3.10}$$

4-속도의 성분을 어떻게 찾는지 이 식들이 알려 준다. v가 0에 가까운 비상대론적 극한에서는 $\sqrt{1-v^2}$의 표현식이 1에 아주 가깝다. 따라서 두 가지 속도 개념 U^i와 V^i가 똑같다. 그러나 물체의 속력이 광속에 가까워지면 U^i는 V^i보다 훨씬 더 커진다. 입자는 그 궤적을 따라 모든 곳에서 위치 4-벡터 X^μ와 속도 4-벡터 U^μ로 특징지어진다.

우리에게 필요한 요소의 목록이 거의 완성되었다. 입자의 역학을 다루기 전에 한 가지 항목만 더하면 된다.

연습 문제 3.1: $(\Delta\tau)^2$의 정의로부터 식 3.7을 증명하라.

3.3 수학적 간주: 근사 도구

물리학자의 도구 목록은 어떤 훌륭한 근사법이 없다면 완전하지 않다. 우리가 기술할 근사법은 단순하기는 하지만, 꼭 챙겨야 하는 믿음직한 수단이다. 근사의 기초는 이항 정리이다.[5] 이 정리의 일반적인 형태를 인용하지는 않겠다. 두어 가지 사례면 충분할 것이다. 우리에게 필요한 것은

---

5) 익숙하지 않다면 검색해 보라. 여기 훌륭한 참고 자료가 있다. https://en.wikipedia.org/wiki/Binomial_approximation.

$$(1 + a)^p$$

와 같은 표현을 훌륭하게 근사하는 것으로 a가 1보다 훨씬 더 작을 때 정확하다. 이 표현에서 p는 임의의 지수일 수 있다. $p = 2$인 예를 생각해 보자. 정확한 전개식은

$$(1 + a)^2 = 1 + 2a + a^2$$

이다. a가 작으면 첫 번째 항(여기서는 1)이 정확한 값에 아주 가깝다. 그러나 우리는 조금 더 좋은 결과를 원한다. 그다음 근사는

$$(1 + a)^2 \approx 1 + 2a$$

이다. $a = 0.1$에 대해 이 결과를 적용해 보자. 이 근사값은 $(1 + 0.1)^2 \approx 1.2$이고 정확한 답은 1.21이다. a가 작아질수록, a^2 항은 덜 중요해지고 근사는 더 좋아진다. $p = 3$일 때는 어떤지 살펴보자. 정확한 전개식은

$$(1 + a)^3 = 1 + 3a + 3a^2 + a^3$$

이고 1차 근사는

$$(1+a)^3 \approx 1+3a$$

이다. $a = 0.1$에 대해 이 근사의 결과는 1.3이고 정확한 답은 1.4641이다. 나쁘진 않지만 훌륭하지도 않다. 이제 $a = 0.01$에 대해서 적용해 보자. 근삿값은

$$(1.01)^3 \approx 1.03$$

이고 정확한 값은

$$(1.01)^3 = 1.030301$$

이다. 훨씬 더 좋은 결과이다.

이제 증명 없이 임의의 값 p에 대한 1차 근사의 일반적인 결과를 써 보겠다.

$$(1+a)^p \approx 1+ap. \qquad (3.11)$$

일반적으로 p가 정수가 아니면 정확한 표현은 무한급수이다. 그런데도 식 3.11은 작은 a에 대해 대단히 정확하며 a가 작아질수록 훨씬 더 좋아진다.

우리는 식 3.11을 이용해 상대성 이론에 항상 등장하는 두

가지 표현식

$$\sqrt{1-v^2} \qquad (3.12)$$

과

$$\frac{1}{\sqrt{1-v^2}} \qquad (3.13)$$

에 대한 근사를 유도할 것이다. 여기서 v는 움직이는 물체 또는 기준틀의 속도를 나타낸다. 근사를 위해 식 3.12와 식 3.13을 다음과 같이 쓴다.

$$\sqrt{1-v^2} = (1-v^2)^{1/2}$$
$$\frac{1}{\sqrt{1-v^2}} = (1-v^2)^{-1/2}.$$

첫 번째 경우 a와 p의 역할을 하는 것은 $a = -v^2$이고 $p = 1/2$이다. 두 번째 경우에는 $a = -v^2$이고 $p = -1/2$이다. 이를 확인하고 나면 우리의 근사는

$$\sqrt{1-v^2} \approx 1 - \frac{1}{2}v^2 \qquad (3.14)$$

$$\frac{1}{\sqrt{1-v^2}} \approx 1 + \frac{1}{2}v^2 \qquad (3.15)$$

과 같이 된다. 이 표현은 상대론적 단위에서 쓴 것으로 v는 광속

에 대한 무차원의 비율이다. 통상계에서는

$$\sqrt{1-(v/c)^2} \approx 1 - \frac{1}{2}\frac{v^2}{c^2} \qquad (3.16)$$

$$\frac{1}{\sqrt{1-(v/c)^2}} \approx 1 + \frac{1}{2}\frac{v^2}{c^2} \qquad (3.17)$$

의 형태가 된다. 여기서 잠시 멈추고 이것을 왜 하고 있는지 설명해 보자. 극도로 높은 정밀도로 정확한 결과를 계산하는 일이 현대적인 계산기를 사용하면 어렵지 않을 때도 왜 근사를 하는 것일까? 우리가 계산을 쉽게 하려고 근사하는 것은 아니다. (이유 중 하나이기는 하다.) 우리는 아주 큰 속도에서의 운동을 기술하는 새로운 이론을 구축하고 있다. 하지만 원하는 대로 모든 것을 자유롭게 할 수는 없다. 우리에게는 광속보다 훨씬 더 느린 운동을 기술하는 뉴턴 역학이라는 오래된 이론의 성공 사례가 제한 조건으로 작용한다. 식 3.16 및 식 3.17과 같은 근사를 하는 실제 목적은 v/c가 아주 작을 때 상대론적 방정식이 뉴턴 방정식에 근접한다는 것을 보이기 위함이다. 손쉽게 참고하기 위해 우리가 사용할 근사를 여기 정리해 둔다.

근사:

$$\sqrt{1-v^2} \approx 1 - \frac{v^2}{2} \qquad (3.18)$$

$$\frac{1}{\sqrt{1-v^2}} \approx 1 + \frac{v^2}{2} \qquad (3.19)$$

지금부터 우리는 근사 기호인 ≈를 없애고 근사가 매우 정확해서 등호 기호로도 쓸 수 있을 때만 근사 공식을 사용할 것이다.

3.4 입자 역학

이제 우리는 이 모든 요소를 한데 모아 입자 역학에 대해 논의할 때가 되었다. **입자**라는 단어는 종종 전자 같은 기본 입자들의 심상을 불러일으킨다. 그러나 우리는 이 단어를 훨씬 더 넓은 의미로 사용할 것이다. 그 자체로 결속돼 있다면 무엇이든 입자라고 할 수 있다. 기본 입자들은 분명히 이 기준을 만족시킨다. 그러나 다른 많은 것들, 태양, 도넛, 골프공, 또는 내게 전자 우편을 보낸 사람도 또한 그러하다. 우리가 입자의 위치나 속도를 말할 때 정말로 우리가 의미하는 바는 그 질량 중심의 위치 또는 속도이다.

다음 절을 시작하기 전에 나는 여러분들이 만약 잊어버렸다면 최소 작용의 원리, 라그랑지안 역학, 해밀토니안 역학에 대한 지식을 되살리기를 강력히 권고한다. 『물리의 정석』 1권에서도 이 내용을 찾아볼 수 있다.

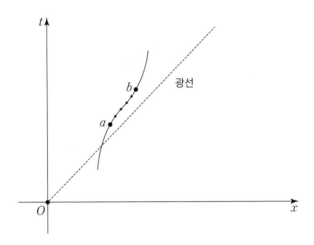

그림 3.3 시간성 입자의 궤적.

3.4.1 최소 작용의 원리

최소 작용의 원리와 그 양자 역학적인 일반화는 모든 물리학에서 가장 핵심이 되는 아이디어이다. 뉴턴의 운동 법칙에서 전기 동역학, 근본적인 상호 작용을 다루는 현대의 소위 게이지 이론에 이르기까지 모든 물리 법칙은 작용 원리에 기초를 두고 있다. 왜 그런지 정확하게 알 수 있을까? 내 생각에 그 뿌리는 양자 이론에 있는 것 같다. 그러나 에너지 보존과 운동량 보존에 깊이 관련돼 있다고 말하는 것으로도 충분하다. 이 원리는 운동 방정식의 수학적인 내적 일관성을 보장한다. 나는 「물리의 정석」시리즈의 첫 권에서 작용에 대해 아주 자세하게 논의했다. 여기서는 빠르고 간략하게 복습할 것이다.

고전 역학에서 어떻게 작용 원리가 입자의 운동을 결정하는지 간단하게 복습해 보자. 작용이란 입자가 시공간 속을 움직임에 따라 그 궤적에 의존하는 양이다. 여러분은 이 궤적을 그림 3.2에 그려진 것과 같은 세계선이라고 생각해도 좋다. 편의상 여기 그림 3.3에 다시 그려 놓았다. 이 도표는 작용을 논하기에 훌륭한 모형이다. 하지만 어떤 계의 위치를 그릴 때 x 축이 그 계의 전체 공간을 나타낸다는 점을 가슴에 새겨 두기를 바란다. x는 1차원 좌표를 나타낼 수도 있지만, 또한 공간의 3-벡터를 나타낼 수도 있다. (심지어 다수 입자의 공간 좌표를 모두 나타낼 수도 있지만, 여기서는 단일 입자만 생각한다.) 우리는 x를 그냥 **공간** 또는 **공간 좌표**라 부를 것이다. 언제나처럼 수직축은 시간 좌표를 나타내며 계의 궤적은 곡선이다.

한 입자에 대해 라그랑지안은 그 입자의 위치와 속도에 의존한다. 가장 중요한 것은 라그랑지안이 운동 에너지와 퍼텐셜 에너지로 구축된다는 점이다. 그림 3.3의 곡선은 질량이 0이 아닌 단일 입자의 시간성 세계선을 나타낸다. 우리는 입자가 점 a에서 점 b까지 움직임에 따라 그 거동을 연구할 것이다.[6]

우리는 고전 역학에서 했던 것과 아주 나란하게 최소 작용의

---

6) 세계선이라는 개념은 상대론적 물리학에서만큼이나 비상대론적 물리학에서도 아주 훌륭하다. 하지만 상대성 이론에서는 확실히 최고의 지위를 획득한다. 왜냐하면 공간과 시간이 연결되기 때문에, 즉 공간과 시간이 로런츠 변환 하에 서로에게 변해 들기 때문이다.

원리를 발전시킬 것이다. 유일한 실제 차이는 이제 우리가 추가로 기준틀 독립성을 요구한다는 점이다. 즉 우리는 물리 법칙들이 모든 관성 기준틀에서 똑같기를 원한다. 모든 기준틀에서 똑같은 양들의 관점으로 물리 법칙들을 내던지면 이런 목표를 성취할 수 있다. 즉 작용은 불변이어야 한다. 만약 그 구성물들이 불변이면 이는 최상으로 달성된다.

최소 작용의 원리에 따르면 만약 어떤 계가 점 a에서 시작해 점 b에서 끝난다고 했을 때 그 계는 가능한 모든 경로 중에 하나의 특별한 종류의 경로를 "선택"할 것이다. 구체적으로, 우리가 작용이라 부르는 양을 최소화하는 경로를 선택한다.[7] 작용은 궤적에 대한 합으로 점층적으로 구축된다. 궤적의 작은 부분 각각은 그와 관련된 작용의 양을 갖고 있다. 우리는 작용의 이 모든 작은 덩어리들을 함께 더해서 a에서 b로 가는 전체 경로에 대한 작용을 계산한다. 이 부분들을 무한소 크기로 줄이면 그 합은 적분이 된다. 작용이 고정된 끝점을 가진 궤적에 대한 적분이라는 생각은 상대성 이론 이전의 물리학에서 우리가 곧바로 가져온 것이다. 물리계가 어떻게든 작용 적분을 최소화하는 경로를 택한

---

7) 까다로운 독자들의 불평에 선제적으로 대처하기 위해 기술적인 점을 하나 말해야겠다. 작용이 최소여야 한다는 조건은 엄밀히 말하면 사실이 아니다. 최저일 수도, 반대로 최대일 수도 있고 또는 더 일반적으로 정지해 있을 수도 있다. 일반적으로 이 미세한 사항은 이 책의 나머지 부분에서 그 어떤 역할도 수행하지 않을 것이다. 따라서 우리는 관습을 따라 최소(최저) 작용의 원리라 부를 것이다.

다는 아이디어도 마찬가지이다.

3.4.2 비상대론적 작용 빨리 복습하기

『물리의 정석: 고전 역학 편』에서 비상대론적 입자의 작용에 대한 공식을 떠올려 보자. 작용은 계의 궤적을 따라가는 적분이다. 그 피적분 함수는 라그랑지안으로 부르는데 $\mathcal{L}$ 로 나타낸다. 기호로 쓰면

$$작용 = \int_a^b \mathcal{L} dt \qquad (3.20)$$

이다. 원칙적으로 라그랑지안은 궤적을 따라가는 위치와 속도의 함수이다. 입자에 힘이 작용하지 않는 가장 간단한 경우, 라그랑지안은 단지 운동 에너지인 $\frac{1}{2}mv^2$ 이다. 즉

$$\mathcal{L} = \frac{1}{2}mv^2$$
$$= \frac{1}{2}m(\dot{x}^2 + \dot{y}^2 + \dot{z}^2) \qquad (3.21)$$

이다. 여기서 m 은 입자의 질량이고 v 는 순간 속도이다.[8] 비상

---

8) 위에 점이 있는 변수는 '시간에 대한 도함수'를 뜻함을 상기하라. 예를 들어 $\dot{x}$ 는 dx/dt 의 약식 표기이다.

대론적 입자의 작용은

$$작용 = m \int_a^b \frac{1}{2} v^2 dt \qquad (3.22)$$

이다. 작용이 질량에 비례함에 유의하라. 똑같은 궤적 위에서 움직이는 구슬과 볼링공에서 볼링공의 작용이 구슬의 작용보다 그 질량비만큼 더 크다.

3.4.3 상대론적 작용

입자의 운동에 대한 비상대론적 기술은 빛보다 훨씬 느리게 움직이는 입자들에 대해서는 아주 정확하지만, 속도가 더 큰 상대론적 입자들에 대해서는 형편없이 무너진다. 상대론적 입자를 이해하려면 바닥에서부터 다시 시작해 올라갈 필요가 있지만, 한 가지는 똑같이 유지된다. 상대론적 운동에 관한 이론이 작용 원리에 기초를 두고 있다는 점이다.

그렇다면 상대론적 입자의 궤적을 따라가는 각각의 작은 부분에 대한 작용을 어떻게 계산할 것인가? 운동 법칙이 모든 기준틀에서 확실히 똑같게 하기 위해서는 작용이 불변이어야만 한다. 입자가 어떤 위치에서 이웃한 위치로 움직일 때 불변인 것이 정말로 오직 하나 있다. 바로 두 지점을 떼어 놓는 고유 시간이다. 한 점에서 다른 점으로의 고유 시간은 모든 관측자가 동의하는 양이다. 그들은 Δt 나 $\vec{\Delta x}$ 에 대해서는 의견을 달리하겠지만

$\varDelta\tau$에 대해서는 의견을 같이할 것이다. 따라서 작용이 모든 작은 $\varDelta\tau$의 합에 **비례하도록** 잡는 것은 훌륭한 생각일뿐더러 올바른 생각이다. 그 합은 단지 세계선을 따른 전체 고유 시간일 뿐이다. 수학의 언어로는

$$작용 = - \, 상수 \times \sum \varDelta\tau$$

이다. 여기서 합은 궤적의 한 끝에서 다른 끝, 즉 그림 3.3의 점 a에서 점 b까지이다. 상수 인수와 음의 부호에 대해서는 곧 돌아올 것이다.

일단 작용을 구축했으면 고전 역학에서와 정확히 똑같은 일을 하면 된다. 두 끝점을 고정시킨 채로 붙잡고 가장 작은 작용을 만드는 경로를 찾을 때까지 두 점을 잇는 경로를 이리저리 흔들어 보는 것이다. 작용이 불변량 $\varDelta\tau$로 구축되었기 때문에 모든 관측자는 어느 경로가 작용을 최소화하는지에 대해 동의할 것이다.

작용의 상수 인수의 의미는 무엇인가? 이를 이해하기 위해 비상대론적인 경우(식 3.22)로 돌아가 보자. 여기서 우리는 주어진 경로에 대한 작용이 그 입자의 질량에 비례함을 알았다. 우리가 작은 속도의 극한에서 표준적인 비상대론적 물리학을 재현하기를 바란다면 상대론적 작용 또한 그 입자의 질량에 비례해야만 한다. 음수 부호가 붙은 이유는 진도를 나가면서 분명해질 것이다. 이제 작용을 다음과 같이 정의해 보자.

$$\text{작용} = -m\sum \Delta\tau.$$

이제 궤적을 따른 각각의 작은 부분이 무한소의 크기로 줄어든다고 상상해 보자. 수학적으로 이는 우리가 합을 적분으로 바꾸었다는 뜻이다.

$$\text{작용} = -m\int_a^b d\tau.$$

그리고 $\Delta\tau$는 그 무한소 상응물인 $d\tau$가 된다. 적분이 궤적의 한쪽 끝에서 다른 끝까지 작동한다는 점을 보여 주기 위해 상한과 하한인 a와 b를 추가했다. 이미 우리는 식 3.4로부터

$$\frac{d\tau}{dt} = \sqrt{1-v^2}$$

임을 알고 있다. 이를 이용해 작용 적분에서 $d\tau$를 $dt\sqrt{1-v^2}$로 바꾸면 그 결과는

$$\text{작용} = -m\int_a^b dt\sqrt{1-v^2}$$

이다. 우리의 새 표기법에서는 v^2이 $\left(\dot{X}^i\right)^2$이 되며 작용 적분은

$$\text{작용} = -m \int_a^b dt \sqrt{1 - \left(\dot{X}^i\right)^2} \qquad (3.23)$$

이 된다. 나는 $\left(\dot{X}^i\right)^2$ 기호를 $\dot{x}^2 + \dot{y}^2 + \dot{z}^2$ 의 의미로 사용하고 있다. 여기서 윗점은 보통의 시간 좌표에 대한 도함수를 뜻한다. 또한 $\dot{x}^2 + \dot{y}^2 + \dot{z}^2 = v^2$ 으로 쓸 수도 있었을 것이다. 여기서 $\vec{v}$ 는 보통의 3차원 속도 벡터이다.

우리는 작용 적분을 무언가 많이 익숙한 것으로 바꾸었다. 즉 속도의 함수에 대한 적분이다. 이것은 일반적으로 식 3.20과 똑같은 형태이다. 하지만 지금은 라그랑지안이 식 3.21의 비상대론적 운동 에너지가 아니라 약간 조금 더 복잡한 형태인

$$\mathcal{L} = -m \sqrt{1 - \left(\dot{X}^i\right)^2}, \qquad (3.24)$$

즉

$$\mathcal{L} = -m \sqrt{1 - v^2} \qquad (3.25)$$

이다. 이 라그랑지안에 조금 더 익숙해지기 전에 통상계에 맞는 올바른 차원을 복원하기 위해 적절한 c의 인수를 되돌려 놓자. $1 - \left(\dot{X}^i\right)^2$ 의 표현을 차원적으로 일관되게 하려면 속도 성분을 c로 나누어야만 한다. 게다가 라그랑지안이 에너지의 단위를 갖게 하려면 전체 식에 c^2을 곱할 필요가 있다. 따라서 통상계에서는

$$\mathcal{L} = -mc^2 \sqrt{1 - \frac{v^2}{c^2}} \qquad (3.26)$$

이며 명시적으로 자세히 풀어쓰면

$$\mathcal{L} = -mc^2 \sqrt{1 - \frac{\dot{x}^2 + \dot{y}^2 + \dot{z}^2}{c^2}} \qquad (3.27)$$

이다. 여러분이 미처 알아채지 못했을까 봐 덧붙이자면, 식 3.26 에 mc^2 이라는 표현이 처음으로 등장했다.

3.4.4 비상대론적 극한

우리는 속도가 작은 극한에서는 상대론적 계의 거동이 뉴턴 역학 으로 환원된다는 점을 보여 주려 한다. 운동에 대한 모든 것이 라 그랑지안에 부호화되어 있기 때문에 작은 속도에 대해 라그랑지 안이 식 3.21로 환원됨을 보이기만 하면 된다. 근사식인 식 3.16 과 식 3.17, 즉

$$\sqrt{1 - (v/c)^2} \approx 1 - \frac{1}{2}\frac{v^2}{c^2}$$

$$\frac{1}{\sqrt{1 - (v/c)^2}} \approx 1 + \frac{1}{2}\frac{v^2}{c^2}$$

을 도입했던 것은 정확히 이를 위해, 그리고 다른 비슷한 목적을 위해서였다. 위의 첫 번째 식을 식 3.26에 적용하면 그 결과는

$$\mathcal{L} = -mc^2\left(1 - \frac{1}{2}\frac{v^2}{c^2}\right)$$

이며

$$\mathcal{L} = \frac{1}{2}mv^2 - mc^2$$

과 같이 다시 쓸 수 있다. 첫 번째 항 $\frac{1}{2}mv^2$ 은 훌륭하게도 뉴턴 역학에서 나온 옛날의 운동 에너지이다. 이는 정확하게 비상대론적 라그랑지안에 우리가 기대했던 바이다. 우연히도 우리가 작용에 전체적으로 음수 부호를 넣지 않았더라면 올바른 부호를 가진 이 결과를 재현하지 못했을 것이다.

추가적인 항인 $-mc^2$ 은 어떤가? 두 가지 질문이 마음속에 떠오른다. 첫째, 이것이 입자의 운동에 어떤 차이점을 만들어 낼 것인지의 여부이다. 답은 이렇다. 임의의 계에 대한 라그랑지안에 상수를 더해도 (또는 빼더라도) 전혀 차이가 나지 않는다. 상수를 남겨 두거나 지우더라도 계의 운동에 어떤 결과도 일으키지 않는다. 둘째, 이 항이 $E = mc^2$ 이라는 방정식과 무슨 관계가 있는가? 이제 곧 알아볼 것이다.

3.4.5 상대론적 운동량

운동량은 역학에서 극도로 중요한 개념이다. 무엇보다 특히 닫힌 계에서 보존되기 때문이다. 게다가 계를 몇 부분으로 나누면 한 부분의 운동량의 변화율은 그 계의 나머지에 의해 그 부분에 작용하는 힘이다.

종종 $\vec{P}$ 로 표기하는 운동량은 3-벡터로서 뉴턴 물리학에서는 질량 곱하기 속도로 주어진다.

$$\vec{P} = m\vec{v} .$$

상대론적 물리학이라고 해서 다르지 않다. 운동량은 여전히 보존된다. 그러나 운동량과 속도 사이의 관계는 더 복잡하다. 아인슈타인은 1905년 논문에서 눈부시면서도 놀라우리만치 간단한 고전적 논증으로 그 관계를 계산했다. 아인슈타인은 정지틀에서의 물체를 생각하는 것으로 시작했다. 그러고는 그 물체가 2개의 더 작은 물체로 쪼개지고, 그 각각은 아주 천천히 움직여서 전체 과정을 뉴턴 물리학으로 이해할 수 있다고 상상했다. 그러고는 원래 물체가 상대론적으로 큰 속도로 움직이고 있는 다른 기준틀에서 똑같은 과정을 관찰한다고 상상했다. 최종 물체들의 속도는 원래 기준틀에서 알려진 속도의 오름(로런츠 변환)으로 쉽게 결정할 수 있다. 그러고는 이 조각들을 한데 모아 아인슈타인은 움직이는 틀에서 운동량 보존을 가정해 이들의 운동량에 대한 표현을 유도할 수 있었다.

나는 덜 기초적이고 아마도 덜 아름다운 논증을 이용할 것이다. 하지만 더 현대적이고 훨씬 더 일반적이다. (1권으로 돌아가서) 고전 역학에서는 계(말하자면 하나의 입자)의 운동량은 속도에 대한 라그랑지안의 미분이다. 성분으로 쓰자면

$$P^i = \frac{\partial \mathcal{L}}{\partial \dot{X}^i} \qquad (3.28)$$

이다. 여기서 그 이유를 설명하지는 않지만, 우리는 종종 이런 종류의 방정식을

$$P_i = \frac{\partial \mathcal{L}}{\partial \dot{X}^i} \qquad (3.29)$$

처럼 쓰기를 더 좋아한다. P_i는 위 첨자 대신 아래 첨자를 갖고 있다. 여기서는 단지 참고용으로 이렇게 썼다. 5.3절에서 위 첨자와 아래 첨자의 의미를 설명할 것이다.

입자의 운동량에 대한 상대론적 표현을 찾기 위해 우리는 단지 식 3.27의 라그랑지안에 식 3.28을 적용하기만 하면 된다. 예컨대 운동량의 x 성분은

$$P^x = \frac{\partial \mathcal{L}}{\partial \dot{x}}$$

이다. 미분을 수행하면

$$P^x = m \frac{\dot{x}}{\sqrt{1 - \dfrac{\dot{x}^2 + \dot{y}^2 + \dot{z}^2}{c^2}}}$$

을 얻는다. 더 일반적으로는

$$P^i = \frac{m V^i}{\sqrt{1 - \dfrac{v^2}{c^2}}} \qquad (3.30)$$

이다. 이 공식을 비상대론적 유형인

$$P^i = m V^i$$

와 비교해 보자. 우선 흥미로운 사실은 이들이 그리 다르지 않다는 점이다. 상대론적 속도의 정의로 돌아가 보자.

$$U^i = \frac{dX^i}{d\tau}.$$

식 3.9를 식 3.30과 비교해 보면 상대론적 운동량은 단지 질량 곱하기 상대론적 속도임을 알 수 있다.

$$P^i = m\frac{dX^i}{d\tau} = mU^i. \qquad (3.31)$$

아마도 우리는 이 모든 계산을 하지 않고 식 3.31을 생각해 낼 수 있을지도 모른다. 그러나 역학의 기본 원리로부터 이를 유도할 수 있다는 점이 중요하다. 그 원리란 속도에 대한 라그랑지안의 도함수가 운동량의 근본적인 정의라는 것이다.

예상했겠지만, 광속보다 속도가 아주 작을 때 운동량에 대한 상대론적 정의와 비상대론적 정의는 일치한다. 이때

$$\frac{1}{\sqrt{1 - \dfrac{v^2}{c^2}}}$$

의 표현식은 1에 아주 가깝다. 하지만 속도가 증가해서 c에 가까워지면 어떤 일이 벌어지는지 주목하자. 그 극한에서는 이 표현식이 발산(divergence)해 버린다. 따라서 속도가 c에 가까워짐에 따라 질량이 있는 물체의 운동량은 무한히 커진다!

이 장을 시작할 때 보았던 전자 우편으로 돌아가서 그 발신자에게 답을 줄 수 있을지 살펴보자. 전체 논증은 뉴턴의 운동 제2법칙에 기대고 있다. 즉 발신자가 썼듯이 $F = MA$이다. 『물리의 정석: 고전 역학 편』을 읽은 독자라면 이것을 다른 식으로 표현할 수 있음을 잘 알 것이다. 즉 힘은 운동량의 변화량이다.

$$F = \frac{dP}{dt}.$$ (3.32)

뉴턴의 운동 제2법칙을 표현하는 두 가지 방식은 뉴턴 역학의 제한된 영역에서만 똑같다. 즉 운동량이 보통의 비상대론적 공식인 $P = mV$로 주어질 때만 그렇다. 그러나 일반적인 역학원리에 따르면 식 3.32가 더 근본적이며 이는 비상대론적 문제뿐만 아니라 상대론적 문제에도 적용된다.

(전자 우편) 발신자가 제안했듯이 만약 일정한 힘을 물체에 작용하면 어떻게 될까? 답은 이렇다. 운동량이 시간에 따라 일정하게 증가한다. 하지만 광속에 다가가면 **무한한** 운동량이 필요하므로 영원히 광속에 이를 수 없다.

3.5 상대론적 에너지

이제 상대론적 동역학에서 에너지의 의미로 돌아가 보자. 에너지는 또 다른 보존량임을 여러분이 알고 있으리라 확신한다. 또한 적어도 여러분이 1권을 읽었다면 아마도 알겠지만, 에너지는 그 계의 해밀토니안이다. 해밀토니안에 대해 다시 알 필요가 있다면, 지금이 책 읽기를 잠깐 멈추고 1권으로 돌아갈 때이다.

해밀토니안은 보존량이다. 해밀토니안은 라그랑주, 해밀턴, 그리고 다른 사람들이 개발한 역학에 체계적으로 접근하는 중요한 요소 중 하나이다. 그들이 확립한 틀 덕분에 우리가 작업을 하면서 단지 이것저것 끌어모으는 대신 기본 원리로부터 추론할 수

있다. 해밀토니안 H는 라그랑지안으로 정의된다. 해밀토니안을 정의하는 가장 일반적인 방법은

$$H = \sum_i \dot{Q}^i P^i - \mathcal{L} \qquad (3.33)$$

이다. 여기서 Q^i와 P^i는 각각 문제가 되는 계의 위상 공간을 정의하는 좌표와 정규 운동량이다. 움직이는 입자에 대해 좌표는 단지 3개의 위치 성분인 X^1, X^2, X^3이며 식 3.33은

$$H = \sum_i \dot{X}^i P^i - \mathcal{L} \qquad (3.34)$$

의 형태가 된다. 이미 우리는 식 3.31로부터 운동량이

$$P^i = mU^i,$$

즉

$$P^i = \frac{m\dot{X}^i}{\sqrt{1-v^2}}$$

임을 알고 있다. 또한 우리는 식 3.24로부터 라그랑지안이

$$\mathcal{L} = -m\sqrt{1-\left(\dot{X}^i\right)^2},$$

즉

$$\mathcal{L} = -m\sqrt{1-v^2}$$

임도 알고 있다. P^i와 $\mathcal{L}$에 대한 이 식들을 식 3.34에 대입하면 그 결과는

$$H = \sum_i \frac{m(\dot{X}^i)^2}{\sqrt{1-v^2}} + m\sqrt{1-v^2}$$

이다. 해밀토니안에 대한 이 방정식은 복잡해 보이지만, 상당히 간단하게 만들 수 있다. 먼저 $(\dot{X}^i)^2$은 단지 속도의 제곱이다. 그 결과 첫 번째 항은 심지어 합으로 쓸 필요조차 없다. 그결과는 그냥 $mv^2/\sqrt{1-v^2}$이다. 두 번째 항에 $\sqrt{1-v^2}$를 곱하고 나누면 첫째 항과 똑같은 분모를 갖게 된다. 그 결과 분자는 $m(1-v^2)$이다. 이것들을 모두 모으면

$$H = \frac{mv^2}{\sqrt{1-v^2}} + \frac{m(1-v^2)}{\sqrt{1-v^2}}$$

이다. 이제 훨씬 더 간단해졌지만, 여전히 끝나진 않았다. 첫 번째 항의 mv^2이 두 번째 항의 mv^2과 상쇄됨에 주목하라. 따라서 전체 식은

$$H = \frac{m}{\sqrt{1 - v^2}} \qquad (3.35)$$

로 줄어들게 된다. 이것이 해밀토니안, 즉 에너지이다. 이 방정식에서 $1/\sqrt{1 - v^2}$ 라는 인수를 알아보겠는가? 아니라면 그냥 식 3.8로 돌아가 보라. 이는 U^0 이다. 이제 우리는 4-운동량의 0번째 성분

$$P^0 = mU^0 \qquad (3.36)$$

이 에너지임을 확신할 수 있다. 이는 정말로 '대박'이기에 더 크고 분명하게 외쳐야겠다.

공간 운동량 P^i의 세 성분은 에너지 P^0와 함께 4-벡터를 이룬다.

이는 에너지와 운동량이 로런츠 변환 하에 서로 뒤섞인다는 중요한 사실을 암시하고 있다. 예를 들어, 어떤 기준틀에서 정지해 있는 물체는 에너지를 갖고 있지만 운동량은 없다. 또 다른 틀에서 똑같은 물체는 에너지와 운동량을 모두 갖고 있다.

결과적으로, 운동량 보존이라는 전(前)상대론적 개념은 4-운동량 보존, 즉 x-운동량, y-운동량, z-운동량, 그리고 에너지 보존이 되었다.

3.5.1 느린 입자

진도를 계속 나가기 전에 에너지에 대한 이 새로운 개념이 옛날 개념과 어떻게 연결돼 있는지 알아봐야 한다. 당분간 우리는 통상적인 단위로 돌아가 방정식들에 c를 돌려놓을 것이다. 식 3.35를 보자. 해밀토니안은 에너지와 같은 것이므로

$$E = \frac{m}{\sqrt{1 - v^2}} \qquad (3.37)$$

과 같이 쓸 수 있다. 적절한 c 인수를 복원하기 위해 먼저 에너지가 질량 곱하기 속도의 제곱임에 유의하자. (이를 기억하는 쉬운 방법은 운동 에너지에 대한 비상대론적 표현이 $\frac{1}{2}mv^2$ 이라는 것이다.) 따라서 우변에는 c^2의 인수가 필요하다. 게다가 속도는 v/c로 바뀌어야 한다. 그 결과는

$$E = \frac{mc^2}{\sqrt{1 - v^2/c^2}} \qquad (3.38)$$

이다. 식 3.38은 질량이 m인 입자의 에너지를 그 속도를 써서 표현한 일반적인 공식이다. 그런 뜻에서 이는 운동 에너지에 대한 비상대론적 공식과 비슷하다. 사실 속도가 c보다 훨씬 더 작다면 이 식은 비상대론적 공식으로 환원되리라고 기대할 수 있다. 이는 식 3.19의 근사를 이용해서 검증 가능하다. 작은 v/c에 대해 우리는

$$E = mc^2 + \frac{mv^2}{2} \qquad (3.39)$$

를 얻는다. 식 3.39 우변의 두 번째 항은 비상대론적 운동 에너지이다. 그런데 첫째 항은 무엇인가? 물론 이것은 익숙한 표현이다. 아마도 모든 물리학에서 가장 익숙한, 바로 그 mc^2이다. 에너지에 대한 표현에서 이 항의 존재를 어떻게 이해해야 할까?

상대성 이론이 출현하기 이전부터 물체의 에너지는 단지 운동 에너지만이 아니라고 이해되고 있었다. 운동 에너지는 물체의 운동에서 비롯된 에너지이다. 그러나 심지어 물체가 정지해 있더라도 물체는 에너지를 갖고 있을 수 있다. 그 에너지는 그 계를 조립하는 데에 필요한 에너지라 생각되었다. 조립 에너지가 특별한 것은 그것이 속도에 의존하지 않는다는 점이다. 우리는 이를 '정지 에너지'라 생각할 수 있다. 아인슈타인 상대성 이론의 결과인 식 3.39는 임의의 물체가 갖는 정지 에너지의 정확한 값을 알려 준다. 이 공식에 따르면 물체의 속도가 0일 때 그 에너지는

$$E = mc^2 \qquad (3.40)$$

이다. 여러분 중 누구라도 지금 이 방정식을 처음 보는 것은 아니라고 확신한다. 하지만 첫 번째 원리로부터 유도하는 과정은 처음 봤을 것이다. 이 결과는 얼마나 일반적인가? "아주 일반적이다."가 답이다. 물체가 기본 입자이든, 비누 한 덩어리든, 별이든,

블랙홀이든 상관없다. 물체가 정지해 있는 기준틀에서 그 에너지는 질량 곱하기 광속의 제곱이다.

용어: 질량과 정지 질량

정지 질량(rest mass)이라는 용어는 학부 과정의 많은 교과서에서 계속 사용하고 있지만, 시대에 뒤떨어진 말이다. 물리학을 하는 나의 지인 중에 누구도 더는 **정지 질량**이라는 단어를 쓰지 않는다. 새로운 관습대로라면 한때 정지 질량이라는 용어가 의미했던 바를 뜻하는 것은 이제 **질량**이라는 단어다.[9] 한 입자의 질량은 그 입자를 따라다니는 꼬리표와 같아서 입자의 운동이 아니라 그 입자 자체를 특징짓는다. 여러분이 전자의 질량을 알아보면 그 전자가 움직이고 있는지 정지해 있는지에 좌우되는 어떤 요소를 얻지 못할 것이다. 여러분은 정지해 있는 전자를 특징짓는 어떤 숫자를 얻을 것이다. 한때 질량이라 불렸던, 입자의 운동에 좌우되는 것은 어떻게 되나? 우리는 그것을 **에너지**, 또는 광속의 제곱으로 나눈 에너지라 부른다. 에너지는 움직이는 입자를 특징짓는다. 정지한 에너지는 그냥 질량이라 부른다. 우리는 **정지 질량**이라는 용어를 쓰지 않을 것이다.

---

9) 나는 이 '새로운' 관습이 약 40년에서 50년 전에 시작되었다고 믿는다.

3.5.2 질량이 없는 입자

지금까지 우리는 질량이 있는 입자, 즉 정지해 있을 때 0이 아닌 정지 에너지를 가진 입자의 성질을 논의했다. 그러나 모든 입자가 질량을 갖는 것은 아니다. 광자가 한 예이다. 질량이 없는 입자는 약간 이상하다. 식 3.37에 따르면 에너지는 $m/\sqrt{1-v^2}$ 이다. 그렇다면 질량이 없는 입자의 속도는 무엇인가? 그 속도는 1이다! 난감해졌다! 아마도 한편으로는 그 문제가 그리 나쁘진 않을 것이다. 왜냐하면 분자와 분모가 **모두** 0이기 때문이다. 그것이 답을 주진 않지만, 적어도 협상의 여지는 남겨 둔다.

0 나누기 0의 수수께끼는 한 가지 작은 지혜의 씨앗을 담고 있다. 질량이 없는 입자의 에너지를 속도를 이용해 생각하는 것은 좋지 않은 아이디어이다. 왜냐하면 모든 질량이 없는 입자들은 정확히 **똑같은** 속도로 움직이기 때문이다. 모두 똑같은 속도로 움직이고 있음에도 다른 에너지를 가질 수 있을까? 답은 "그렇다."이다. 그 이유는 0 나누기 0은 정해지지 않기 때문이다.

질량이 없는 입자들을 속도로 구분하려는 시도가 막다른 길과도 같다면 그 대신 우리는 뭘 할 수 있을까? 우리는 그 에너지를 **운동량**의 함수로 쓸 수 있다.[10] 사실 우리는 상대성 이론 이전의 역학에서 입자의 운동 에너지를 쓸 때 아주 종종 그렇게 했다.

---

10) 사실 우리는 임의의 입자에 대해 이런 식으로 생각할 수 있다.

$$E = \frac{1}{2} mv^2$$

을 다르게 쓰는 방법은

$$E = \frac{p^2}{2m}$$

이다. 운동량을 써서 에너지에 대한 상대론적 표현을 찾기 위한 간단한 묘책이 있다. U^0, U^x, U^y, U^z이 완전히 독립적이지 않다는 사실을 이용하는 것이다. 이들 사이의 관계를 우리는 3.2절에서 계산했다. 식 3.10을 전개하고 잠시만 $c = 1$이라 두면

$$(U^0)^2 - (U^x)^2 - (U^y)^2 - (U^z)^2 = 1$$

이라 쓸 수 있다. 질량 인수를 제외하면 운동량의 성분은 4-속도의 성분과 똑같다. 앞선 방정식에 m^2을 곱하면

$$m^2(U^0)^2 - m^2(U^x)^2 - m^2(U^y)^2 - m(U^z)^2 = m^2 \quad (3.41)$$

을 얻는다. 첫 항은 $(P^0)^2$임을 알 수 있다. 그런데 P^0 자체가 바로 에너지이다. 식 3.41 좌변의 나머지 세 항은 4-운동량의 x, y, z 성분들이다. 즉 우리는 식 3.41을

$$E^2 - P^2 = m^2 \qquad (3.42)$$

으로 다시 쓸 수 있다. 식 3.10과 식 3.42는 서로 동등함을 알 수 있다. 식 3.10의 항들은 4-속도의 성분들이고 식 3.42의 항들은 그에 상응하는 4-운동량의 성분들이다. 식 3.42를 E에 대해 풀면

$$E = \sqrt{P^2 + m^2} \qquad (3.43)$$

을 얻을 수 있다. 이제 광속을 이 방정식에 되살려 넣고 통상계에서 어떻게 되는지 알아보자. 에너지 방정식이 다음과 같게 됨을 확인하는 일은 연습 문제로 남겨 둘 것이다.

$$E = \sqrt{P^2 c^2 + m^2 c^4}. \qquad (3.44)$$

이것이 우리의 결과이다. 식 3.44는 운동량과 질량을 써서 에너지를 보여 준다. 이 식은 질량이 0이든 아니든 모든 입자를 기술한다. 이 공식으로부터 우리는 질량이 0으로 가는 극한을 **즉시** 알 수 있다. 광자의 에너지를 속도를 써서 기술하는 데에 어려움이 있었지만, 운동량을 써서 에너지를 표현하면 전혀 문제가 없다. 식 3.44는 광자 같은 질량 0인 입자에 대해 무엇을 말하고 있는가? $m = 0$이면 제곱근 안의 두 번째 항은 0이 되고 $P^2 c^2$의 제곱근은 그저 P의 크기 곱하기 c이다. 왜 P의 **크기**인가? 방

정식의 좌변은 E로서 실수이다. 따라서 우변 또한 실수여야만 한다. 이 모두를 한데 모으면 간단한 방정식에 이른다.

$$E = c\,|\,P\,|. \tag{3.45}$$

질량이 없는 입자의 에너지는 본질적으로 운동량 벡터의 크기이다. 다만 차원의 일관성 때문에 광속을 곱해야 한다. 식 3.45는 광자에 적용된다. 아주 작은 질량을 갖고 있는 중성미자에 대해서는 근사적으로 사실이다. 광속보다 현저히 느리게 움직이는 입자에는 적용되지 않는다.

3.5.3 예: 포지트로늄 붕괴

질량이 없는 입자의 에너지를 어떻게 기술하는지 알았으니, 간단하지만 흥미로운 예제 하나를 풀어 보도록 하자. 전자와 양전자로 구성되어 포지트로늄이라고 불리는 입자가 있다. 서로가 서로의 주변에 궤도 상태로 있다. 전기적으로 중성이며 그 질량은 대략 두 전자의 질량과 같다.[11]

---

11) 흥미롭게도 포지트로늄 입자의 질량은 그것을 구성하는 전자 및 양전자 질량의 합보다 약간 **작다.** 왜? 서로 묶여 있기 때문이다. 포지트로늄은 구성물의 운동 때문에 어떤 운동 에너지를 갖고 있고 그것이 그 질량에 더해진다. 그러나 음의 퍼텐셜 에너지양이 훨씬 더 크다. 음의 퍼텐셜 에너지가 양의 운동 에너지를 압도한다.

양전자는 전자의 반입자이다. 포지트로늄 원자 하나를 잠시 놓아두면 이 두 반입자는 서로 소멸해 2개의 광자를 만들어 낸다. 포지트로늄은 사라지지만 2개의 광자가 서로 반대 방향으로 날아가게 될 것이다. 즉 0이 아닌 질량을 가진 중성의 포지트로늄 입자가 순전히 전자기 에너지로 바뀌는 것이다. 그 두 광자의 에너지와 운동량을 계산할 수 있을까?

상대성 이론 이전의 물리학에서 이것은 말도 안 될 이야기다. 상대성 이론 이전의 물리학에서 입자의 질량의 합은 언제나 변하지 않는다. 화학 반응이 일어나면 어떤 화합물이 다른 화합물로 바뀌는 등등의 일이 벌어진다. 그러나 그 계의 무게를 달면(그 질량을 측정하면) 통상적인 질량들의 합은 절대로 변하지 않는다. 그러나 포지트로늄이 광자로 붕괴할 때는 통상적인 질량의 합이 변한다. 포지트로늄 입자는 0이 아닌 유한한 질량을 갖고 있으며 이를 대체하는 두 광자는 질량이 없다. 올바른 규칙은 질량의 합이 보존된다는 것이 **아니다.** 에너지와 운동량이 보존된다는 것이다. 먼저 운동량 보존부터 생각해 보자.

포지트로늄 입자가 여러분의 기준틀에서 정지해 있다고 가정하자.[12] 정의에 따라 이 틀에서 포지트로늄의 운동량은 0이다. 이제 포지트로늄 원자가 2개의 광자로 붕괴한다. 우리의 첫 결론은 광자가 등을 맞대고 서로 반대 방향으로, 똑같지만 반대 방향

---

12) 그렇지 않다면 그냥 움직여서 포지트로늄이 **정지해 있는** 기준틀로 옮겨 가면 된다.

의 운동량을 갖고 날아가야 한다는 것이다. 광자들이 반대 방향으로 날아가지 않는다면 분명히 총운동량은 0이 아닐 것이다. 처음 운동량이 0이었기 때문에 나중 운동량도 0이어야만 한다. 이는 오른쪽으로 움직이는 광자가 운동량 P를 갖고 날아가면 왼쪽으로 움직이는 광자가 $-P$의 운동량을 갖고 날아간다는 뜻이다.[13]

이제 우리는 에너지 보존의 원리를 사용할 수 있다. 여러분의 포지트로늄 원자를 잡아 저울 위에 올려놓고 그 질량을 측정한다. 정지틀에서 그 에너지는 mc^2과 같다. 에너지는 보존되므로 이 양은 두 광자의 에너지를 합한 것과 같아야 한다. 또한 이 광자들 각각은 다른 광자와 똑같은 에너지를 가져야 한다. 왜냐하면 이들의 운동량이 똑같은 크기를 갖기 때문이다. 식 3.45를 이용하면 이 에너지를 다음과 같이 mc^2과 같다고 놓을 수 있다.

$$mc^2 = 2c \, |P|.$$

$|P|$에 대해서 풀면

---

13) 이렇게 반대 방향인 광자가 어느 방향을 택할 것인지 실제로 우리는 모른다. 다만 광자들이 반대 방향으로 움직일 것이라는 점만 알 뿐이다. 두 광자를 잇는 직선은 양자역학의 규칙에 따라 무작위로 정향돼 있다. 그러나 광자들의 '선택된' 운동 방향과 일치하도록 우리의 x 축을 잡는 일에는 어떤 문제도 없다.

$$|P| = \frac{mc}{2}$$

를 얻게 된다. 각각의 광자는 절댓값이 $mc/2$인 운동량을 갖는다.

이것은 질량이 에너지로 전환되는 메커니즘이다. 물론 질량은 **항상** 에너지를 갖고 있지만 정지 에너지라는 결빙된 형태이다. 포지트로늄 원자가 붕괴할 때는 결과적으로 두 광자를 내뿜는다. 광자는 가다가 물체들과 부딪힌다. 대기를 데울 수도 있다. 전자에 흡수되거나 전류를 생성하거나 기타 등등의 일이 벌어질 수 있다. 보존되는 것은 총 에너지이지 입자들의 개별 질량이 아니다.

고전 장론

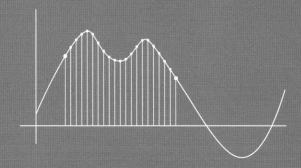

월드 시리즈 시기여서 헤르만 은신처의 바는 경기를 지켜보는 팬들로 가득 찼다.

아트는 늦게 도착해 레니 옆의 의자를 당겨 앉는다.

아트: 외야에 있는 선수들 이름이 뭐지?

레니: 고전장에서는 **누구**이고 양자장에서는 **무엇**이지.

아트: 이봐, 레니, 내가 지금 묻고 있잖아. 양자장에서는 누구야?

레니: 고전장이 **누구**야.

아트: 그게 내가 지금 묻고 있는 거잖아. 좋아, 다시 해 보세. 전기장은 어때?

레니: 전기장에 있는 녀석의 이름을 알고 싶은 거야?

아트: 당연하지.

레니: 당연하지? 아냐, **당연하지**는 자기장 속에 있어.

지금까지 우리는 입자의 상대론적 운동에 집중해 왔다. 이 강의에서는 장론을 소개할 것이다. 양자 장론이 아니라 상대론적 고전 장론이다. 이따금 양자 역학과 몇몇 접점이 있을 수도 있고 그런 사항들을 지적할 것이다. 하지만 대부분 고전 장론에 집중할 것이다.

아마도 여러분이 아는 대부분의 장론은 전기장과 자기장의 이론일 것이다. 이런 장들은 벡터 양이다. 이들은 크기뿐만 아니라 공간에서의 방향으로도 특징지어진다. 우리는 조금 더 쉬운 것, 즉 스칼라장(scalar field)으로 시작할 것이다. 알다시피 스칼라(scalar)는 방향은 없고 크기를 가진 숫자이다. 여기서 우리가 고려하는 장은 입자 물리학에서 중요한 스칼라장과 비슷하다. 아마도 여러분은 진도를 나가면서 그것이 무엇인지 알아낼 수 있을 것이다.

4.1 장과 시공간

시공간부터 시작해 보자. 시공간은 항상 **하나의** 시간 좌표와 어떤 수의 공간 좌표를 갖고 있다. 원칙적으로 우리는 임의의 숫자의 시간 좌표와 임의의 숫자의 공간 좌표에서 물리학을 연구할 수 있다. 하지만 물리적인 세상에서는, 심지어 시공간이 10차원,

11차원, 26차원을 가질 수도 있는 이론에서조차 언제나 정확하게 하나의 시간 차원만 존재한다. 하나보다 많은 시간 차원이 어떻게 논리적으로 의미가 있도록 할 수 있을지는 아무도 모른다.

공간 좌표를 X^i라 하고, 당분간 시간 좌표를 t라 하자. 장론에서는 X^i가 자유도가 아님을 유념하라. 이들은 단지 공간의 점들에 이름을 붙이는 표지일 뿐이다. 시공간의 사건에는 (t, X^i)라는 이름이 붙는다. 첨자 i는 존재하는 공간 좌표의 수만큼 값을 취한다.

당연하게도 장론에서의 자유도는 장(field)이다. 장은 공간의 위치에 의존하는 측정 가능한 양으로서 또한 시간에 따라 변할 수도 있다. 보통의 물리학에는 굉장히 많은 사례가 있다. 대기 온도는 위치에 따라 그리고 시간에 따라 변한다. 이를 $T(t, X^i)$로 표기할 수도 있을 것이다. 이는 단 하나의 성분―단일 숫자―만 갖고 있으므로 **스칼라장**이다. 풍속은 **벡터장**(vector field)이다. 왜냐하면 속도는 방향을 갖고 있으며 그 또한 공간과 시간에 따라 변할 수 있기 때문이다.

수학적으로 우리는 장을 공간과 시간의 함수로 표현한다. 종종 이 함수를 그리스 문자 ϕ로 표기한다.

$$\phi(t, X^i).$$

보통 장론에서는 시공간이 $(3+1)$차원이라고 말한다. 이는 3차원의 공간과 1차원의 시간이 있다는 뜻이다. 더 일반적으로 다른 숫자의 공간 차원을 가진 시공간에서 장을 연구하는 데에 관심을 가질 수도 있다. 만약 시공간이 d의 공간 차원을 갖고 있다면 이는 $(d+1)$차원이라 부른다.

4.2 장과 작용

앞서 말했듯이 최소 작용의 원리는 물리학의 알려진 모든 법칙을 지배하는, 물리학의 가장 근본적인 원리 중 하나이다. 이 원리가 없다면 에너지 보존이나 심지어 우리가 써 내려간 방정식의 풀이의 존재조차 믿을 근거가 없어질 것이다. 우리의 장론 공부 또한 작용 원리에 기초를 둔다. 장을 지배하는 작용 원리는 입자들에 대한 원리를 일반화한 것이다. 진도를 나가면서 장을 지배하는 작용 원리와 입자를 지배하는 작용 원리를 서로 비교하며 나란히 살펴볼 계획이다. 비교를 간단히 하기 위해 먼저 비상대론적 입자에 대한 작용 원리를 장의 언어로 다시 기술할 것이다.

4.2.1 비상대론적 입자의 귀환

비상대론적 입자의 이론으로 잠시 돌아갈 예정인데, 내가 느린 입자에 정말로 관심이 있어서가 아니라 그 수학이 장론과 무언가 비슷하기 때문이다. 사실 어떤 형식적인 의미에서는 그 또한 단순한 종류의 장론이다. 즉 시공간이 **0의** 공간 차원과 항상 그렇듯이 하나의 시간 차원을 가진 그런 세상에서의 장론이다.

이것이 어떻게 작동하는지 알아보기 위해 x 축을 따라 움직이는 입자를 고려해 보자. 보통은 입자의 운동을 그 궤적인 $x(t)$로 기술한다. 그런데 그 이론의 내용을 바꾸지 않고 **표기법**을 바꿔 그 입자의 위치를 ϕ라 부를 수도 있을 것이다. $x(t)$ 대신 입자의 궤적은 $\phi(t)$로 기술할 것이다.

만약 우리가 기호 $\phi(t)$의 의미를 재조정하려고 한다면, 즉 만약 우리가 이를 이용해 스칼라장을 표현하려 한다면 이는 $\phi(t, X^i)$의 특별한 경우가 될 것이다. 왜냐하면 공간 차원이 **없기** 때문이다. 즉 공간 1차원에서의 입자 이론은 공간 0차원에서의 스칼라 장론과 똑같은 수학적 구조를 갖추고 있다. 물리학자들은 이따금 단일 입자의 이론을 $(0+1)$차원에서의 장론이라 부르기도 한다. 여기서 1차원은 시간이다.

그림 4.1은 비상대론적 입자의 운동을 보여 준다. 수평축을 시간으로 사용하고 있음에 유의하라. 이는 단지 t가 독립 변수임을 강조하기 위함이다. 수직축에는 시간 t에서의 입자의 위치, 즉 $\phi(t)$를 그린다. 곡선 $\phi(t)$는 입자 운동의 이력을 나타낸다. 이는 매 순간 위치 ϕ가 무엇인지를 말해 준다. 도표가 보여 주듯이 ϕ는 음수이거나 양수일 수도 있다. 우리는 이 궤적의 특성을 최소 작용의 원리를 이용해 기술할 것이다.

기억을 더듬어 보자면 작용은 시작 시간 a에서 끝 시간 b까지 어떤 라그랑지안 $\mathcal{L}$의 적분으로 정의된다.

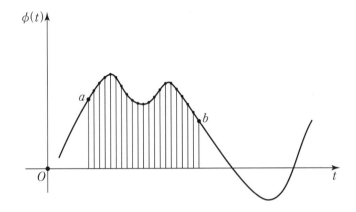

그림 4.1 비상대론적 입자의 궤적.

$$작용 = \int_a^b \mathcal{L}dt.$$

비상대론적 입자에 대해서는 라그랑지안이 간단하다. 바로 운동 에너지 **빼기** 퍼텐셜 에너지이다. 운동 에너지는 보통 $\frac{1}{2}mv^2$으로 표현되지만, 새로운 우리 표기법에서는 속도를 v 대신 $\dot\phi$, 즉 $\frac{d\phi}{dt}$로 쓸 것이다. 이 표기법을 쓰면 운동 에너지는 $\frac{1}{2}m\dot\phi^2$, 즉 $\frac{1}{2}m\left(\frac{d\phi}{dt}\right)^2$이 된다. 우리는 질량 m을 1과 같다고 놓아서 공식을 조금 간단하게 할 것이다. 따라서 운동 에너지는

$$운동\ 에너지 = \frac{1}{2}\left(\frac{d\phi}{dt}\right)^2$$

이다. 퍼텐셜 에너지는 어떻게 될까? 우리의 예에서 퍼텐셜 에너

지는 단지 위치의 함수이다. 즉 퍼텐셜 에너지는 ϕ의 함수여서 $V(\phi)$라 부를 것이다. 운동 에너지에서 $V(\phi)$를 빼면 라그랑지안을 얻는다.

$$\mathcal{L} = \frac{1}{2}\left(\frac{d\phi}{dt}\right)^2 - V(\phi). \qquad (4.1)$$

또한 작용 적분은

$$\text{작용} = \int_a^b \left[\frac{1}{2}\left(\frac{d\phi}{dt}\right)^2 - V(\phi)\right] dt \qquad (4.2)$$

가 된다. 고전 역학에서 우리가 알고 있듯이 오일러-라그랑주 방정식(Euler-Lagrange equation)이 작용 적분을 어떻게 최소화할지를 알려 주며 따라서 그 입자의 운동 방정식을 제시한다.[1] 이 예에서 오일러-라그랑주 방정식은

$$\frac{d}{dt}\frac{\partial \mathcal{L}}{\partial \dot{\phi}} = \frac{\partial \mathcal{L}}{\partial \phi}$$

이며 우리가 할 일은 이 방정식을 식 4.1의 라그랑지안에 적용하는 것이다. 먼저 $\left(\frac{d\phi}{dt}\right)$에 대한 $\mathcal{L}$의 도함수를 계산하면 다음과

---

1) 이 예에서는 오직 하나의 오일러-라그랑주 방정식만 있는데 왜냐하면 유일한 변수가 ϕ와 $\dot{\phi}$이기 때문이다.

같다.

$$\frac{\partial \mathcal{L}}{\partial \left(\dfrac{d\phi}{dt}\right)} = \frac{d\phi}{dt}.$$

다음으로, 오일러-라그랑주 방정식에 따르면 이 결과의 시간 도
함수를 구해야 한다.

$$\frac{d}{dt}\frac{\partial \mathcal{L}}{\partial \left(\dfrac{d\phi}{dt}\right)} = \frac{d^2\phi}{dt^2}.$$

이로써 오일러-라그랑주 방정식의 좌변이 완성되었다. 이제 우
변을 살펴보자. 식 4.1을 다시 한번 살펴보면

$$\frac{\partial \mathcal{L}}{\partial \phi} = -\frac{\partial V(\phi)}{\partial \phi}$$

임을 알 수 있다. 마지막으로 좌변이 우변과 같다고 놓으면

$$\frac{d^2\phi}{dt^2} = -\frac{\partial V(\phi)}{\partial \phi} \tag{4.3}$$

을 얻는다. 이 방정식은 익숙할 것이다. 그저 입자의 운동에 대한
뉴턴의 방정식이다. 우변은 힘이고 좌변은 가속도이다. 질량을

1로 두지 않았다면 이는 뉴턴의 운동 제2법칙인 $F = ma$이다.

오일러-라그랑주 방정식은 두 고정점 a와 b 사이에서 입자가 따라가는 궤적을 찾는 문제에 대한 해법을 제공한다. 이는 두 고정된 끝점을 잇는 최소 작용의 궤적을 찾는 것과 동등하다.[2]

알다시피 다른 방식으로 생각할 수도 있다. 그림 4.1에서 수많은 수직선을 촘촘한 간격으로 그려 시간축을 무수히 많은 작은 조각들로 나눌 수 있다. 작용을 적분으로 생각하는 대신 단지 많은 항의 합으로 여길 수 있다. 그 항들은 무엇에 의존하는가? 바로 $\phi(t)$의 값과 매시간에서의 그 도함수이다. 즉 총 작용은 단순히 $\phi(t)$의 많은 값의 함수일 뿐이다. ϕ의 함수는 어떻게 최소화하는가? ϕ에 대해 미분하면 된다. 오일러-라그랑주 방정식이 바로 이 일을 해낸다. 다른 식으로 말하자면 이는 작용을 최소화하는 궤적을 찾을 때까지 이 점들을 이리저리 움직이는 문제에 대한 해법이다.

4.3 장론의 원리

지금까지 우리는 공간 차원이 없는 세상의 장론을 공부했다. 이 사례에 기초해서 우리가 살고 있는 세상과 조금 더 비슷한 세상, 즉 하나 또는 그 이상의 공간 차원을 가진 세상에서의 이론에 대

---

2) 나는 종종 **최소** 또는 **최저**라고 말하지만, 내가 정말로 뜻하는 바는 **정지**되었다는 의미임을 여러분은 잘 알고 있을 것이다. 작용은 최대이거나 **또는** 최소일 수 있다.

해 약간의 직관력을 길러 보자. 우리는 장론, 그리고 사실상 모든 세상을 작용 원리가 지배한다는 점을 기정사실로 받아들인다. 정지 작용은 엄청나게 많은 수의 물리 법칙을 부호화하고 요약하는 강력한 원리이다.

4.3.1 작용 원리

장에 대한 작용 원리를 정의해 보자. 우리는 1차원을 움직이는 입자에 대해 (그림 4.1) 시간축을 따라가는 경계로서의 두 고정 끝점 a와 b를 정했다. 그러고는 두 경계점을 잇는 모든 가능한 궤적을 고려했고 작용을 최소화하는 특별한 곡선을 요구했다. (이는 두 점 사이의 최단 거리를 찾는 것과 아주 비슷하다.) 이런 방식으로 최소 작용의 원리는 경계점 a와 b 사이에서 어떻게 $\phi(t)$의 값을 채워 넣을지를 알려 준다.

장론의 문제는 경계 데이터를 채워 넣는다는 이런 아이디어를 일반화하는 것이다. 4차원 상자로 시각화할 수 있는 시공간 영역으로부터 시작하자. 이를 위해 공간의 3차원 상자를 취하고 (어떤 육면체 속의 공간이라 하자.) 어떤 시간 간격 동안 이 상자를 생각한다. 이렇게 하면 시공간의 4차원 상자가 구성된다. 그림 4.2 에서 그런 시공간 상자를 보여 주려고 했다. 다만 오직 2개의 공간 방향밖에 없다.

장론의 일반적인 문제는 다음과 같은 식으로 말할 수 있다. "시공간 상자의 경계의 모든 곳에서 주어진 ϕ 값에 대해 상자

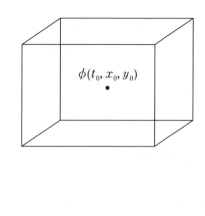

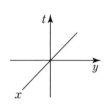

$\phi(t_0, x_0, y_0)$

그림 4.2 최소 작용의 원리를 적용하기 위한 시공간 영역의 경계. 오직 2개의 공간 차원만 보여 준다.

안의 모든 곳에서 그 장을 결정하라." 게임의 규칙은 입자의 경우와 비슷하다. 우리에겐 작용에 대한 표현식이 필요하겠지만(이 문제로 곧 돌아올 것이다.) 상자 속 장의 모든 배치 상태에 대한 작용을 안다고 가정하자. 최소 작용의 원리에 따르면 최소 작용을 주는 특별한 함수 $\phi(t, x, y, z)$를 찾을 때까지 그 장을 뒤흔들면 된다.

입자의 운동에 대해서는 각각의 무한소 시간 마디들에 대해 작용의 조그만 조각들을 더해서 작용을 구축할 수 있다. 그 결과는 그림 4.1에서 경계점 a와 b 사이의 시간 간격에 대한 적분이다. 이를 장론에서 자연스럽게 일반화하면 미세한 시공간 구획에 대한 합으로서 작용을 구축할 수 있다. 즉 그림 4.2에서 시공간 상자에 대한 적분이 된다.

$$작용 = \int \mathcal{L} \, dt \, dx \, dy \, dz \, .$$

여기서 $\mathcal{L}$은 아직 우리가 특정하지 않은 라그랑지안이다. 그러나 상대성 이론에서 우리는 이 네 좌표를 대등하게 여기는 법을 배웠다. 이들 각각은 시공간의 부분일 뿐이다. 우리는 공간과 시간에 비슷한 이름을 줘서 그 차이를 흐릿하게 할 것이다. 이를 그냥 X^μ라 부를 텐데 첨자 μ는 모든 4개의 좌표를 아우른다. 앞의 적분은 일반적인 관행에 따라 다음과 같이 쓴다.

$$작용 = \int \mathcal{L} d^4 x \, .$$

4.3.2 ϕ에 대한 정지 작용

장에 대한 라그랑지안 $\mathcal{L}$은 시간뿐만 아니라 공간에 대해서도 적분하기 때문에 종종 라그랑지안 **밀도**라 부른다.[3]

$\mathcal{L}$은 어떤 변수에 의존할까? 잠시 비상대론적 입자로 돌아

---

3) 이는 단지 차원 일관성의 문제이다. 입자의 운동과는 달리 장에 대한 작용은 dt 뿐만 아니라 $dx \, dy \, dz$에 대해서도 적분해야 한다. 장에 대한 작용이 입자에 대한 작용과 똑같은 단위를 가지려면 그 라그랑지안이 에너지를 부피로 나눈 단위를 가져야 한다. 그래서 **밀도**(density)라는 말이 들어간다.

가 보자. 라그랑지안은 입자의 좌표와 속도에 의존한다. 우리가 사용하고 있는 표기법에서는 라그랑지안이 ϕ와 $\left(\dfrac{\partial \phi}{\partial t}\right)$에 의존한다. 민코프스키의 시공간 개념에서 영감을 얻어 자연스럽게 일반화하면 $\mathcal{L}$은 ϕ와 ϕ의 모든 좌표에 대한 편미분에 의존한다. 즉 $\mathcal{L}$은

$$\phi, \ \frac{\partial \phi}{\partial t}, \ \frac{\partial \phi}{\partial x}, \ \frac{\partial \phi}{\partial y}, \ \frac{\partial \phi}{\partial z}$$

에 의존한다. 따라서 다음과 같이 쓸 수 있다.

$$\text{작용} = \int \mathcal{L}\left(\phi, \frac{\partial \phi}{\partial X^{\mu}}\right) d^4 x.$$

여기서 첨자 μ는 시간 좌표와 3개의 모든 공간 좌표를 아우른다. 이 작용 적분에서 우리는 t, x, y, 또는 z에 대한 $\mathcal{L}$의 명시적인 의존성을 표기하지 않았다. 하지만 어떤 문제에 대해서는 $\mathcal{L}$이 정말로 이런 변수들에 의존할 수도 있다. 입자의 운동에 대한 라그랑지안이 시간에 명시적으로 의존할 수도 있는 것과 꼭 마찬가지이다. (에너지와 운동량이 보존되는) 닫힌계에서는 $\mathcal{L}$이 시간이나 공간 위치에 명시적으로 의존하지 않는다.

　보통의 고전 역학에서와 마찬가지로 운동 방정식은 ϕ를 흔들어 작용을 최소화해서 유도할 수 있다. 1권에서 나는 이렇게 흔드는 과정의 결과를 오일러-라그랑주 방정식이라 불리는 특별

한 방정식 세트를 적용해서 얻을 수 있음을 보였다. 입자의 운동에 대해서는 오일러-라그랑주 방정식이

$$\frac{d}{dt}\frac{\partial \mathcal{L}}{\partial \left(\frac{\partial \phi}{\partial t}\right)} - \frac{\partial \mathcal{L}}{\partial \phi} = 0 \qquad (4.4)$$

의 형태가 된다. 다차원 시공간의 경우에는 오일러-라그랑주 방정식이 어떻게 바뀔까? 좌변의 각 항을 자세히 살펴보자. 분명히 우리는 식 4.4가 시공간의 모든 네 방향을 포괄하도록 할 필요가 있다. 이미 시간 방향을 참조하고 있는 첫 번째 항은 시공간의 각 방향에 대한 항들의 합이 된다. 올바른 기술법은 식 4.4를 다음으로 대체하는 것이다.

$$\sum_{\mu}\frac{\partial}{\partial X^{\mu}}\frac{\partial \mathcal{L}}{\partial \left(\frac{\partial \phi}{\partial X^{\mu}}\right)} - \frac{\partial \mathcal{L}}{\partial \phi} = 0. \qquad (4.5)$$

합의 첫 번째 항은 단지

$$\frac{\partial}{\partial t}\frac{\partial \mathcal{L}}{\partial \left(\frac{\partial \phi}{\partial t}\right)}$$

이다. 분명히 식 4.4의 첫 번째 항과 비슷하다. 이 표현식을 채우

고 있는 다른 세 항은 시간 도함수와 비슷한 공간 도함수를 수반하며 시공간의 성격을 부여한다.

식 4.5는 하나의 스칼라장에 대한 오일러-라그랑주 방정식이다. 곧 알게 되겠지만, 이 방정식들은 ϕ의 파동 같은 진동을 기술하는 파동 방정식과 밀접한 관련이 있다.

입자 역학에서 그러하듯이 자유도가 하나 이상일 수도 있다. 장론의 경우 이것은 하나 이상의 장을 뜻한다. 구체적으로 2개의 장 ϕ와 χ를 가정해 보자. 작용은 두 장과 이들의 도함수

$$\phi, \ \frac{\partial \phi}{\partial X^\mu}$$

$$\chi, \ \frac{\partial \chi}{\partial X^\mu}$$

에 의존할 것이다. 2개의 장이 있으면 각각의 장에 대한 오일러-라그랑주 방정식이 있어야 한다.

$$\sum_\mu \frac{\partial}{\partial X^\mu} \frac{\partial \mathcal{L}}{\partial \left(\frac{\partial \phi}{\partial X^\mu} \right)} - \frac{\partial \mathcal{L}}{\partial \phi} = 0$$

$$\sum_\mu \frac{\partial}{\partial X^\mu} \frac{\partial \mathcal{L}}{\partial \left(\frac{\partial \chi}{\partial X^\mu} \right)} - \frac{\partial \mathcal{L}}{\partial \chi} = 0. \qquad (4.6)$$

일반적으로, 여러 개의 장이 있다면 그 모든 장에 대해 오일러-

라그랑주 방정식이 있을 것이다.

덧붙여 말하자면, 우리는 이 사례를 **스칼라장**으로 개발한 게 사실이지만 지금까지 우리는 ϕ가 스칼라임을 **요구하는** 그 어떤 것도 말하지 않았다. ϕ의 스칼라적 특성에 대한 유일한 힌트는 우리가 오직 하나의 성분에 대해서만 작업을 하고 있다는 사실이다. 벡터장에는 성분들이 더 있고 각각의 새로운 성분들이 추가로 오일러-라그랑주 방정식을 생성할 것이다.

4.3.3 오일러-라그랑주 방정식에 대해 조금 더

비상대론적 입자에 대한 식 4.1의 라그랑지안은

$$\frac{1}{2}\left(\frac{d\phi}{dt}\right)^2$$

에 비례하는 운동 에너지 항과 퍼텐셜 에너지 항

$$-V(\phi)$$

을 포함하고 있다. 장론으로 일반화한 결과도, 운동 에너지 항이 시간 도함수뿐만 아니라 공간 도함수 항도 가지고 있다는 점만 빼고 비슷해 보일 것이라고 생각할 수도 있다.

$$\mathcal{L} = \frac{1}{2}\left[\left(\frac{\partial\phi}{\partial t}\right)^2 + \left(\frac{\partial\phi}{\partial x}\right)^2 + \left(\frac{\partial\phi}{\partial y}\right)^2 + \left(\frac{\partial\phi}{\partial z}\right)^2\right] - V(\phi).$$

그러나 이런 생각은 분명히 무언가 잘못되었다. 공간과 시간이 정확하게 똑같은 방식으로 들어가 있다. 상대성 이론에서조차 시간은 공간과 완전히 대칭적이지 않다. 일상의 경험에서도 이들은 다르다. 상대론에서 얻을 수 있는 한 가지 힌트는 고유 시간의 표현

$$d\tau^2 = dt^2 - dx^2 - dy^2 - dz^2$$

에서 공간과 시간 사이의 부호 차이이다. 나중에 우리는 도함수 $\frac{\partial \phi}{\partial X^\mu}$ 가 4-벡터의 성분을 형성하며

$$\left(\frac{\partial \phi}{\partial t}\right)^2 - \left(\frac{\partial \phi}{\partial x}\right)^2 - \left(\frac{\partial \phi}{\partial y}\right)^2 - \left(\frac{\partial \phi}{\partial z}\right)^2$$

가 로런츠 불변량을 정의함을 알게 될 것이다. 이는 (도함수의) 제곱의 합을 제곱의 차이로 바꾸라고 제안한다. 나중에 로런츠 불변을 우리 논의에 다시 가져올 때 왜 이것이 의미가 있는지 알게 될 것이다. 우리는 이렇게 수정된 라그랑지안

$$\mathcal{L} = \frac{1}{2}\left[\left(\frac{\partial \phi}{\partial t}\right)^2 - \left(\frac{\partial \phi}{\partial x}\right)^2 - \left(\frac{\partial \phi}{\partial y}\right)^2 - \left(\frac{\partial \phi}{\partial z}\right)^2\right] - V(\phi) \quad (4.7)$$

을 우리 장론에 대한 라그랑지안으로 취급할 것이다. 또한 우리는 이것을 하나의 원형으로 볼 수도 있다. 나중에 우리는 이와 비슷한 라그랑지안으로부터 다른 이론들을 구축할 것이다.

함수 $V(\phi)$는 **장 퍼텐셜**이라 부른다. 입자의 퍼텐셜 에너지와 비슷하다. 조금 더 엄밀히 말하자면 공간의 각 점에서의 에너지 밀도(단위 부피당 에너지)로서, 그 점에서의 장의 값에 의존한다. 함수 $V(\phi)$는 상황에 따라 달라지며, 적어도 한 가지 중요한 경우에서는 실험으로부터 유도된다. 우리는 그 경우를 4.5.1절에서 논의할 것이다. 당분간은 $V(\phi)$는 ϕ의 임의의 함수일 수 있다.

이 라그랑지안을 가지고 단계별로 운동 방정식을 계산해 보자. 식 4.5의 오일러-라그랑주 방정식이 정확하게 어떻게 나아갈지를 일러 준다. 이 방정식에서 첨자 μ는 0, 1, 2, 3의 값을 가질 수 있다. 이들 각각의 첨자 값은 그 장에 대한 결과로서의 미분 방정식에서 각각 분리된 항들을 생성한다. 여기 어떻게 작동하는지가 제시돼 있다.

단계1.

첨자 μ를 0과 같다고 놓고 시작한다. 즉 X^μ는 X^0로 시작한다. 이는 시간 좌표에 해당한다. $\dfrac{\partial \phi}{\partial t}$ 에 대한 $\mathcal{L}$의 도함수를 계산하면 간단한 결과

$$\frac{\partial \mathcal{L}}{\partial \left(\dfrac{\partial \phi}{\partial t} \right)} = \frac{\partial \phi}{\partial t}$$

를 얻는다. 이제 식 4.5가 한 번 더 미분하라고 지시한다.

$$\frac{\partial}{\partial X^0} \frac{\partial \mathcal{L}}{\partial \left(\frac{\partial \phi}{\partial t}\right)} = \frac{\partial^2 \phi}{\partial t^2} \, .$$

이 항 $\dfrac{\partial^2 \phi}{\partial t^2}$ 은 입자의 가속도와 비슷하다.

단계2.

다음으로 첨자 μ를 1과 같다고 놓는다. 이제 X^{μ}는 X^1이 된다. 이는 단지 x 좌표일 뿐이다. $\dfrac{\partial \phi}{\partial x}$ 에 대해 $\mathcal{L}$의 도함수를 계산하면

$$\frac{\partial \mathcal{L}}{\partial \left(\frac{\partial \phi}{\partial x}\right)} = -\frac{\partial \phi}{\partial x}$$

를 얻고,

$$\frac{\partial}{\partial x} \frac{\partial \mathcal{L}}{\partial \left(\frac{\partial \phi}{\partial x}\right)} = \frac{\partial}{\partial x}\left(-\frac{\partial \phi}{\partial x}\right) = -\frac{\partial^2 \phi}{\partial x^2}$$

이다. μ를 2 및 3과 같다고 놓으면 각각 y 및 z 좌표에 대해 비슷한 결과를 얻는다.

단계3.

앞 단계의 결과를 이용해 식 4.5를 다시 쓴다.

$$\frac{\partial^2 \phi}{\partial t^2} - \frac{\partial^2 \phi}{\partial x^2} - \frac{\partial^2 \phi}{\partial y^2} - \frac{\partial^2 \phi}{\partial z^2} + \frac{\partial V}{\partial \phi} = 0.$$ (4.8)

여느 때처럼 통상적인 단위를 쓰고 싶으면 c 인수를 복원해야 한다. 이는 쉽다. 운동 방정식은 다음과 같이 된다.

$$\frac{1}{c^2}\frac{\partial^2 \phi}{\partial t^2} - \frac{\partial^2 \phi}{\partial x^2} - \frac{\partial^2 \phi}{\partial y^2} - \frac{\partial^2 \phi}{\partial z^2} + \frac{\partial V}{\partial \phi} = 0.$$ (4.9)

4.3.4 파동과 파동 방정식

고전 장론이 기술하는 모든 현상 중에 가장 흔하고 쉽게 이해할 수 있는 것이 파동의 전파이다. 음파, 광파, 수면파, 진동하는 기타줄의 파동 등 모두가 비슷한 방정식으로 기술된다. 이 식은 당연히 파동 방정식이라 불린다. 장론과 파동 운동 사이의 연관성은 물리학에서 가장 중요한 것들 중 하나이다. 이제 그것을 탐구할 시간이다.

식 4.9는 장에 대한 뉴턴의 운동 방정식(식 4.3)

$$\frac{d^2 \phi}{dt^2} = -\frac{\partial V(\phi)}{\partial \phi}$$

을 일반화한 것이다. $\dfrac{\partial V(\phi)}{\partial \phi}$ 항은 그 장에 작용하는 일종의 힘을 나타내며, 힘을 받지 않은 어떤 자연스러운 운동을 배제한다. 입자의 경우 힘을 받지 않는 운동은 상수의 속도를 가진 일정한 운동이다. 장에 대해서는 힘을 받지 않는 운동이란 소리나 전자기파와 비슷한 진행파이다. 이를 확인하기 위해 두 가지 작업으로 식 4.9를 간단히 하자. 첫째, $V(\phi) = 0$으로 둬서 힘의 항을 없앨 수 있다. 둘째, 3차원 공간 대신 우리는 공간의 오직 한 방향, 즉 x 방향으로만 방정식을 연구할 것이다. 식 4.9는 이제 훨씬 더 간단한 $(1+1)$차원의 파동 방정식 형태를 취한다.

$$\frac{1}{c^2}\frac{\partial^2 \phi}{\partial t^2} - \frac{\partial^2 \phi}{\partial x^2} = 0. \qquad (4.10)$$

여러분에게 이 풀이의 전체 집합을 보여 주겠다. $(x+ct)$의 조합에 대한 임의의 함수를 생각해 보자. 이를 $F(x+ct)$라 부르겠다. 이제 x와 t에 대한 도함수를 생각해 보자. 이 도함수들이

$$\frac{\partial F(x+ct)}{\partial t} = c\frac{\partial F(x+ct)}{\partial x}$$

를 만족함을 쉽게 알 수 있다. 똑같은 규칙을 두 번 적용하면

$$\frac{\partial^2 F(x+ct)}{\partial t^2} = c^2\frac{\partial^2 F(x+ct)}{\partial x^2},$$

즉

$$\frac{1}{c^2}\frac{\partial^2 F(x+ct)}{\partial t^2} - \frac{\partial^2 F(x+ct)}{\partial x^2} = 0 \qquad (4.11)$$

을 얻는다. 식 4.11은 함수 F에 대한 파동 방정식(식 4.10)에 다름 아니다. 우리는 파동 방정식에 대해 커다란 부류의 풀이를 얻었다. $(x + ct)$라는 조합에 대한 임의의 함수가 그 풀이인 것이다.

$F(x + ct)$ 같은 함수의 성질은 무엇인가? $t = 0$인 시간에 이는 단지 함수 $F(x)$이다. 시간이 지남에 따라 이 함수는 변하지만, 간단한 방식으로 변한다. 즉 속도 c로 우직하게 왼쪽(음의 x방향)으로 움직인다. F가 파동수 k를 갖는 사인 함수인 특별한 예(이제 우리는 이를 ϕ라 여길 것이다.)를 들어 보자.

$$\phi(t, x) = \sin k(x + ct).$$

이는 광속 c의 속도로 왼쪽으로 움직이는 사인파이다. 파속과 맥동뿐만 아니라 코사인 풀이 또한 존재한다. 광속 c로 우직하게 왼편으로 움직이는 한 이들은 모두 파동 방정식 4.10의 풀이이다.

오른쪽으로 움직이는 파동은 어떤가? 이 또한 식 4.10으로 기술될까? 답은 "그렇다."이다. $F(x + ct)$를 오른쪽으로 움직이는 파동으로 바꾸기 위해 여러분은 단지 $x + ct$를 $x - ct$로 바꾸기만 하면 된다. $F(x - ct)$ 형태의 임의의 함수는 우직하게 오른쪽으로 움직이며 또한 식 4.10을 만족한다. 이를 보이는 일은 여러분의 몫으로 남겨 둘 것이다.

4.4 상대론적 장

입자 이론을 구축했을 때 우리는 정지 작용의 원리에 더해 두 가지 원리를 사용했다. 첫째, 작용은 항상 적분이다. 입자의 경우는 궤적을 따른 적분이다. 우리는 이미 작용을 시공간에 대한 적분으로 재정의함으로써 장에 대한 이 이슈를 다루었다. 둘째, 작용은 불변이어야 한다. 작용은 모든 기준틀에서 정확히 똑같은 형태를 취하는 그런 방식으로 구축되어야 한다.

입자의 경우 우리는 어떻게 그걸 해낼 수 있었나? 우리는 궤적을 많은 작은 조각들로 얇게 잘라, 각각의 조각에 대해 작용을 계산하고, 그 모든 작은 작용의 요소들을 함께 더해서 작용을 구축했다. 그러고는 이 과정에 대해 각 조각의 크기가 0으로 근접하고 합이 적분이 되는 그런 극한을 취했다. 결정적인 대목은 여기서부터다. 한 조각에 대한 작용을 정의할 때 우리는 불변인 양, 즉 그 궤적을 따르는 고유 시간을 골랐다. 모든 관측자는 각각의 작은 조각에 대해 고유 시간의 값에 의견이 일치하기 때문에, 그 모든 조각을 다 더했을 때 얻게 되는 숫자에도 의견을 같이할 것이다. 그 결과 정지 작용 원리를 이용해서 여러분이 유도한 운동 방정식은 모든 기준틀에서 정확하게 똑같은 형태를 갖는다. 입자 역학의 법칙은 불변이다. 나는 이미 장에 대해 이를 어떻게 할 것인지를 4.3.3절에서 귀띔해 준 적이 있다. 그러나 이제 우리는 장론에서 로런츠 불변성에 대해 진지하게 생각해 보려 한다.

장으로부터 불변량을 어떻게 만들지, 그리고 이를 이용해 역시 불변인 작용 적분을 어떻게 구축할지 알아야 할 것이다. 이를 위해서는 장의 변환 성질에 대한 명확한 개념이 필요하다.

4.4.1 장 변환 성질

기차역에 있는 아트와 기차 안에서 아트를 지나쳐 움직이는 레니에게 돌아가 보자. 이들은 모두 똑같은 사건을 보고 있다. 아트는 (t, x, y, z)라 부르고 레니는 (t', x', y', z')이라 부른다. 이들의 특별한 장 감지기는 어떤 장 ϕ에 대한 수치를 기록한다. 가능한 가장 단순한 부류의 장은 이들이 정확히 똑같은 결과를 얻는 장이다. 아트가 측정하는 장을 $\phi(t, x, y, z)$라 부르고 레니가 측정하는 장을 $\phi'(t', x', y', z')$이라 부르면 가장 간단한 변환 법칙은

$$\phi'(t', x', y', z') = \phi(t, x, y, z) \tag{4.12}$$

일 것이다. 즉 시공간의 어느 특별한 점에서 아트와 레니(그리고 그 밖의 모두)는 그 점에서 장 ϕ의 값에 의견을 같이한다.

이런 성질을 가진 장을 **스칼라장**이라 부른다. 스칼라장의 개념은 그림 4.3에 나타나 있다. 좌표 (t', x')과 (t, x) 모두 시공간의 똑같은 점을 가리킨다는 사실을 이해하는 것이 중요하다. 그림 4.3은 이 점을 충분히 납득시키고 있다. 프라임이 없는 좌표는 아트의 틀에서 시공간 위치를 나타낸다. 프라임이 붙은 축은

레니의 틀에서 시공간 위치를 나타낸다. $\phi(t, x)$라는 표지는 그 장에 대한 아트의 이름이다. 레니는 똑같은 것을 $\phi'(t', x')$이라 부른다. 왜냐하면 레니는 프라임이 붙은 관측자이기 때문이다. 그러나 이는 똑같은 장으로서 시공간의 똑같은 점에서 똑같은 값을 가진다. 어느 시공간 점에서의 스칼라장의 값은 불변이다.

모든 장이 스칼라인 것은 아니다. 보통의 비상대론적 물리학에 사례들이 있다. 풍속은 3개의 성분을 가진 벡터이다. 축이 다르게 방향을 잡은 관측자들은 그 성분의 값에 의견을 달리할 것이다. 아트와 레니도 분명히 의견이 같지 않을 것이다. 아트의 틀에서는 공기가 정지해 있을지 몰라도, 레니는 창밖으로 머리를 내밀었을 때 엄청난 풍속을 느낀다.

다음으로 우리는 4-벡터장으로 넘어간다. 내가 이미 언급했던 풍속이 좋은 예이다. 아트의 틀에서 풍속을 정의하는 방법이 여기 있다. 시공간의 점 (t, x, y, z)에서 아트는 공기 분자 속도의 국지적인 성분인 dX^i/dt를 측정해 표기한다. 그 결과는 다음과 같은 성분

$$V^x(t, x, y, z),\ V^y(t, x, y, z),\ V^z(t, x, y, z)$$

을 가진 3-벡터장이다. 그러나 여러분은 이미 상대성 이론에서는 분자의 속도를 상대론적으로, 즉 $V^i = dX^i/dt$가 아니라 $U^\mu = dX^\mu/d\tau$로 나타내야 한다고 생각했을 것이다. 상대론적

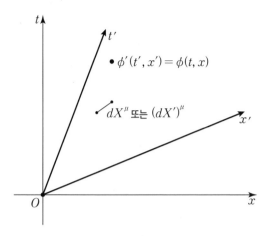

그림 4.3 변환. 장 ϕ와 ϕ'은 모두 시공간의 똑같은 점을 가리킨다. 두 장은 모두 그 점에서 똑같은 값을 가진다. 변위 dX^μ와 $(dX')^\mu$는 모두 똑같은 시공간 간격을 가리키지만, 프라임이 붙은 성분은 프라임이 없는 성분과 다르다. 이들은 로런츠 변환으로 연결돼 있다.

풍속을

$$U^\mu(t\,,x\,,y\,,z),$$

즉

$$U^\mu(X^{0,}\,X^{1,}\,X^{2,}\,X^3)$$

로 나타내면 이는 4-벡터장을 정의한다. 아트가 기술한 상대론적 풍속에 대해 이렇게 물을 수 있다. 레니의 틀에서는 그 성분이 무엇인가? 4-속도는 4-벡터이므로 그 답은 우리가 일찍이 식 2.15에서 써 내려간 로런츠 변환식으로부터 나온다.

$$(U')^0 = \frac{U^0 - vU^1}{\sqrt{1 - v^2}}$$

$$(U')^1 = \frac{U^1 - vU^0}{\sqrt{1 - v^2}}$$

$$(U')^2 = U^2$$

$$(U')^3 = U^3. \tag{4.13}$$

식 4.13에서 나는 좌표 의존성을 포함하지 않았다. 그러면 방정식이 너무나 어지러울 것이기 때문이다. 그러나 규칙은 간단하다. 우변의 U는 (t, x, y, z)의 함수이고 좌변의 U'은 (t', x', y', z')의 함수이다. 다만 두 좌표계는 똑같은 시공간 점을 가리킨다.

또 다른 네 가지 복잡한 양을 생각해 보자. 우리는 이를 스칼라장 ϕ의 시공간 경사라 부를 것이다. 그 성분은 ϕ의 도함수들이다. 우리는 약식 표기인 $\partial_\mu \phi$를 사용하려 한다. 이는

$$\partial_\mu \phi = \frac{\partial \phi}{\partial X^\mu} \tag{4.14}$$

로 정의된다. 예를 들어,

$$\partial_1 \phi = \frac{\partial \phi}{\partial X^1}.$$

약간 다른 표기법으로 다음과 같이 쓸 수도 있다.

$$\partial_t \phi = \frac{\partial \phi}{\partial t}$$

$$\partial_x \phi = \frac{\partial \phi}{\partial x}$$

$$\partial_y \phi = \frac{\partial \phi}{\partial y}$$

$$\partial_z \phi = \frac{\partial \phi}{\partial z}.$$

$\partial_\mu \phi$가 4-벡터이고 U^μ와 똑같은 식으로 변환할 것이라 기대할 지도 모르겠다. 그것은 실수다. 아주 큰 실수는 아니지만.

4.4.2 수학적 간주: 공변 성분

한 좌표계에서 다른 좌표계로의 변환에 대한 두어 가지 수학적 인 요소들을 위해 여기서 잠시 멈출까 한다. 두 좌표계 X^μ 와 $(X')^\mu$가 기술하는 공간이 있다고 가정하자. 이들은 아트와 레 니의 시공간 좌표계일 수도 있지만, 꼭 그럴 필요는 없다. 또한 dX^μ 또는 $d(X')^\mu$가 기술하는 무한소 간격도 생각해 보자. 보통의 다변수 미적분에서는 두 좌표계 사이에 다음 관계가 성립한다.

$$d(X')^{\mu} = \sum_{\nu} \frac{\partial (X')^{\mu}}{\partial X^{\nu}} dX^{\nu}. \qquad (4.15)$$

아인슈타인은 이런 형태의 방정식을 많이도 썼다. 얼마 뒤 아인슈타인은 어떤 패턴을 알아챘다. 하나의 표현식에서 반복되는 첨자(위 식 우변의 첨자 ν가 그런 반복되는 첨자이다.)를 만날 때마다 그 첨자에 대해서는 언제나 더하기가 진행된다. 일반 상대성 이론에 관한 논문 중 하나에서 아인슈타인은 몇 쪽을 쓴 후 틀림없이 합 기호를 적느라 지쳐, 이제부터는 어떤 표현식에 반복된 첨자가 있을 때마다 그 첨자에 대해서는 더해진다고 가정할 것이라고 그냥 말해 버렸다. 이 관례는 **아인슈타인의 합 관례**(Einstein summation convention)로 알려지게 되었다. 이는 오늘날 완전히 널리 퍼져서 물리학계의 어느 누구도 굳이 언급조차 하지 않을 지경에 이르렀다. 나 또한 $\sum_{\nu}$를 쓰느라 지쳐서 이제부터는 아인슈타인의 영리한 관례를 사용할 것이다. 그러면 식 4.15는

$$d(X')^{\mu} = \frac{\partial (X')^{\mu}}{\partial X^{\nu}} dX^{\nu} \qquad (4.16)$$

이 된다. 로런츠 변환에서 그런 것처럼 X와 X'을 연결하는 방정식이 선형적이면 그 편미분 $\dfrac{\partial (X')^{\mu}}{\partial X^{\nu}}$는 상수인 계수이다. 로런츠 변환식

$$(X')^0 = \frac{X^0 - vX^1}{\sqrt{1 - v^2}}$$

$$(X')^1 = \frac{X^1 - vX^0}{\sqrt{1 - v^2}} \tag{4.17}$$

을 예로 들어 보자. 식 4.16의 결과로 나오는 4개의 상수 계수 목록이 여기 있다.

$$\frac{\partial (X')^1}{\partial X^1} = \frac{1}{\sqrt{1 - v^2}}$$

$$\frac{\partial (X')^1}{\partial X^0} = \frac{-v}{\sqrt{1 - v^2}}$$

$$\frac{\partial (X')^0}{\partial X^1} = \frac{-v}{\sqrt{1 - v^2}}$$

$$\frac{\partial (X')^0}{\partial X^0} = \frac{1}{\sqrt{1 - v^2}}. \tag{4.18}$$

이 결과를 식 4.16에 대입하면 우리는 예상한 결과인

$$d(X')^0 = \frac{dX^0}{\sqrt{1 - v^2}} - \frac{vdX^1}{\sqrt{1 - v^2}}$$

$$d(X')^1 = \frac{dX^1}{\sqrt{1 - v^2}} - \frac{vdX^0}{\sqrt{1 - v^2}}$$

를 얻는다. 이는 물론 완벽하게 4-벡터 성분에 대한 보통의 로런

츠 변환식이다.

이 연습 문제로부터 4-벡터 변환에 관한 일반적인 규칙을 추출해 보자. 식 4.16으로 돌아가서 4-벡터 성분인 $d(X')^\mu$ 와 dX^ν 를 $(A')^\mu$ 와 A^ν 로 바꿔 보자. 이는 좌표 변환과 관련된 틀에서 **임의의** 4-벡터 성분을 나타낸다. 식 4.16을 일반화하면

$$(A')^\mu = \frac{\partial (X')^\mu}{\partial X^\nu} A^\nu \qquad (4.19)$$

가 된다. 여기서 ν 는 더하는 첨자이다. 식 4.19는 4-벡터의 성분을 변환하는 일반적인 규칙이다. 로런츠 변환이라는 중요하고도 특별한 경우에 이는

$$(A')^0 = \frac{A^0}{\sqrt{1-v^2}} - \frac{vA^1}{\sqrt{1-v^2}}$$

$$(A')^1 = \frac{A^1}{\sqrt{1-v^2}} - \frac{vA^0}{\sqrt{1-v^2}} \qquad (4.20)$$

이 된다.

내가 이 작업을 하는 진짜 이유는 dX^μ 나 A^μ 가 어떻게 변환하는지를 설명하려는 것이 아니라 $\partial_\mu \phi$ 를 변환하는 계산을 시작하기 위함이다. 이 물건(4개가 있다.) 또한 4-벡터의 성분을 구성한다. 다만 dX^μ 와는 약간 다른 종류이다. 이는 분명히 좌표계 X 를 말하고 있지만, X' 의 틀로 변환될 수 있다.

기본적인 변환 규칙은 미적분에서 유도되며, 도함수의 연쇄 법칙을 다변수로 일반화한 것이다. 보통의 연쇄 법칙을 상기해 보자. $\phi(x)$를 좌표 X의 함수라 하고 프라임이 붙은 좌표 X' 또한 X의 함수라 하자. X'에 대한 ϕ의 도함수는 연쇄 법칙으로 주어진다.

$$\frac{\partial \phi}{\partial X'} = \frac{\partial X}{\partial X'} \frac{\partial \phi}{\partial X}.$$

다변수로 일반화하면 여러 개의 독립적인 좌표 X^μ와 두 번째 좌표계 $(X')^\nu$에 의존하는 장 ϕ를 만나게 된다. 일반화된 연쇄 법칙은

$$\frac{\partial \phi}{\partial (X')^\nu} = \sum_\mu \frac{\partial X^\mu}{\partial (X')^\nu} \frac{\partial \phi}{\partial X^\mu}$$

이다. 합 관례와 식 4.14의 약식 표기법을 사용하면

$$\partial'_\nu \phi = \frac{\partial X^\mu}{\partial (X')^\nu} \partial_\mu \phi \tag{4.21}$$

이 된다. 조금 더 일반화해 $\partial_\mu \phi$를 A_μ로 바꾸면 식 4.21은

$$A'_\nu = \frac{\partial X^\mu}{\partial (X')^\nu} A_\mu \tag{4.22}$$

가 된다. 잠시 식 4.19와 식 4.22를 비교해 보자. 쉽게 비교하기 위해 다시 쓰겠다. 먼저 식 4.19이고 그다음이 식 4.22이다.

$$(A')^\mu = \frac{\partial (X')^\mu}{\partial X^\nu} A^\nu$$

$$A'_\nu = \frac{\partial X^\mu}{\partial (X')^\nu} A_\mu.$$

차이점이 두 가지 있다. 첫째, 식 4.19에서는 A의 그리스 첨자가 위 첨자인 반면 식 4.22에서는 아래 첨자로 나타난다. 이는 별로 중요하지 않을 것 같지만, 사실은 중요하다. 두 번째 차이는 계수이다. 식 4.19에서는 계수가 X에 대한 X'의 도함수이지만 식 4.22에서는 X'에 대한 X의 도함수이다.

분명히 두 가지 다른 종류의 4-벡터가 있고, 서로 다른 방식으로 변환한다. 위 첨자를 가진 종류와 아래 첨자를 가진 종류 이렇게 둘이다. 이들은 **반변 성분**(위 첨자)과 **공변 성분**(아래 첨자)이라 불린다. 다만 나는 항상 어느 쪽이 어느 쪽인지 잊어버리기 때문에 그냥 위쪽과 아래쪽 4-벡터라 부르겠다. 따라서 4-벡터 dX^μ는 반변 또는 위쪽 4-벡터이고, 시공간 경사인 $\partial_\mu \phi$는 공변 또는 아래쪽 4-벡터이다.

로런츠 변환식으로 돌아가 보자. 식 4.18에서 나는 위쪽 4-벡터의 변환에 대한 계수들을 썼다. 여기 다시 소개한다.

$$\frac{\partial (X')^1}{\partial X^1} = \frac{1}{\sqrt{1-v^2}}$$

$$\frac{\partial (X')^1}{\partial X^0} = \frac{-v}{\sqrt{1-v^2}}$$

$$\frac{\partial (X')^0}{\partial X^1} = \frac{-v}{\sqrt{1-v^2}}$$

$$\frac{\partial (X')^0}{\partial X^0} = \frac{1}{\sqrt{1-v^2}}.$$

아래쪽 4-벡터에 대해 식 4.22의 계수들에 대해서도 비슷한 목록을 작성할 수 있다. 사실 할 일이 많지는 않다. 프라임이 붙은 좌표와 없는 좌표를 뒤바꾸면 결과를 얻을 수 있다. 이는 로런츠 변환에 대해 단지 정지틀과 움직이는 틀을 뒤바꾼다는 뜻이다. 이것이 특별히 쉬운 이유는 속도의 부호만 바꾸면 되기 때문이다. (아트의 틀에서 레니가 속도 v로 움직인다면 아트는 레니의 틀에서 $-v$의 속도로 움직임을 기억하라.) 우리는 프라임이 붙은 좌표와 없는 좌표를 뒤바꾸고 동시에 v의 부호를 뒤집기만 하면 된다.

$$\frac{\partial X^1}{\partial (X')^1} = \frac{1}{\sqrt{1-v^2}}$$

$$\frac{\partial X^1}{\partial (X')^0} = \frac{v}{\sqrt{1-v^2}}$$

$$\frac{\partial X^0}{\partial (X')^1} = \frac{v}{\sqrt{1-v^2}}$$

$$\frac{\partial X^0}{\partial (X')^0} = \frac{1}{\sqrt{1-v^2}}.$$

이제 공변 (아래쪽) 4-벡터 성분의 변환 규칙이 주어진다.

$$(A')_0 = \frac{A_0}{\sqrt{1-v^2}} + \frac{vA_1}{\sqrt{1-v^2}}$$

$$(A')_1 = \frac{A_1}{\sqrt{1-v^2}} + \frac{vA_0}{\sqrt{1-v^2}}. \tag{4.23}$$

이미 우리는 원점으로부터의 변위인 X^μ 같은 예를 보았다. 이웃한 점들 사이의 미분 변위 dX^μ는 또한 4-벡터이다. 4-벡터에 스칼라(즉 불변량)를 곱하면 그 결과 또한 4-벡터이다. 이는 불변량이 변환할 때 완전히 수동적이기 때문이다. 이미 우리는 고유 시간 $d\tau$가 불변이고 따라서 우리가 4-속도라 불렀던 양 $dX^\mu/d\tau$ 또한 4-벡터임을 알고 있다.

$$U^\mu = \frac{dX^\mu}{d\tau}.$$

우리가 "U^μ는 4-벡터이다."라고 말할 때 실제로 우리가 뜻하는 바는 무엇인가? 그 의미는 다른 기준틀에서의 그 거동이 로런츠 변환으로 지배된다는 뜻이다. x 축을 따라 상대 속도가 v인 두 기준틀의 좌표에 대한 로런츠 변환을 떠올려 보자.

$$t' = \frac{t - vx}{\sqrt{1 - v^2}}$$

$$x' = \frac{x - vt}{\sqrt{1 - v^2}}$$

$$y' = y$$

$$z' = z.$$

만약 복합된 4개의 양(하나의 시간 성분과 3개의 공간 성분으로 구성된)
이 이런 식으로 변환한다면 우리는 그것을 4-벡터라 부른다. 알
다시피 미분 변위 또한 이런 성질을 갖고 있다.

$$dt' = \frac{dt - vdx}{\sqrt{1 - v^2}}$$

$$dx' = \frac{dx - vdt}{\sqrt{1 - v^2}}$$

$$dy' = dy$$

$$dz' = dz.$$

표 4.1에 스칼라와 4-벡터의 변환 성질이 정리돼 있다. 임의의
4-벡터를 표현하기 위해 약간 추상적인 표기법인 A^μ를 사용했
다. A^0은 시간 성분이며 다른 성분들 각각은 공간에서의 방향을
나타낸다.

모든 시공간을 채운 유체가 이런 성질을 가진 장의 한 예일

것이다. 유체의 모든 점에서 보통의 3-속도뿐만 아니라 4-속도도 있을 것이다. 이를 우리는 4-속도 $U^\mu(t, x)$라 부를 수 있다. 유체가 흘러가면 그 속도는 다른 장소에서 달라질 수도 있다. 그런 유체의 4-속도는 하나의 장으로 생각할 수 있다. 4-속도이기 때문에 이것은 자동으로 4-벡터이며 우리의 전형적인 4-벡터 A^μ와 정확하게 똑같은 방식으로 변환할 것이다. 여러분의 틀에서 U의 성분 값들은 내 틀에서의 값들과 다를 것이다. 그 값들은 표 4.1의 방정식들로 연결될 것이다. 4-벡터의 다른 예도 많아서 여기서 그 목록을 쓰지는 않겠다.

장	변환	예
스칼라 :	같은 값 $$\phi'(t', x') = \phi(t, x)$$	온도 고유 시간
벡터 :	로런츠 변환 $$(A')^0 = \frac{A^0 - vA^1}{\sqrt{1-v^2}}$$ $$(A')^1 = \frac{A^1 - vA^0}{\sqrt{1-v^2}}$$ $$(A')^2 = A^2$$ $$(A')^3 = A^3$$	변위 : X^μ, dX^μ 임의의 4-벡터 : A^μ

표 4.1 장 변환. 그리스 첨자 μ는 0, 1, 2, 3의 값을 가진다. 이는 보통의 $(3+1)$차원 시공간에서의 t, x, y, z에 해당한다. 비상대론적 물리학에서는 보통의 유클리드 거리 또한 스칼라로 간주된다.

4-벡터의 네 성분을 취한다면 그로부터 스칼라를 만들 수 있다. 우리는 이미 4-벡터 dX^μ로부터 스칼라 $(d\tau)^2$을 만들 때 이 작업을 했다.

$$(d\tau)^2 = (dt)^2 - (dx)^2 - (dy)^2 - (dz)^2.$$

우리는 임의의 4-벡터로 똑같은 과정을 따라갈 수 있다. 만약 A^μ가 4-벡터라면 다음과 같은 양

$$(A^0)^2 - (A^x)^2 - (A^y)^2 - (A^z)^2$$

은 정확히 똑같은 이유로 스칼라이다. 일단 A^μ의 성분이 t 및 x와 똑같은 방식으로 변환함을 안다면, 시간 성분과 공간 성분 제곱의 차이가 로런츠 변환 하에서 변하지 않을 것임을 알 수 있다. 우리가 $(d\tau)^2$에 썼던 똑같은 대수를 사용하면 이를 보일 수 있다.

우리는 4-벡터에서 어떻게 스칼라를 구성하는지 알아보았다. 이제 그 반대, 즉 스칼라로부터 4-벡터를 구성할 것이다. 이는 공간과 시간의 네 성분 각각에 대해 스칼라를 미분하면 된다. 이 4개의 도함수가 함께 4-벡터를 형성한다. 스칼라 ϕ가 있으면 다음과 같은 양

$$\frac{\partial\phi}{\partial X^\mu} = \left(\frac{\partial\phi}{\partial X^0}, \frac{\partial\phi}{\partial X^1}, \frac{\partial\phi}{\partial X^2}, \frac{\partial\phi}{\partial X^3}\right)$$

는 공변, 즉 아래쪽 4-벡터의 성분들이다.

4.4.3 상대론적 라그랑지안 만들기

이제 우리는 라그랑지안을 만들어 내기 위한 도구들을 갖추었다. 개체들이 어떻게 변환하는지 알고 있고, 벡터나 다른 개체들로부터 스칼라를 어떻게 만드는지도 알고 있다. 라그랑지안은 어떻게 구축할까? 간단하다. 라그랑지안 자체(그 모든 작은 구획들에 대해 다 더해서 작용 적분을 만드는 그것)는 모든 좌표틀에서 똑같아야만 한다. 즉 라그랑지안은 스칼라여야 한다! 그게 전부이다. 하나의 장 ϕ를 취해 그것으로 만들 수 있는 가능한 모든 스칼라를 고려하면 된다. 이들 스칼라가 우리의 라그랑지안을 만드는 기본 단위의 후보이다.

몇몇 예를 들여다보자. ϕ 그 자체는 물론 이 예에서 스칼라이지만, ϕ의 임의의 함수도 그렇다. 만약 모두가 ϕ의 값에 의견이 일치한다면 ϕ^2, $4\phi^3$, $\sinh(\phi)$ 등의 값에 대해서도 또한 의견이 같을 것이다. ϕ의 임의의 함수, 예를 들어 퍼텐셜 에너지 $V(\phi)$는 스칼라이고 따라서 라그랑지안에 포함될 후보이다. 사실 우리는 이미 $V(\phi)$를 포함하는 라그랑지안을 많이 봐 왔다.

다른 어떤 요소들을 사용할 수 있을까? 분명히 우리는 장의 도함수를 포함하고자 한다. 도함수가 없으면 우리 이론은 시시하고 흥미롭지 못할 것이다. 다만 우리는 스칼라를 만들어 내는 방식으로 도함수를 도입해야 함을 명확히 할 필요가 있다. 그것은 쉽다! 먼저 도함수를 이용해 4-벡터

$$\frac{\partial \phi}{\partial X^\mu}$$

를 만든다. 다음으로, 우리의 4-벡터 성분을 이용해 스칼라를 구축한다. 그 결과로 나온 스칼라는

$$\left(\frac{\partial \phi}{\partial t}\right)^2 - \left(\frac{\partial \phi}{\partial x}\right)^2 - \left(\frac{\partial \phi}{\partial y}\right)^2 - \left(\frac{\partial \phi}{\partial z}\right)^2$$

이다. 이것이 라그랑지안에 집어넣을 수 있는 중대한 표현이다. 그 밖에 무엇을 이용할 수 있을까? 확실히 우리는 숫자 상수를 곱할 수 있다. 그 문제에 관해 사실 우리는 임의의 스칼라의 임의의 함수를 곱할 수 있다. 불변인 두 양을 곱하면 또 다른 불변량을 만들어 낸다. 예를 들어

$$\left[\left(\frac{\partial \phi}{\partial t}\right)^2 - \left(\frac{\partial \phi}{\partial x}\right)^2 - \left(\frac{\partial \phi}{\partial y}\right)^2 - \left(\frac{\partial \phi}{\partial z}\right)^2\right]F(\phi)$$

와 같은 표현은 적법한 라그랑지안이다. 다소 복잡해서 여기서는 계속 발전시키지 않겠지만, 로런츠 불변 라그랑지안으로서 자격이 있다. 큰 괄호 속에 있는 표현식의 지수를 더 높이는 것처럼

훨씬 더 추하게 무언가를 할 수도 있다. 그러면 우리는 더 많은 거듭제곱의 도함수를 갖게 될 것이다. 보기 흉하겠지만 그 또한 적법한 라그랑지안이다.

더 높은 **차수**의 도함수는 어떤가? 스칼라로 바꾼다면 원리적으로는 그것들도 이용할 수 있다. 하지만 그렇게 하면 우리는 고전 역학의 테두리를 벗어나게 될 것이다. 우리는 고전 역학의 범위 안에서 좌표들의 함수와 그 함수들의 1차 도함수를 이용할 수 있다. 1차 도함수의 더 높은 **거듭제곱**은 수용할 수 있지만, 더 높은 차수의 도함수는 아니다.

4.4.4 라그랑지안 활용

고전 역학이라는 제한과 로런츠 불변이라는 요구 조건에도 불구하고 작업에 필요한 라그랑지안을 고를 때 여전히 엄청난 규모의 자유가 있다. 이 라그랑지안을 자세히 살펴보자.

$$\mathcal{L} = \frac{1}{2}\left[\frac{1}{c^2}\left(\frac{\partial\phi}{\partial t}\right)^2 - \left(\frac{\partial\phi}{\partial x}\right)^2 - \left(\frac{\partial\phi}{\partial y}\right)^2 - \left(\frac{\partial\phi}{\partial z}\right)^2\right] - \frac{\mu^2}{2}\phi^2. \quad (4.24)$$

이는 본질적으로 식 4.7의 라그랑지안과 똑같다. 이제 여러분도 왜 내가 이것을 비상대론적 사례로 골랐는지 알 수 있을 것이다. 첫째 항의 새로운 인수 $\frac{1}{c^2}$은 단지 통상계로 전환시켜 줄 뿐이다. 또한 나는 일반적인 퍼텐셜 함수 $V(\phi)$를 더 구체적인 함수 $-\frac{\mu^2}{2}\phi^2$으로 대체했다. $\frac{1}{2}$이라는 인수는 물리적인 의미가 없는 관습적 표기일 뿐이다. 운동 에너지에 대한 표현식인 $\frac{1}{2}mv^2$ 에서 나오는 $\frac{1}{2}$과 똑같다. 그 대신 mv^2을 취했을 수도 있었다. 그랬다면 우리의 질량은 뉴턴의 질량과 2배만큼 달랐을 것이다.

1강으로 돌아가서, 우리는 일반적인 로런츠 변환이 x 축을 따라가는 단순한 로런츠 변환과 함께 공간 회전의 조합과 동등하다고 설명했다. 우리는 식 4.24가 단순한 로런츠 변환 하에 불변임을 보였다. 공간 회전에 대해서도 역시 불변일까? 그 답은 "그렇다." 이다. 왜냐하면 위 표현식의 공간 부분은 공간 벡터 성분의 제곱의 합이기 때문이다. 이는 $x^2 + y^2 + z^2$의 표현식과 같이 거동하며, 따라서 회전에 대해 불변이다. 식 4.24의 라그랑지안이 x 축을 따라가는 로런츠 변환에 대해서뿐만 아니라 공간 회전에 대해서도 불변이기 때문에 일반적인 로런츠 변환 하에서도 불변이다.

식 4.24는 가장 간단한 장론 중 하나이다.[4] 식 4.7과 똑같은 방식으로 파동 방정식을 유도한다. 그 예에서 우리가 했던 것과 똑같은 방식을 따라가면 식 4.24에서 유도한 파동 방정식이

$$\frac{1}{c^2}\frac{\partial^2 \phi}{\partial t^2} - \frac{\partial^2 \phi}{\partial y^2} - \frac{\partial^2 \phi}{\partial x^2} - \frac{\partial^2 \phi}{\partial z^2} + \mu^2\phi = 0 \qquad (4.25)$$

임을 어렵지 않게 알 수 있다. 이 식은 선형적이기 때문에 특별히

---

[4] 마지막 항인 $-\frac{\mu^2}{2}\phi^2$을 떨어내면 훨씬 더 간단하게 만들 수도 있다.

간단한 파동 방정식이다. 장과 그 도함수가 오직 1차로만 등장한다. μ를 0과 같다고 놓으면 훨씬 더 간단한 형태를 얻는다.

$$\frac{1}{c^2}\frac{\partial^2 \phi}{\partial t^2} - \frac{\partial^2 \phi}{\partial y^2} - \frac{\partial^2 \phi}{\partial x^2} - \frac{\partial^2 \phi}{\partial z^2} = 0. \tag{4.26}$$

4.4.5 고전 장 요약

이제 우리는 고전 장론을 개발하는 과정을 갖게 되었다. 우리의 첫 예는 스칼라장이었다. 그러나 똑같은 과정을 벡터장이나 심지어 텐서장에도 적용할 수 있다. 장 그 자체로 시작해 보자. 다음으로 장 그 자체와 그 도함수를 이용해 여러분이 만들 수 있는 모든 스칼라를 알아낸다. 일단 여러분이 만들어 낼 수 있는 모든 스칼라의 목록을 뽑아냈거나 특징을 파악했다면 그 스칼라들의 함수, 예컨대 항들의 합으로부터 라그랑지안을 구축한다. 다음으로, 오일러-라그랑주 방정식을 적용한다. 이는 운동 방정식, 또는 파동의 전파를 기술하는 장 방정식, 또는 그 밖의 무엇이든 그 장론이 기술하고자 하는 바를 쓰는 것에 해당한다. 다음 단계는 그 결과로 나온 파동 방정식을 연구하는 것이다.

고전 장론은 연속적일 필요가 있다. 연속적이지 않은 장은 무한대의 도함수, 따라서 무한대의 작용을 가질 수도 있다. 그런 장은 또한 무한대의 에너지를 가질 수도 있다. 다음 강의에서 에너지에 대해서 할 이야기가 더 있을 것이다.

4.5 장과 입자-맛보기

끝맺기 전에 입자와 장 사이의 관계에 관해 몇 가지를 말하려 한다.[5] 만약 내가 간단한 스칼라장 대신 전기 동역학에 관한 규칙을 계산했다면 나는 하전된 입자가 어떻게 전자기장과 상호 작용하는지를 말했을 것이다. 우리는 아직 그 계산을 하지는 않았다. 하지만 입자가 스칼라장 ϕ와 어떻게 상호 작용을 할까? 스칼라장의 존재가 어떻게 입자의 운동에 영향을 줄까?

이미 확립된 장의 존재 속에서 움직이는 입자의 라그랑지안에 대해 생각해 보자. 누군가 운동 방정식을 풀었고 우리는 장 $\phi(t, x)$가 시간과 공간의 어떤 구체적인 함수임을 안다고 가정하자. 이제 그 장 속에서 움직이는 입자를 생각해 보자. 그 입자는 전자기장 속의 하전된 입자와 비슷한 어떤 방식으로 그 장과 결합돼 있을 것이다. 그 입자는 어떻게 움직일까? 이 질문에 답하기 위해 장이 있을 때의 입자 역학으로 돌아가 보자. 이미 우리는 입자에 대한 라그랑지안을 적었다. 그것은 $-md\tau$였는데 $d\tau$가 단지 쓸모 있는 거의 유일한 불변량이기 때문이다. 작용 적분은

$$작용 = -m \int d\tau \qquad (4.27)$$

---

5) 입자와 장 사이의 양자 역학적 관계가 아니라 단지 보통의 고전 입자와 고전 장 사이의 상호 작용이다.

였다. 낮은 속도에 대한 올바른 비상대론적 답을 얻기 위해 음의
부호가 필요했고 모수 m은 비상대론적 질량처럼 행동함을 알았
다. $d\tau^2 = dt^2 - dx^2$ 의 관계를 이용해 우리는 이 적분을

$$\text{작용} = -m\int \sqrt{dt^2 - dx^2}$$

와 같이 다시 썼다. 여기서 dx^2은 공간의 모든 세 방향을 나타낸
다. 그러고는 dt^2을 인수로 끄집어내면 우리의 작용 적분은

$$\text{작용} = -m\int dt\sqrt{1-\left(\frac{dx}{dt}\right)^2}$$

이 된다. dx/dt가 속도와 같은 말이므로 이는

$$\text{작용} = -m\int dt\sqrt{1-v^2}$$

이 된다. 그러고는 라그랑지안 $-m\sqrt{1-v^2}$를 멱급수로 전개해
이것이 낮은 속도에서 낯익은 고전 라그랑지안과 일치함을 알았
다. 그러나 이 새로운 라그랑지안은 상대론적이다.

　입자가 장과 결합할 수 있게 하려면 이 라그랑지안에 무엇을
할 수 있을까? 장이 입자에 영향을 미치려면 그 장 자체가 라그
랑지안의 어딘가에 모습을 드러낼 필요가 있다. 우리는 그 장을
로런츠 불변인 방식으로 집어넣어야 한다. 즉 그 장으로부터 스

칼라를 구축해야 한다. 앞에서 봤듯이 이를 달성하는 많은 방법이 있지만, 우리가 시도할 수 있는 한 가지 간단한 작용은

$$작용 = -\int [m + \phi(t\,,x)]d\tau\,,$$

즉

$$작용 = -\int [m + \phi(t\,,x)]\sqrt{1 - v^2}\,dt \qquad (4.28)$$

이다. 이는 다음과 같은 라그랑지안

$$\mathcal{L} = -[m + \phi(t\,,x)]\sqrt{1 - v^2} \qquad (4.29)$$

에 해당한다. 이것은 여러분이 할 수 있는 가장 간단한 것들 중 하나이지만 수많은 다른 가능성이 있다. 예를 들어 앞선 라그랑지안에서 여러분은 $\phi(t\,,x)$를 그 제곱으로, 또는 $\phi(t\,,x)$의 여느 다른 함수로 대체할 수도 있다. 지금으로서는 그냥 이 간단한 라그랑지안과 그에 상응하는 작용 적분인 식 4.28을 이용할 것이다.

식 4.29는 이미 확립된 장 속을 움직이는 입자에 대한 한 가지 가능한 라그랑지안이다. 이제 이렇게 물어보자. 이 장 속에서 입자는 어떻게 움직이는가? 이는 전기장 또는 자기장 속에서 입자가 어떻게 움직이는가를 묻는 것과 비슷하다. 여러분은 전기

장 또는 자기장 속의 입자에 대한 라그랑지안을 쓴다. 그 장이 어떻게 거기 가 있는지는 걱정할 필요가 없다. 대신, 그냥 라그랑지안을 쓰고 오일러-라그랑주 방정식을 쓴다. 우리는 이 예를 조금 더 자세하게 다룰 것이다. 그 전에 식 4.29의 한 가지 흥미로운 특징을 지적하려고 한다.

4.5.1 불가사의한 장

어떤 이유에서 장 $\phi(t, x)$가 0이 아닌 다른 어떤 특정한 상수 값으로 옮겨 가는 경향이 있다고 가정하자. 단지 우연히도 그 특정한 값에 들러붙기를 "좋아한다."라는 식이다. 이 경우 $\phi(t, x)$는 형식적으로 t와 x에 의존함에도 상수이거나 근사적으로 상수일 것이다. 그렇다면 입자의 운동은 질량이 $m + \phi$인 입자의 운동과 정확하게 똑같아 보일 것이다. 이를 다시 말해 보자. 질량 m인 입자가 마치 질량이 $m + \phi$인 것처럼 행동한다. 이는 입자의 질량에 변화를 주는 스칼라장의 가장 간단한 사례이다.

4강을 시작할 때 나는 여기서 우리가 보고 있는 것과 아주 닮은 장이 자연에 존재한다고 말했다. 그리고 여러분에게 그것이 무엇일지 생각해 보기를 권했다. 알아냈는가? 우리가 보고 있는 장은 힉스 장과 아주 비슷하게 닮았다. 우리 예에서 스칼라장의 값 변화가 입자의 질량을 변화시킨다. 우리의 예가 정확하게 힉스 메커니즘인 것은 아니지만, 밀접한 관련이 있다. 어떤 입자가 0의 질량으로 시작해 힉스 장과 결합하면 이 결합은 실질적으로 입자의 질량을 0이 아닌 값으로 변화시킬 수 있다. 이 질량 값의 변화가 힉스 장이 입자에 질량을 부여한다고 사람들이 말할 때 대략 그들이 뜻하는 바이다. 힉스 장은 마치 그것이 질량의 일부인 것처럼 방정식에 들어간다.

4.5.2 몇 가지 요점

우리의 스칼라장 사례에 대한 오일러-라그랑주 방정식을 재빨리 훑어보는 것으로 4강을 마무리하려 한다. 우리는 모든 과정을 자세히 따라가지는 않을 것이다. 처음 몇 단계 이후로 모양이 흉해지기 때문이다. 지금으로서는 단지 이 과정의 맛만 보여 주려 한다. 간단히 하기 위해 공간에 오직 하나의 방향만 있어서 입자가 오직 x 방향으로만 움직이는 것처럼 다룰 것이다. 쉽게 참고하기 위해 우리의 라그랑지안인 식 4.29를 여기 다시 옮겨 적는다. 변수 v는 $\dot{x}$로 바뀌었다.

$$\mathcal{L} = -[m + \phi(t\,,x)]\sqrt{1 - \dot{x}^2}.$$

라그랑주 방정식을 적용하는 첫 단계는 $\dot{x}$에 대한 $\mathcal{L}$의 편미분을 계산하는 것이다. 어떤 변수에 대한 편미분을 취할 때 임시로 다른 모든 변수를 상수로 여긴다는 점을 기억하라. 이 경우 우리는 꺾쇠 괄호 속의 표현식을 상수로 여길 것이다. 왜냐하면 $\dot{x}$에 명시적으로 의존하지 않기 때문이다. 반면 $\sqrt{1 - \dot{x}^2}$의 표현식은

$\dot{x}$에 명시적으로 의존한다. 이 표현식의 편미분을 취하면 그 결과는

$$\frac{\partial \mathcal{L}}{\partial \dot{x}} = \frac{[m + \phi(t, x)]\dot{x}}{\sqrt{1 - \dot{x}^2}} \qquad (4.30)$$

이다. 이 방정식이 익숙해 보여야 한다. 3강에서 상대론적 입자의 운동량을 찾기 위해 우리가 비슷한 계산을 했을 때 거의 똑같은 결과를 얻었다. 여기서 유일하게 다른 점은 꺾쇠 괄호 속의 추가적인 항 $\phi(t, x)$이다. 이 결과는 $[m + \phi(t, x)]$의 표현식이 **위치에 의존하는** 질량처럼 행동한다는 생각을 뒷받침하고 있다.

오일러-라그랑주 방정식을 계속해 나가기 위한 다음 단계는 식 4.30을 시간에 대해 미분하는 것이다. 우리는 그냥 다음과 같이 써서 이 계산을 상징적으로 보여 줄 것이다.

$$\frac{d}{dt}\frac{\partial \mathcal{L}}{\partial \dot{x}} = \frac{d}{dt}\frac{[m + \phi(t, x)]\dot{x}}{\sqrt{1 - \dot{x}^2}}.$$

이것이 오일러-라그랑주 방정식의 좌변이다. 우변을 생각해 보자. 우변은

$$\frac{\partial \mathcal{L}}{\partial x}$$

이다. x에 대해 미분하고 있으므로 $\mathcal{L}$이 명시적으로 x에 의존

하고 있는지를 물어야 한다. 정말 그렇다. 왜냐하면 $\phi(t\,,x)$가 x에 의존하고 있기 때문이다. ϕ는 마침 x가 나타나는 **유일한** 곳이다. 편미분의 결과는

$$\frac{\partial \mathcal{L}}{\partial x} = -\frac{\partial \phi}{\partial x}\sqrt{1-\dot{x}^2}$$

이고 따라서 오일러-라그랑주 방정식은

$$\frac{d}{dt}\frac{[m+\phi(t\,,x)]\dot{x}}{\sqrt{1-\dot{x}^2}} = -\frac{\partial \phi}{\partial x}\sqrt{1-\dot{x}^2}$$

가 된다. 이것이 운동 방정식이다. 이는 장의 운동을 기술하는 미분 방정식이다. 좌변의 시간 미분을 계산하려고 하면 상당히 복잡하다는 사실을 알게 될 것이다. 우리는 여기서 멈출 예정이지만, 여러분은 광속 c를 이 방정식에 어떻게 포함할지, 그리고 낮은 속도의 비상대론적 극한에서 그 장은 어떻게 거동할지에 대해 따져 보고 싶을 것이다. 다음 강의에서 그에 관해 몇 가지 말할 것이 있다.

⏰ 5강 ⏰

입자와 장

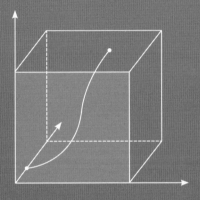

2016년 11월 9일.

대통령 선거일[1] 다음날. 아트는 시무룩하게 자신의 맥주를 응시하고 있다.

레니는 자신의 우유잔을 쳐다보고 있다. 아무도(심지어 볼프강 파울리(Wolfgang

Pauli)조차) 무언가 재미있는 이야기를 생각하지 못하고 있다.

그때 위대한 존 휠러(John Wheeler)가 자리에서 일어나 모두가 그를 볼 수 있게

바에서 손을 든다. 갑자기 침묵하더니 존이 말한다.

"신사 숙녀 여러분, 이 끔찍한 불확실성의 시대에 한 가지 확실한 것을 상기시켜

드리고자 합니다. 시공간은 물질이 어떻게 움직일지를 말해 주고,

물질은 시공간이 어떻게 휠지를 말해 줍니다."

"브라보!"

헤르만의 은신처에 환호성이 울리고 사방이 환해진다.

파울리가 자신의 안경을 치켜올린다.

"휠러에게! 그가 정곡을 찌르는 말을 했다고 생각해.

그걸 훨씬 더 일반적으로 말해 보지. 장은 전하가 어떻게 움직일지를 말해 주고,

전하는 장이 어떻게 변화할지를 말해 준다고."

양자 역학에서는 장과 입자가 똑같은 것이다. 그러나 우리의 주된 주제는 **고전** 장론이다. 여기서는 장은 장이고 입자는 입자이다. "그 둘은 결코 만나지 못할 것이다."라는 말은 하지 않겠다. 왜냐하면 그 둘은 만날 것이기 때문이다. 사실 아주 빨리 만날 것이다. 하지만 그들은 똑같은 것이 아니다. 이 강의의 핵심 질문은 이렇다.

만약 장이 예컨대 힘을 발휘해서 입자에 영향을 준다면, 입자는 장에 영향을 줄 것인가?

만약 A가 B에 영향을 준다면 왜 B는 반드시 A에 영향을 줘야 하는가? 종종 "작용과 반작용"으로 불리는, 상호 작용의 쌍방향 성질이 라그랑지안 작용 원리에 구축돼 있음을 보게 될 것이다. 간단한 예로, 작용 원리와 함께 2개의 좌표 x 및 y가 있다고 가정하자.[2] 일반적으로 라그랑지안은 x 및 y, 그리고 또한 $\dot{x}$ 및 $\dot{y}$에 의존할 것이다. 그 라그랑지안이 단순히 두 항의 합, 즉 x 및 $\dot{x}$의 라그랑지안 더하기 그와 분리된 y 및 $\dot{y}$의 라그랑

---

2) 물론 둘보다 더 많이 있을 수도 있고 직교하는 데카르트 좌표일 필요도 없다.

지안일 가능성이 있다.

$$\mathcal{L} = \mathcal{L}_x(x, \dot{x}) + \mathcal{L}_y(y, \dot{y}).$$ (5.1)

여기서 나는 우변의 라그랑지안들에 이들이 다를 수도 있음을 보여 주는 아래 첨자를 붙였다. x에 대한 오일러-라그랑주 방정식 (이는 운동 방정식이다.)을 살펴보자.

$$\frac{d}{dt}\frac{\partial\mathcal{L}}{\partial\dot{x}} - \frac{\partial\mathcal{L}}{\partial x} = 0.$$

$\mathcal{L}_y(y, \dot{y})$는 x나 $\dot{x}$에 의존하지 않기 때문에 $\mathcal{L}_y$ 항은 떨어져 나가고 x좌표에 대한 오일러-라그랑주 방정식은

$$\frac{d}{dt}\frac{\partial\mathcal{L}_x}{\partial\dot{x}} - \frac{\partial\mathcal{L}_x}{\partial x} = 0$$

이 된다. y 변수와 그 시간 도함수는 전혀 나타나지 않는다. 마찬가지로 y 변수에 대한 운동 방정식은 x나 $\dot{x}$를 전혀 참고하지 않을 것이다. 그 결과 x는 y에 영향을 주지 않고 y는 x에 영향을 주지 않는다. 또 다른 예를 살펴보자.

$$\mathcal{L} = \frac{1}{2}(\dot{x})^2 + \frac{1}{2}(\dot{y})^2 - V_x(x) - V_y(y).$$

여기서 V_x와 V_y는 퍼텐셜 에너지 함수들이다. 다시 한번 이 라그랑지안의 x와 y 좌표는 완전히 분리되었다. 이 라그랑지안은 오직 x만 수반하거나 오직 y만 수반하는 항들의 합이고, 따라서 비슷한 논증에 따라 x와 y 좌표는 서로에게 영향을 주지 않을 것이다.

그런데 y가 x에 영향을 준다는 사실을 안다고 가정해 보자. 이는 라그랑지안에 대해 무엇을 말하는 것일까? 라그랑지안이 더 복잡해져야 함을 뜻한다. 라그랑지안 속에 어떻게든 x와 y 모두에 영향을 주는 무언가가 반드시 있어야 한다. 그런 라그랑지안을 쓰기 위해 여러분이 풀 수 없는 방식으로 x와 y 모두와 관련된 어떤 추가적인 요소를 집어넣을 필요가 있다. 예를 들어 그냥 xy 항 하나를 추가할 수 있다.

$$\mathcal{L} = \frac{1}{2}(\dot{x})^2 + \frac{1}{2}(\dot{y})^2 - V_x(x) - V_y(y) + xy.$$

이로써 x에 대한 운동 방정식이 y와 관련되며 그 반대도 마찬가지일 것임이 보장된다. 만약 x와 y가 이런 식으로 함께 결합해 라그랑지안에 나타나면 어느 하나가 다른 하나에 영향을 주지 않으면서 그로부터 영향을 받을 방법은 없다. 말 그대로 간단하다. B가 A에 영향을 준다면 A는 반드시 B에 영향을 줘야 하는 이유가 이것이다.

앞선 강의에서 우리는 간단한 장을 들여다보고 그것이 어떻게 입자에 영향을 주는지를 물었다. 그 예를 간단히 복습한 뒤에 우리는 반대 질문을 던질 것이다. 입자는 어떻게 장에 영향을 주는가? 이는 전자기 상호 작용과 무척이나 많이 비슷하다. 전기장과 자기장은 하전 입자의 운동에 영향을 주며 하전 입자는 전자기장을 만들어 내고 바꾸기도 한다. 하전 입자가 단지 존재하기만 해도 쿨롱 장을 생성한다. 이 쌍방향 상호 작용은 2개의 독립적인 개체가 아니다. 이들은 똑같은 라그랑지안에서 나온다.

5.1 장이 입자에 영향을 준다(복습)

t 와 x 에 의존하는 주어진 장

$$\phi(t, x)$$

로부터 시작해 보자. 지금으로서는 ϕ 가 어떤 알려진 함수라 가정한다. 파동일 수도 있고 아닐 수도 있다. 아직은 ϕ 의 동역학에 대해서 묻지 않는다. 먼저 입자에 대한 라그랑지안을 살펴보자. 앞선 강의로부터(예컨대 식 3.24) 이 라그랑지안은

$$\mathcal{L}_{particle} = - m \sqrt{1 - \dot{x}^2}$$

임을 떠올려 보자. 분명히 하기 위해 $\mathcal{L}_{particle}$ 이라 이름 붙였다. $-m$ 의 인수는 별도로 하고, 작용 $\mathcal{L}_{particle}$ 은 경로의 작은 조각

들 각각을 따라 모든 고유 시간의 합에 해당한다. 그 조각들이 점점 더 작아지는 극한에서는 그 합이 시간 좌표 t에 대한 적분

$$\int \mathcal{L}_{particle} dt = \int -m\sqrt{1-\dot{x}^2}\, dt$$

이 된다. 이는 궤적의 한쪽 끝에서 다른 끝까지 고유 시간 $d\tau$를 적분한 것에 $-m$을 곱한 것과 똑같다. 이 라그랑지안은 장이 입자에 영향을 유발하는 그 어떤 것도 담고 있지 않다. m에 장 $\phi(t,x)$를 더하는 간단한 방식으로 라그랑지안을 고쳐 보자.

$$\int \mathcal{L}_{particle} dt = \int -[m+\phi(t,x)]\sqrt{1-\dot{x}^2}\, dt.$$

이제 우리는 오일러-라그랑주 방정식을 계산해 $\phi(t,x)$가 어떻게 입자의 운동에 영향을 주는지 알 수 있다. 상대론적 운동 방정식 전체를 계산하기보다 입자가 아주 천천히 움직이는 비상대론적 극한을 살펴볼 것이다. 이는 광속이 무한대로 가는 극한이다. 이때 c는 문제 속의 그 어떤 다른 속도보다 훨씬 더 크다. 이것이 어떻게 작동하는지 알아보기 위해 우리의 방정식에서 상수 c를 복원하면 도움이 된다. 수정된 작용 적분은

$$\int \mathcal{L}_{particle} dt = \int -[mc^2 + g\phi(t,x)]\sqrt{1-\frac{\dot{x}^2}{c^2}}\, dt$$

이다. 우리는 차원 일관성을 위해 이를 검증할 수 있다. 라그랑
지안은 에너지 단위를 갖고 있다. $-mc^2$도 마찬가지이다. 나는
$\phi(t, x)$에 상수 g를 곱했다. 이 상수는 **결합 상수**라 부른다. 결
합 상수는 장이 입자의 운동에 영향을 주는 세기를 잰다. 우리는
g 곱하기 $\phi(t, x)$가 에너지 단위를 갖도록 보증하기 위해 g의
단위를 고를 수 있다. 지금까지 g는 어느 것일 수도 있어서 우리
는 그 값을 알지 못한다. 제곱근 안의 두 항은 모두 순수한 숫자
들이다.

이제 근사 공식

$$(1 - \epsilon)^{\frac{1}{2}} \approx 1 - \frac{\epsilon}{2}$$

을 이용해 (여기서 ϵ은 작은 수이다.) 제곱근을 전개해 보자. 제곱근
을 지수 $\frac{1}{2}$로 다시 쓰고 $\frac{\dot{x}^2}{c^2}$을 ϵ과 같게 놓으면

$$\sqrt{1 - \frac{\dot{x}^2}{c^2}} = \left(1 - \frac{\dot{x}^2}{c^2}\right)^{\frac{1}{2}} \approx 1 - \frac{\dot{x}^2}{2c^2}$$

임을 알 수 있다. 더 높은 차수의 항은 $\dot{x}^2/c^2$ 비율의 더 큰 지수
를 수반하기 때문에 훨씬 더 작다. 이제 이 근사식을 이용해 작용
적분의 제곱근을 대체하면

$$\int \mathcal{L}_{particle} dt = \int -[mc^2 + g\phi(t, x)]\left(1 - \frac{\dot{x}^2}{2c^2}\right)dt \quad (5.2)$$

의 결과를 얻는다. 이 적분을 살펴보고 가장 큰 항, 즉 광속이 커졌을 때 가장 중요한 항을 찾아보자. 첫 항 mc^2은 그냥 숫자이다. 라그랑지안의 미분을 취하면 이 숫자는 그냥 '함께 어울릴' 뿐이어서 운동 방정식에 그 어떤 의미 있는 영향도 주지 않는다. 따라서 이 항을 무시할 것이다. 다음 항인

$$(mc^2)\left(\frac{\dot{x}^2}{2c^2}\right) = \frac{m\dot{x}^2}{2}$$

에서 광속은 그 자체로 모두 상쇄된다. 따라서 이 항은 광속이 무한대로 가는 극한의 부분이며 그 극한에서 살아남는다. 이 항은 아주 익숙하다. 우리의 오랜 친구인 비상대론적 운동 에너지이다. 다음으로

$$g\phi(t,x)\left(\frac{\dot{x}^2}{2c^2}\right)$$

항은 분모의 c^2 때문에 c가 커지는 극한에서 0이 된다. 따라서 우리는 이 항을 무시한다. 마지막으로 $g\phi(t,x)$ 항은 광속을 갖고 있지 않다. 따라서 이 항은 살아남는다. 이 항을 라그랑지안에 가지고 있으면 이제

$$\mathcal{L}_{particle} = \frac{m\dot{x}^2}{2} - g\phi(t,x) \tag{5.3}$$

이 된다. 입자가 느리게 움직일 때는 이게 전부이다. 이제 우리는 이를 오래된 비상대론적 라그랑지안, 즉 운동 에너지 빼기 퍼텐셜 에너지

$$T - V$$

와 비교할 수 있게 되었다. 이미 우리는 식 5.3의 첫 항이 운동 에너지임을 알아보았다. 그리고 이제 우리는 $g\phi(t, x)$를 이 장 속에 있는 입자의 퍼텐셜 에너지로 확인할 수 있다. 상수 g는 입자와 장 사이의 결합의 세기를 나타낸다. 예컨대 전자기학에서는 입자에 대한 장의 결합 세기가 그냥 전기 전하이다. 전기 전하가 더 클수록 주어진 장 속의 입자에 작용하는 힘이 더 커진다. 우리는 이 논의로 다시 돌아올 것이다.

5.2 입자가 장에 영향을 준다

어떻게 입자가 장에 영향을 줄까? 이를 이해하기 위해 중요한 것은 오직 **하나의** 작용, 즉 '총' 작용만 있다는 점이다. 총 작용은 장에 대한 작용 **그리고** 입자에 대한 작용을 포함한다. 이는 아무리 강조해도 지나치지 않다. 우리가 연구하고 있는 것은 ① 장, 그리고 ② 그 장 속을 움직이는 입자로 구성된 복합계이다.

그림 5.1에 우리가 풀고자 하는 물리 문제가 그려져 있다. 여

기서 육면체로 표현된 시공간의 영역을 볼 수 있다.[3] 시간은 위를 가리키고 x 축은 오른쪽을 가리킨다. 이 영역의 안쪽에 하나의 시공간 점에서 다른 점으로 이동하는 입자가 있다. 두 점은 그 궤적의 끝점들이다. 또한 우리는 그 영역 안에 장 $\phi(t, x)$를 갖고 있다. 이 도표를 어지럽히지 않고 장을 그릴 영리한 방법을 생각해 낼 수 있으면 좋겠다. 왜냐하면 장은 모든 요소가 입자만큼이나 물리적이기 때문이다. 장은 계의 부분이다.[4]

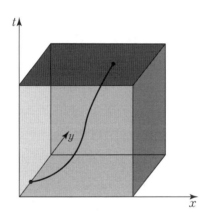

그림 5.1 "붉은 곤죽" —스칼라장 $\phi(t, x)$— 으로 가득 찬 시공간 영역 속을 움직이는 입자.

---

3) 물론 차원이 너무 적긴 하다.

4) 유튜브 강의 영상에서 레너드는 색깔 있는 마커를 이용해 그 영역을 '붉은 곤죽'으로 채워 장을 보여 준다. 우리의 도표는 색을 사용하지 않아서 '가상의 붉은 곤죽'에 만족해야만 할 것이다. 여러분이 가장 싫어하는 학교 식당의 앙트레(메인 요리)를 떠올리면 된다. —아트 프리드먼

이 장-입자계가 어떻게 행동하는지 알아내려면 라그랑지안을 알고 작용을 최소화해야 한다. 원리적으로는 간단하다. 가능한 가장 작은 작용을 야기하는 변수 집합을 찾을 때까지 이 문제의 변수들을 변화시키기만 하면 된다. 작용 적분이 우리가 할 수 있는 한 가장 작아질 때까지 장을 다른 방식으로 이리저리 흔들어 대고 두 끝점 사이의 입자 궤적을 흔들면 된다. 그 결과 최소작용의 원리를 만족하는 궤적 **그리고** 장을 구할 수 있다.

장과 입자 모두를 포함하는 총 작용을 써 보자. 먼저 장에 대한 작용이 필요하다.

$$작용_{field} = \int \mathcal{L}_{field} d^4 x.$$

여기서 $\mathcal{L}_{field}$ 는 '장에 대한 라그랑지안'을 뜻한다. 이 작용 적분은 전체 시공간 영역, t, x, y, z에 걸쳐 진행된다. $d^4 x$라는 기호는 $dtdxdydz$의 축약형이다. 이 예에서 우리의 장 라그랑지안은 우리가 4강에서 사용했던 라그랑지안인 식 4.7에 기초를 둘 것이다. 우리는 공간에서 오직 x 방향만 참조하며 퍼텐셜 함수 $V(\phi)$가 없는 간단한 버전을 이용할 것이다.[5] 라그랑지안

$$\mathcal{L}_{field} = \frac{1}{2}\left(\frac{\partial \phi}{\partial t}\right)^2 - \frac{1}{2}\left(\frac{\partial \phi}{\partial x}\right)^2$$

---

5) 또는, 같은 말이지만 $V(\phi) = 0$.

은 작용 적분

$$작용_{field} = \int \frac{1}{2}\left(\frac{\partial \phi}{\partial t}\right)^2 - \frac{1}{2}\left(\frac{\partial \phi}{\partial x}\right)^2 dx \qquad (5.4)$$

에 이른다. 이는 장에 대한 작용이다.[6] 입자는 전혀 관련이 없다. 이제 입자를 위한 작용인 식 5.2를 포함시키자. 광속은 제거된다. 이는 곧

$$작용_{particle} = \int \mathcal{L}_{particle} dt \, ,$$

즉

$$작용_{particle} = \int -[m + g\phi(t\,,x)]\left(1 - \frac{\dot{x}^2}{2}\right)dt \qquad (5.5)$$

이다. 작용_{particle}은 입자의 작용이긴 하지만 또한 장에도 의존한다. 이는 중요하다. 우리가 장을 흔들어 대면 이 작용이 변한다. 사실 작용_{particle}을 순전히 입자의 작용으로만 생각하는 것은 잘못이다. 다음의 항

$$g\phi(t\,,x)\left(1 - \frac{\dot{x}^2}{2}\right)$$

---

6) 복잡해지는 것을 피하기 위해 오직 하나의 공간 좌표만 사용하고 있다.

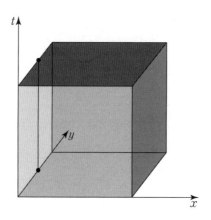

그림 5.2 가상의 붉은 곤죽(종이에서는 검은 잉크) 속에 정지한 입자.

은 장 속에서 입자가 어떻게 움직일지를 알려주는 상호 작용 항이지만, 또한 입자가 있을 때 장이 어떻게 변할지도 알려 준다. 이제부터 나는 이 항을 $\mathcal{L}_{interaction}$ 이라 부를 것이며 오직 입자에만 관련이 있는 것으로는 더 이상 생각하지 않을 것이다.

우리는 입자가 $x = 0$에서 정지해 있는 단순하고 특별한 경우를 생각할 것이다. 입자가 정지해 있을 때 (고전적인 입자는 정말로 가끔 정지해 있다.) 어떤 풀이가 있다고 가정하는 것은 합리적이다. 그림 5.2는 정지한 입자의 시공간 궤적을 보여 준다. 이는 그냥 수직선이다.

식 5.5를 어떻게 고쳐야 입자가 정지해 있음을 보여 줄 수 있을까? 그냥 속도 $\dot{x}$를 0과 같다고 두면 된다. 작용 적분은 다음과 같이 간단해진다.

$$\int \mathcal{L}_{interaction} dt = \int [-g\phi(t,x)] dt.$$

입자가 고정된 위치 $x = 0$에 자리 잡고 있기 때문에, 우리는 $\phi(t,x)$를 $\phi(t,0)$으로 바꾸고 다음과 같이 쓸 수 있다.

$$\int \mathcal{L}_{interaction} dt = \int -g\phi(t,0) dt$$

$$작용_{interaction} = \int -g\phi(t,0) dt. \qquad (5.6)$$

$\mathcal{L}_{interaction}$을 조금 더 자세히 살펴보자. 이는 오직 원점에서의 장의 값에만 의존함에 유의하라. 더 일반적으로는 입자의 위치에서의 장의 값에 의존한다. 그럼에도 그 장을 흔들었을 때 $\phi(t,0)$는 작용에 영향을 주면서 흔들릴 것이다. 우리가 곧 보게 되겠지만, 이는 장의 운동 방정식에 영향을 준다.

장에 대한 작용은 보통 공간과 시간에 대한 적분으로 쓴다. 그러나 식 5.6은 오직 시간에 대해서만 적분한다. 여기에는 하나도 잘못된 점이 없지만, 공간과 시간에 대한 적분으로 다시 쓰면 편리하다. 우리는 묘수를 부려 **원천 함수**라는 개념을 사용할 것이다. $\rho(x)$를 고정되고 확정된 공간의 함수라 하자. 당분간 시간의 함수는 아니다. (여러분에게 힌트를 주겠다. $\rho(x)$는 전하 밀도와 비슷한 무엇이다.) 입자는 잊어버리고 내가 계속해서 $\mathcal{L}_{interaction}$이라 부를 라그랑지안

$$\mathcal{L}_{interaction} = - g\rho(x)\phi(t, x) \qquad (5.7)$$

의 항으로 바꾸자. 장의 작용에서 이에 상응하는 항은

$$작용_{interaction} = - \int d^4x g\rho(x)\phi(t , x) \qquad (5.8)$$

이다. 이는 식 5.2의 작용과 아주 달라 보인다. 이들을 같게 하기 위해 디랙이 개발한 묘수인 디랙 델타 함수 $\delta(x)$를 이용한다. 델타 함수는 공간 좌표의 함수로서 독특한 성질을 갖고 있다. 이 함수는 $x = 0$이 아닌 모든 곳에서 0이다. 그럼에도 적분

$$\int \delta(x)dx = 1 \qquad (5.9)$$

은 0이 아니다. 델타 함수를 그림으로 그린다고 상상해 보자. 이 함수는 $x = 0$의 바로 근처를 제외한 모든 곳에서 0이다. 그러나 그 근처에서는 굉장히 커서 전체 넓이는 1과 같다. 이 함수는 아주 높고 좁은 함수인데 워낙 좁아서 원점에 집중된 것으로 생각할 수도 있다. 하지만 또한 너무 높아서 유한한 넓이를 갖고 있다.

실제 함수는 그런 식으로 행동하지 않는다. 디랙 함수는 평범한 함수가 아니다. 정말로 수학적인 규칙이다. 이 함수가 적분에서 또 다른 함수 $F(x)$와 곱해져 나타나면 원점에서의 F 값을 골라낸다. 수학적인 정의는 다음과 같다.

$$\int F(x)\delta(x)dx = F(0). \qquad (5.10)$$

여기서 $F(x)$는 '평범한' 함수이다.[7] 어떤 함수 $F(x)$가 있고 위에서처럼 적분하면 델타 함수는 $x = 0$에서의 $F(x)$의 값을 골라낸다. 동시에 델타 함수는 다른 모든 값을 걸러낸다. 이 함수는 크로네커 델타 함수와 비슷하지만, 연속 함수에 작용한다. $\delta(x)$는 x가 0에 아주 가까워질 때를 제외하고는 모든 곳에서 그 값이 0인 함수로 시각화할 수 있다. x가 0에 가까워지면 $\delta(x)$는 아주 높게 뾰족해진다. 지금 우리의 문제를 위해서는 $\delta^3(x, y, z)$라 부르는 3차원 델타 함수가 필요하다. $\delta^3(x, y, z)$는 3개의 1차원 델타 함수의 곱으로 정의된다.

$$\delta^3(x, y, z) = \delta(x)\delta(y)\delta(z).$$

다른 곳에서도 그랬듯이 우리는 종종 축약형 표기인 $\delta^3(x)$를 사용할 것이다. 여기서 x는 공간의 모든 세 방향을 나타낸다. $\delta^3(x, y, z)$는 어디서 0이 아닌가? 우변의 모든 세 함수가 0이 아닌 곳에서 0이 아니다. 이는 오직 한 곳, 즉 $x = 0$, $y = 0$, $z = 0$인 점에서만 일어난다. 공간의 그 점에서 델타 함수는 엄청

---

7) $F(x)$가 엄밀하게 임의적인 것은 아니다. 그러나 F는 넓은 범위의 함수를 나타내며 우리의 목적을 위해서는 임의적이라고 생각할 수 있다.

나게 크다.

상호 작용 항을 적분으로 쓸 때의 묘수는 이제 꽤 명확해졌다. 그냥 입자를 원천 함수 ρ로 바꾸고 이것이 델타 함수가 되도록 선택하면 된다.

$$\rho(x) = \delta^3(x).\qquad(5.11)$$

이제 식 5.8의 작용은

$$\text{작용}_{interaction} = \int -g\phi(t,x)\delta^3(x)d^4x \qquad(5.12)$$

의 형태를 갖게 된다. 요점은 우리가 이를 공간 좌표에 대해 적분하면 델타 함수의 규칙 때문에 간단히 $g\phi(x)$를 원점에서 계산하면 된다는 것이다. 따라서 앞에서 본 것과 같은 결과를 얻는다.

$$\text{작용}_{interaction} = -g\int \phi(t,0)dt.\qquad(5.13)$$

이제 장의 작용을 상호 작용 항과 결합하자. 이는 가능한 가장 간단한 방법으로, 즉 그냥 두 항을 서로 더하면 된다. 식 5.4와 식 5.12의 작용 항들을 결합하면 그 결과는

$$\text{작용}_{total} = \int \left[\frac{1}{2}\left(\frac{\partial\phi}{\partial t}\right)^2 - \frac{1}{2}\left(\frac{\partial\phi}{\partial x}\right)^2 - g\rho(x)\phi(t,x)\right]d^4x$$

이고 원천 함수를 델타 함수로 바꾸면

$$작용_{total} = \int \left[\frac{1}{2}\left(\frac{\partial\phi}{\partial t}\right)^2 - \frac{1}{2}\left(\frac{\partial\phi}{\partial x}\right)^2 - g\delta^3(x)\phi(t,x) \right] d^4x$$

이다. 여기서 총 작용은 공간과 시간에 대한 적분이다. 큰 꺾쇠 괄호 속의 표현식이 라그랑지안이다. 여느 훌륭한 장 라그랑지안 과 마찬가지로 이 라그랑지안은 (여기서는 편미분으로 표현된) 장의 작용과 함께 그 장에 대한 입자의 효과를 나타내는 델타 함수를 갖고 있다. 이 특별한 델타 함수는 입자가 정지해 있는 특수한 경우를 나타낸다. 하지만 우리는 또한 그 입자가 움직이게끔 더 신나게 만들 수 있다. 델타 함수가 시간이 흐름에 따라 여기저기 움직이도록 만들면 된다. 그러나 당장은 그게 중요하지 않다. 대신, 다음의 라그랑지안

$$\mathcal{L}_{total} = \left[\frac{1}{2}\left(\frac{\partial\phi}{\partial t}\right)^2 - \frac{1}{2}\left(\frac{\partial\phi}{\partial x}\right)^2 - g\rho(x)\phi(t,x) \right] \quad (5.14)$$

에서 유도되는 운동 방정식을 계산해 보자.

5.2.1 운동 방정식

편의상 나는 여기에다 오일러-라그랑주 방정식(식 4.5)을 바로 다시 쓸 작정이다.

$$\sum_\mu \frac{\partial}{\partial X^\mu} \frac{\partial \mathcal{L}}{\partial \left(\dfrac{\partial \phi}{\partial X^\mu}\right)} - \frac{\partial \mathcal{L}}{\partial \phi} = 0. \qquad (5.15)$$

식 5.15는 운동 방정식을 찾기 위해 $\mathcal{L}_{total}$ 으로 무엇을 해야 할지 알려 준다. 첨자 μ 는 0, 1, 2, 3의 값을 가진다. μ 가 취하는 첫 값은 0으로서 시간 성분이다. 따라서 우리가 할 첫 단계는 도함수

$$\frac{\partial}{\partial t} \frac{\partial \mathcal{L}_{total}}{\partial \left(\dfrac{\partial \phi}{\partial t}\right)}$$

를 찾는 것이다. 이 계산을 차근차근 풀어 보자. 먼저, $\mathcal{L}_{total}$ 의 $\dfrac{\partial \phi}{\partial t}$ 에 대한 편미분은 무엇인가? $\mathcal{L}_{total}$ 에는 $\dfrac{\partial \phi}{\partial t}$ 를 수반하는 항이 오직 하나 있다. 직설적으로 미분하면 그 결과는

$$\frac{\partial \mathcal{L}_{total}}{\partial \left(\dfrac{\partial \phi}{\partial t}\right)} = \frac{\partial \phi}{\partial t}$$

이다. $\dfrac{\partial}{\partial t}$ 를 각 변에 적용하면

$$\frac{\partial}{\partial t} \frac{\partial \mathcal{L}}{\partial \left(\dfrac{\partial \phi}{\partial t}\right)} = \frac{\partial^2 \phi}{\partial t^2}$$

의 결과를 얻는다. 이것이 운동 방정식의 첫 항이다. 이는 가속도와 많이 닮아 보인다. 우리는 $\dot{\phi}^2$에 해당하는 운동 에너지 항으로 시작했다. 그 도함수를 계산하면 ϕ의 가속도와 비슷해 보이는 무언가를 얻는다.

다음으로, μ의 값을 1로 두고 공간의 첫 성분을 계산하자. 이 항들의 형태는 음수 부호를 제외하고는 시간 성분의 형태와 정확히 똑같다. 따라서 운동 방정식의 첫 두 항은

$$\frac{\partial^2 \phi}{\partial t^2} - \frac{\partial^2 \phi}{\partial x^2}$$

이다. y와 z 성분도 x 성분과 똑같은 형태를 가지므로 이들 또한 더하면 된다.

$$\frac{\partial^2 \phi}{\partial t^2} - \frac{\partial^2 \phi}{\partial x^2} - \frac{\partial^2 \phi}{\partial y^2} - \frac{\partial^2 \phi}{\partial z^2}.$$

이것들이 유일한 항이라면 나는 이 표현식을 0과 같다고 놓았을 것이고 오래됐지만 훌륭한 ϕ의 파동 방정식을 얻었을 것이다. 그러나 라그랑지안은 상호 작용 항 때문에 또 다른 방식으로 ϕ에 의존한다. 운동 방정식의 완전한 형태는

$$\frac{\partial^2 \phi}{\partial t^2} - \frac{\partial^2 \phi}{\partial x^2} - \frac{\partial^2 \phi}{\partial y^2} - \frac{\partial^2 \phi}{\partial z^2} = \frac{\partial \mathcal{L}_{total}}{\partial \phi}$$

이다. 마지막 항은

$$\frac{\partial \mathcal{L}_{total}}{\partial \phi} = - g\rho(x)$$

이다. 운동 방정식의 이 마지막 조각을 더하면

$$\frac{\partial^2 \phi}{\partial t^2} - \frac{\partial^2 \phi}{\partial x^2} - \frac{\partial^2 \phi}{\partial y^2} - \frac{\partial^2 \phi}{\partial z^2} = - g\rho(x) \qquad (5.16)$$

을 얻는다. 따라서 원천 함수가 ϕ에 대한 장 방정식에서 파동 방정식의 추가항으로 나타남을 알 수 있다. 원천 항이 없으면 $\phi = 0$이 완벽하게 훌륭한 풀이이다. 그러나 원천 항이 존재하면 이는 사실이 아니다. 원천이란, 말 그대로 $\phi = 0$이 방정식의 자명해가 되지 않도록 하는 장의 원천이다.

장의 원천이 정지한 입자인 실제 경우에는 $\rho(x)$를 델타 함수로 대체할 수 있다.

$$\frac{\partial^2 \phi}{\partial t^2} - \frac{\partial^2 \phi}{\partial x^2} - \frac{\partial^2 \phi}{\partial y^2} - \frac{\partial^2 \phi}{\partial z^2} = - g\delta^3(x). \qquad (5.17)$$

당분간은 식 5.16의 정지 풀이를 찾는다고 가정하자. 결국 입자는 가만히 정지해 있고, 장 자체가 시간에 따라 변하지 않는 풀이가 있을 것이다. 가만히 정지해 있는 입자가 역시 가만히 정지해 있는 장(시간에 따라 변하지 않는 장)을 만들어 낼 수 있다는 말은 그

럴듯해 보인다. 그렇다면 ϕ가 시간 독립적인 풀이를 찾아볼 수 있다. 이는 식 5.16에서 $\dfrac{\partial^2 \phi}{\partial t^2}$의 항이 0이 됨을 뜻한다. 그러면 남은 항들의 부호를 양으로 바꾸어 다음과 같이 쓸 수 있다.

$$\frac{\partial^2 \phi}{\partial x^2} + \frac{\partial^2 \phi}{\partial y^2} + \frac{\partial^2 \phi}{\partial z^2} = + g \delta^3 (x).$$

아마도 여러분은 이것이 푸아송 방정식임을 알아챘을 것이다. 다른 무엇보다 이 방정식은 점 입자의 정전기 퍼텐셜을 기술한다. 이 방정식은 종종 $\nabla^2 \phi$을 우변의 원천(전하 밀도)와 같다고 쓰기도 한다.[8] 우리의 예에서 전하 밀도는 그냥 델타 함수이다. 즉 높고 날카로운 뾰족점이다.

$$\nabla^2 \phi = g \delta^3 (x). \tag{5.18}$$

물론 지금 우리의 사례는 전기장 또는 자기장이 아니다. 전기 동역학은 벡터장을 수반하지만 우리는 스칼라장만 바라보고 있다. 그러나 놀랍게도 비슷하다.

라그랑지안(식 5.14)의 세 번째 항은 모든 것을 함께 묶는다.

---

8) 기호 $\nabla^2 \phi$는 $\dfrac{\partial^2 \phi}{\partial x^2} + \dfrac{\partial^2 \phi}{\partial y^2} + \dfrac{\partial^2 \phi}{\partial z^2}$의 약식 기호이다. 부록 B를 보면 $\vec{\nabla}$ 및 다른 벡터 표기법의 의미를 간단히 요약 정리할 수 있다. 또한 『물리의 정석』 1권 11강을 참고하는 방법도 있다. 많은 다른 참고 문헌 또한 이용 가능하다.

이 항은 입자에게 마치 퍼텐셜 에너지 $-g\phi(t,x)$가 있는 것처럼 움직이라고 말한다. 즉 그 입자에 힘을 발휘한다. 이 똑같은 항이 ϕ 장의 운동 방정식에 사용되면 ϕ 장이 원천을 갖고 있음을 말해 준다.

이들은 독립적인 것들이 아니다. 장이 입자에 영향을 준다는 말은 동시에 그 입자가 장에 영향을 준다는 뜻이다. 정지장 속에 정지해 있는 입자에 대해 식 5.18은 정확하게 그게 어떻게 가능한지 알려 준다. 모수 g는 입자가 그 장에 얼마나 강력하게 영향을 주는지를 결정한다. 똑같은 모수가 또한 그 장이 얼마나 강력하게 입자에 영향을 주는지를 말해 준다. 이로써 아주 훌륭한 이야기가 완성된다. 장과 입자는 라그랑지안 속의 공통 항을 통해 서로 영향을 준다.

5.2.2 시간 의존성

만약 입자가 시간에 따라 움직이고 장이 시간에 따라 변하도록 하면 어떻게 될까? 우리는 하나의 공간 차원에만 국한해서 생각할 것이다. 식 5.18은

$$\nabla^2 \phi = g\delta(x)$$

가 된다. 1차원에서 이 방정식의 좌변은 단지 ϕ에 대한 2차 도함수이다. 내가 입자를 어디엔가 다른 곳에 놓으려고 했다고 가

정하자. 입자를 원점에 놓는 대신 $x = a$에 놓으려 한다고 해 보자. 내가 할 일은 앞선 방정식에서 x를 $x - a$로 바꾸기만 하면 된다. 그러면 방정식은

$$\nabla^2 \phi = g\delta(x - a)$$

가 될 것이다. 델타 함수 $\delta(x - a)$는 x가 a와 같은 곳에서 뾰족점을 가진다. 입자가 움직이고 있으며 그 위치는 시간의 함수인 $a(t)$라고 더 가정해 보자. 우리는 이를

$$\nabla^2 \phi = g\delta(x - a(t))$$

로 쓸 수 있다. 이 식은 장이 원천을 갖고 있으며 그 원천이 움직이고 있음을 말해 준다. 임의의 주어진 시간에 그 원천은 $a(t)$의 위치에 있다. 이런 식으로 우리는 움직이는 입자를 포괄할 수 있다. 그러나 우리는 여전히 잔주름 하나를 처리해야 한다. 만약 입자가 움직이고 있다면 장이 시간 독립적이라고 기대할 수 **없을** 것이다. 입자가 이리저리 움직인다면 장 또한 시간에 의존해야 한다. 우리가 운동 방정식(식 5.16)에서 0으로 날려 버렸던 $\frac{\partial^2 \phi}{\partial t^2}$ 항을 기억하는가? 시간 의존적인 장에 대해서는 그 항을 복구해야 한다. 그 결과는

$$-\frac{\partial^2 \phi}{\partial t^2} + \nabla^2 \phi = g\delta(x - a(t))$$

이다. 만약 우변이 시간에 의존한다면 ϕ 자체가 시간 독립적인 풀이를 찾을 방법은 없다. 이것이 말이 되게 하는 유일한 길은 시간과 관련된 항을 복원하는 것이다.

움직이는 입자, 예컨대 가속하거나 진동하는 입자는 장에 시간 의존성을 부여한다. 아마도 여러분은 무슨 일이 벌어질지 알 것이다. 즉 파동을 복사하게 된다. 하지만 지금으로서는 파동 방정식을 풀려고 하지 않을 것이다. 대신, 상대론 표기법에 관해 이야기할 시간을 조금 가지려 한다.

5.3 위 첨자와 아래 첨자

표기법은 많은 사람이 인식하는 것보다 훨씬 더 중요하다. 표기법은 우리 언어의 일부가 되고 좋게든 나쁘게든 우리가 생각하는 방식을 형성한다. 만약 여러분이 이에 대해 회의적이라면, 다음번에 세금 낼 때 로마 숫자로 한번 바꾸어 보라.

여기서 우리가 도입하는 수학적 표기법은 우리 방정식을 간단하고도 아름답게 만들며, 방정식을 쓰는 매 순간마다

$$\frac{\partial^2 \phi}{\partial t^2} - \frac{\partial^2 \phi}{\partial x^2} - \frac{\partial^2 \phi}{\partial y^2} - \frac{\partial^2 \phi}{\partial z^2}$$

같은 것들을 써야만 하는 고통에서 우리를 구원해 준다.[9] 지난 강의에서 우리는 상대론적 벡터, 4-벡터, 스칼라에 대한 표준 표기법에 시간을 좀 들였다. 이것들을 간단히 돌아본 뒤 새롭고 압축된 표기법을 설명할 것이다.

기호 X^μ는 시공간의 네 좌표를 나타낸다. 우리는 이를

$$X^\mu = (t, x, y, z)$$

라 쓸 수 있다. 여기서 첨자 μ는 0에서 3까지 네 값을 가진다. 내가 이 첨자를 집어넣은 위치에 주의를 기울이는 것에서부터 논의를 시작하려고 한다. 여기서 나는 첨자를 위쪽으로 올려놓았다. 지금으로서는 어떤 의미도 없지만, 곧 의미를 가질 것이다.

X^μ라는 양은 원점으로부터의 변위라 생각하면 4-벡터이다. 이를 4-벡터라 부르는 것은 로런츠 변환 하에서 이 양이 거동하는 방식에 관한 진술이다. t 및 x와 똑같은 방식으로 변환하는 임의의 네 양의 복합체는 4-벡터이다.

4-벡터의 공간 세 성분은 여러분의 기준틀에서 0과 같다. 여러분의 틀에서 여러분은 이 변위가 완전히 시간성이라고 말할 것이다. 그러나 이는 불변의 진술이 아니다. 나의 틀에서 공간 성분

---

9) **매 순간**이라는 단어 대신 여러분이 좋아하는 욕설로 대체해도 좋다. (원문 "every single time" 대신 저자는 "every f***ing time"을 염두에 둔 듯하다. — 옮긴이)

들이 모두 0과 같지는 않을 것이다. 나는 그 물체가 공간에서 움직인다고 말할 것이다. 그러나 만약 여러분의 틀에서 변위 4-벡터의 **모든 네** 성분이 0이라면, 그 성분들은 나의 틀에서도 그리고 모든 다른 틀에서도 또한 0일 것이다. 4-벡터의 모든 네 성분이 0이라는 진술은 불변의 진술이다.

4-벡터들의 차이는 또한 4-벡터이다.

$$dX^{\mu}$$

같은 미분 변위도 그러하다. 4-벡터에서 시작해 우리는 모든 틀에서 똑같이 남아 있는 양인 스칼라를 만들 수 있다. 예컨대 우리는 변위로부터 고유 시간 $d\tau^2$을 만들 수 있다. 어떻게 하는지는 여러분이 이미 보았다. 다음과 같은 양

$$(d\tau)^2 = dt^2 - dx^2 - dy^2 - dz^2$$

과 그 상응물인

$$(ds)^2 = -dt^2 + dx^2 + dy^2 + dz^2$$

은 모든 기준틀에서 똑같다. 이들은 스칼라이고 오직 하나의 성분만 갖는다. 만약 스칼라가 하나의 기준틀에서 0과 같다면 그

스칼라는 모든 틀에서 0이다. 사실 이것이 스칼라의 정의이다. 스칼라는 모든 틀에서 똑같은 것이다.

dX^{μ}의 성분들을 조합해서 시공간 간격 ds^2 (그리고 고유 시간 $d\tau$)을 만들기 위해 우리가 따라왔던 방식은 아주 일반적이다. 우리는 그 방식을 **임의의** 4-벡터 A^{μ}에도 적용할 수 있으며 그 결과는 언제나 스칼라일 것이다. 우리는 이 방식을 거듭해서 사용할 것이며, 그래서 우리가 필요할 때마다 긴 표현식

$$-(A^t)^2 + (A^x)^2 + (A^y)^2 + (A^z)^2$$

을 쓰고 싶지 않다. 대신 우리는 일을 쉽게 해 주는 새로운 표기법을 만들 것이다. **계측**(metric)이라 불리는 행렬은 이 새로운 표기법에서 엄청나게 두드러진다. 특수 상대성 이론에서 계측은 종종 η(그리스 문자 에타)라 불리며 첨자 μ와 ν를 갖고 있다. 계측은 간단한 행렬이다. 사실 단위 행렬과 거의 똑같다. 계측의 세 대각 원소는 단위 행렬과 꼭 마찬가지로 1과 같다. 그러나 네 번째 대각 원소는 -1이다. 이 원소는 시간에 해당한다. 전체 행렬은 이런 모습이다.

$$\eta_{\mu\nu} = \begin{pmatrix} -1 & 0 & 0 & 0 \\ 0 & 1 & 0 & 0 \\ 0 & 0 & 1 & 0 \\ 0 & 0 & 0 & 1 \end{pmatrix}.$$

이 표기법에서 우리는 4-벡터를 하나의 열로 표현한다. 예를 들어 4-벡터 A^ν는

$$A^\nu = \begin{pmatrix} A^t \\ A^x \\ A^y \\ A^z \end{pmatrix}$$

로 쓴다. 행렬 $\eta_{\mu\nu}$에 벡터 A^ν를 곱해 보자. 여기서 ν는 0에서 3까지 변한다. 합 기호를 사용하면 이를 다음과 같이 쓸 수 있다.

$$\sum_\nu \eta_{\mu\nu} A^\nu = \eta_{\mu 0} A^0 + \eta_{\mu 1} A^1 + \eta_{\mu 2} A^2 + \eta_{\mu 3} A^3.$$

이것은 새로운 종류의 개체로서 A_μ라 부를 것이며 **아래** 첨자를 갖고 있다.

$$A_\mu = \sum_\nu \eta_{\mu\nu} A^\nu.$$

'아래 첨자를 가진 A'라는 이 새로운 개체가 무엇인지 알아보자. 이는 원래의 4-벡터 A^ν가 아니다. 만약 η가 정말로 단위 행렬이었다면 거기에 벡터를 곱했을 때 정확히 똑같은 벡터를 주었을 것이다. 그러나 η는 단위 행렬이 아니다. 대각 원소의 -1은

여러분이 행렬곱 $\sum_\nu \eta_{\mu\nu} A^\nu$ 를 만들 때 첫 성분인 A^t 의 부호가 뒤집히며 그 밖의 모든 것은 똑같이 남아 있음을 뜻한다. 우리는 즉시 A_ν 를

$$A_\nu = \begin{pmatrix} -A^t \\ A^x \\ A^y \\ A^z \end{pmatrix}$$

로 쓸 수 있다. 즉 내가 이 연산을 수행하면 나는 단순히 시간 성분의 부호를 바꾼다. 일반 상대성 이론에서는 계측이 더 심오한 기하학적 의미를 갖고 있다. 그러나 지금 우리에게는 단지 편리한 표기법일 뿐이다.[10]

5.4 아인슈타인의 합 관례

필요가 발명의 어머니라면, 게으름은 그 아버지 정도가 되겠다. 아인슈타인의 합 관례는 이 행복한 결혼의 자손이다. 우리는 4.4.2 절에서 이를 소개했고 이제 그 용법을 조금 더 탐구할 참이다.

여러분이 하나의 항에서 똑같은 첨자를 위와 아래 모두에서 보게 된다면 여러분은 자동적으로 그 첨자에 대해 더하기를 수행

---

10) A_ν 를 행렬의 행으로 표현하는 편이 더 좋을지도 모른다. 그러나 다음 장에 기술된 합 관례 덕분에 행렬을 성분 형태로 쓸 필요가 엄청나게 줄어든다.

한다. 합이 함축돼 있기 때문에 합 기호가 필요 없다. 예를 들어

$$A^\mu A_\mu \tag{5.19}$$

라는 항은

$$A^0 A_0 + A^1 A_1 + A^2 A_2 + A^3 A_3$$

를 뜻한다. 왜냐하면 똑같은 첨자 μ가 똑같은 항의 위아래 모두
에서 나타나기 때문이다. 한편

$$A_\nu A^\mu$$

항은 합을 암시하지 않는다. 왜냐하면 위쪽과 아래쪽의 첨자가
같지 않기 때문이다. 마찬가지로

$$A_\nu A_\nu$$

는 비록 첨자 ν가 반복되더라도 두 첨자가 모두 아래쪽에 있기
때문에 합을 의미하지 않는다.

3.4.3절의 몇몇 방정식에서 공간 성분의 제곱의 합을 나타내
기 위해 $(\dot{X}^i)^2$이라는 기호를 사용했던 기억이 떠오를지도 모르

겠다. 합 관례와 함께 위 아래 첨자를 이용했다면 우리는

$$\dot{X}^i \dot{X}_i$$

로 쓸 수 있었을 것이다. 이 편이 더 우아하고 정확하다.

표현식 5.19의 연산은 시간 성분의 부호를 바꾸는 효과가 있다. 어떤 저자들은 $(+1, -1, -1, -1)$ 표기법을 따라 이 음의 부호를 배치한다는 점을 알려줘야겠다. 나는 $(-1, 1, 1, 1)$ 표기법을 더 좋아한다. 대체로 일반 상대성 이론을 연구하는 학자가 이 표기법을 사용한다.

다음 사례의 ν처럼 합 관례를 촉발하는 첨자는 특정한 값을 갖지 않는다. 이를 **합첨자** 또는 **가(假)첨자**라 부른다. 이는 여러분이 더해 나가는 첨자이다. 반대로 더해지지 **않는** 첨자는 **자유 첨자**라 부른다.

$$A_\mu = \eta_{\mu\nu} A^\nu \qquad (5.20)$$

의 표현식은 μ(이는 자유 첨자이다.)에 의존하지 합첨자 ν에 의존하지 않는다. 우리가 ν를 여느 다른 그리스 문자로 바꾸더라도 이 표현식은 정확히 똑같은 의미를 갖는다. 또한 나는 **위 첨자**와 **아래 첨자**라는 용어가 정식 이름을 갖고 있음을 말해 줘야겠다. 위 첨자는 **반변**, 아래 첨자는 **공변**이라 부른다. 종종 나는 더 간단한 단

어인 **위**와 **아래**를 사용하지만 정식 용어 또한 배워야 한다. 우리는 위 첨자(반변)를 가진 A, 또는 아래 첨자(공변)를 가진 A를 가질 수 있고, 행렬 η를 이용해 어느 하나를 다른 하나로 바꿀 수 있다. 한 종류의 첨자를 다른 종류로 바꾸는 것은 우리가 어느 방식을 택하느냐에 따라 **첨자 올림** 또는 **첨자 내림**이라 부른다.

연습 문제 5.1: $A^{\nu} A_{\nu}$ 는 $A^{\mu} A_{\mu}$ 와 같은 의미임을 보여라.

연습 문제 5.2: 식 5.20의 효과를 없애는 표현식을 써라. 즉 어떻게 우리는 "뒤로 갈까?"

표현식 5.19

$$A^{\mu} A_{\mu}$$

를 다른 식으로 살펴보자. 이 표현식은 1개는 위쪽, 1개는 아래쪽 이런 식으로 반복되는 첨자를 갖고 있으므로 더하기가 진행된다. 앞서 우리는 이것을 0부터 3까지의 첨자를 이용해 전개했다. 우리는 똑같은 표현식을 t, x, y, z의 표지를 이용해 쓸 수 있다.

$$A^\mu A_\mu = A^t A_t + A^x A_x + A^y A_y + A^z A_z.$$

3개의 공간 성분에 대해서는 공변과 반변 버전이 정확하게 똑같다. 첫 번째 공간 성분은 그냥 $(A^x)^2$이다. 첨자를 위에 놓든 아래에 놓든 상관이 없다. y와 x 성분에 대해서도 마찬가지이다. 그러나 시간 성분은 $-(A^t)^2$이 된다.

$$A^\mu A_\mu = -(A^t)^2 + (A^x)^2 + (A^y)^2 + (A^z)^2.$$

시간 첨자를 내리거나 올리는 연산은 그 부호를 바꾸기 때문에 시간 성분은 음의 부호를 갖는다. 반변과 공변의 시간 성분은 반대 부호를 갖고 있으며 A^t 곱하기 A_t는 $-(A^t)^2$이다. 반면 공변 및 반변 공간 성분은 똑같은 부호를 갖는다.

$A^\mu A_\mu = -(A^t)^2 + (A^x)^2 + (A^y)^2 + (A^z)^2$는 정확히 우리가 스칼라로 생각하는 것이다. 이는 시간 성분의 제곱과 공간 성분의 제곱의 차이이다. 만약 A^μ가 우연히도 X^μ 같은 변위라면 그것은 전체 음의 부호를 제외하고는 τ^2이라는 양과 똑같다. 즉 그 값은 $-\tau^2$이다. 그러나 어떤 부호를 가지든 간에 이 합은 분명히 스칼라이다.

이 과정을 첨자의 **축약**이라 부르며, 이는 아주 일반적이다. A^μ가 4-벡터인 한 $A^\mu A_\mu$라는 양은 스칼라이다. 우리는 임의의 4-벡터를 취해 그 첨자를 축약해서 스칼라를 만들 수 있다. 또한 우리는 $A^\mu A_\mu$를 식 5.20을 참조하고 A^μ를 $\eta_{\mu\nu}A^\nu$로 바꾸어서 좀 다르게 쓸 수 있다. 즉 우리는

$$A^\mu A_\mu = A^\mu \eta_{\mu\nu} A^\nu \qquad (5.21)$$

로 쓸 수 있다. 우변에서 우리는 계측 η를 이용해 μ와 ν에 대해 더했다. 식 5.21의 양변은 똑같은 스칼라를 나타낸다. 이제 2개의 **다른** 4-벡터, A와 B를 수반하는 예를 살펴보자. 다음과 같은 표현

$$A^\mu B_\mu$$

를 생각해 보자. 이는 스칼라인가? 분명히 스칼라처럼 보인다. 모든 첨자가 더해져 버렸기 때문에 첨자가 없다.

　이것이 스칼라임을 증명하기 위해 스칼라의 합과 차 또한 스칼라라는 사실에 의존할 필요가 있다. 만약 우리가 2개의 스칼라 양을 가지고 있다면 정의에 따라 여러분과 나는 우리의 기준틀이 다르다 하더라도 그 값들에 대해서는 의견을 같이할 것이다. 그런데 만약 우리가 그 값들에 의견을 같이한다면, 또한 그 합의 값과 차의 값에 대해서도 의견이 같아야 할 것이다. 따라서 두 스칼라의 합은 스칼라이고 두 스칼라의 차 또한 스칼라이다. 이 점을 명심하면 증명은 쉽다. 그냥 4-벡터 A^μ와 B^μ로 시작해서 다음

과 같은 표현식을 써 보자.

$$(A + B)^\mu (A + B)_\mu.$$

이 표현은 스칼라여야 한다. 왜 그런가? 왜냐하면 A^μ 와 B^μ 모두 4-벡터이므로 그 합인 $(A + B)^\mu$ 또한 4-벡터이기 때문이다. 만약 우리가 임의의 4-벡터를 그 자신과 축약하면 그 결과는 스칼라이다. 이제 이 표현식에서 $(A - B)^\mu (A - B)_\mu$ 를 빼서 식을 고쳐 보자. 그 결과는

$$(A + B)^\mu (A + B)_\mu - (A - B)^\mu (A - B)_\mu \qquad (5.22)$$

이다. 이 수정된 표현 또한 스칼라이다. 왜냐하면 두 스칼라의 차이기 때문이다. 이 표현식을 전개하면 $A^\mu A_\mu$ 항은 상쇄되며 $B^\mu B_\mu$ 항도 그러함을 알게 될 것이다. 유일하게 남는 항은 $A^\mu B_\mu$ 와 $A_\mu B^\mu$ 이고 그 결과는

$$2[A^\mu B_\mu + A_\mu B^\mu] \qquad (5.23)$$

이다.

$$A^\mu B_\mu = A_\mu B^\mu$$

임을 증명하는 것은 연습 문제로 남겨 놓을 것이다. 위 첨자를 아래에 놓고 아래 첨자를 위에 둔다고 해서 문제가 되지 않는다. 결과는 똑같다. 따라서 이 표현식을 계산하면

$$(A + B)^\mu (A + B)_\mu - (A - B)^\mu (A - B)_\mu = 4 [A^\mu B_\mu]$$

가 된다. 원래 표현식 5.22가 스칼라임을 알고 있으므로 그 결과인 $A^\mu B_\mu$ 또한 스칼라여야 한다.

$A^\mu B_\mu$ 라는 표현식이 두 공간 벡터의 평범한 내적과 많이 닮았음을 알아챘을지도 모르겠다. $A^\mu B_\mu$ 를 내적의 로런츠 또는 민코프스키 버전이라 생각할 수 있다. 유일한 실제 차이는 시간 성분에 대한 부호의 변화이다. 이는 계측 η 덕분이다.

5.5 스칼라장 관례

다음으로 우리는 스칼라장 $\phi(x)$에 대한 몇몇 관례들을 정립할 것이다. 이 논의에서 x는 시간을 포함해 공간의 네 성분 모두를 표현한다. 시작하기 전에 하나의 정리를 언급하려 한다. 증명은 어렵지 않아서 연습 문제로 남겨 둘 것이다.

알려진 4-벡터 A^μ 가 있다고 하자. A^μ 가 4-벡터라고 말하는 것은 이것이 단지 4개의 성분을 갖고 있다는 게 아니다. A_μ 가 로런츠 변환 하에 특별한 방식으로 변환함을 뜻한다. 또 다른 양 B^μ 도 있다고 가정하자. 우리는 B^μ 가 4-벡터인지 알지 못한

다. 그런데

$$A_\mu B^\mu$$

라는 표현식의 형태를 만들면 그 결과는 스칼라라는 말을 들었다. 이 조건에서라면 B^μ가 4-벡터여야 한다는 것을 증명할 수 있다. 이 결과를 명심하고, 이웃한 두 점 사이에서 $\phi(x)$ 값의 변화를 생각해 보자. 만약 $\phi(x)$가 스칼라라면 이웃한 두 점 각각에서의 그 값에 여러분과 내가 의견을 같이할 것이다. 따라서 우리는 또한 이 두 점에서의 그 값들의 차이에도 의견이 일치할 것이다. 만약 $\phi(x)$가 스칼라라면 이웃한 두 점 사이에서의 $\phi(x)$의 변화 또한 스칼라이다.

이웃한 두 점이 무한소로 떨어져 있다면 어떻게 될까? 이 이웃한 점들 사이에서의 $\phi(x)$의 차이를 어떻게 표현할까? 답은 기초 미적분에서 나온다. $\phi(x)$를 각각의 좌표에 대해 미분하고 이 도함수에 그 좌표의 미분 요소를 곱한다.

$$d\phi(x) = \frac{\partial \phi(x)}{\partial X^\mu} dX^\mu. \tag{5.24}$$

합 관례에 따라 우변은 t에 대한 $\phi(x)$의 도함수 곱하기 dt, 더하기 x에 대한 $\phi(x)$의 도함수 곱하기 $dx \cdots$ 라는 식이다. 이것이 한 점에서 다른 점으로 갈 때 $\phi(x)$의 작은 변화이다. 우리는 이미 $\phi(x)$와 $d\phi(x)$ 모두 스칼라임을 알고 있다. 분명히 dX^μ 그 자체는 4-벡터이다. 사실 이는 4-벡터의 기본 원형이다. 요약하자면, 우리는 식 5.24의 좌변이 스칼라임을 알고 있고, 우변의 dX^μ가 4-벡터임을 알고 있다. 이것이 우변의 편미분에 대해서는 무엇을 말하고 있는가? 우리의 정리에 따르면 이는 4-벡터이어야 한다. 이것은 네 양의 복합체를 나타낸다.

$$\frac{\partial\phi(x)}{\partial X^\mu} = \left(\frac{\partial\phi}{\partial t}, \frac{\partial\phi}{\partial x}, \frac{\partial\phi}{\partial y}, \frac{\partial\phi}{\partial z}\right).$$

식 5.24가 곱으로서 의미가 있으려면 $\frac{\partial\phi(x)}{\partial X^\mu}$라는 양이 **공변** 벡터에 해당해야 한다. 왜냐하면 미분 요소 dX^μ는 반변이기 때문이다. 우리는 좌표에 대한 스칼라 $\phi(x)$의 도함수가 4-벡터 A_μ의 공변 성분임을 발견했다. 이 결과는 강조할 필요가 있다. X^μ에 대한 스칼라의 도함수는 공변 벡터를 형성한다. 이 도함수는 이따금 축약 기호인 $\partial_\mu\phi$로 쓰기도 한다. 이제 우리는

$$\partial_\mu\phi = \frac{\partial\phi(x)}{\partial X^\mu}$$

로 정의한다. $\partial_\mu\phi$라는 기호는 아래 첨자를 갖고 있어서 그 성분이 공변임을 암시하고 있다. 이 기호의 반변 버전도 있을까? 내기를 걸어도 좋다. 반변 버전은 그 시간 성분이 반대 부호를 갖고 있다는 점만 제외하면 거의 똑같은 의미를 갖고 있다. 이를 명시

적으로 다음과 같이 써 보자.

$$\partial_\mu \phi \Leftrightarrow \left(\frac{\partial \phi}{\partial t}, \frac{\partial \phi}{\partial x}, \frac{\partial \phi}{\partial y}, \frac{\partial \phi}{\partial z} \right)$$

$$\partial^\mu \phi \Leftrightarrow \left(-\frac{\partial \phi}{\partial t}, \frac{\partial \phi}{\partial x}, \frac{\partial \phi}{\partial y}, \frac{\partial \phi}{\partial z} \right).$$

5.6 새로운 스칼라

이제 우리는 새로운 스칼라를 구축하기에 필요한 도구들을 갖추었다. 새로운 스칼라는

$$\partial^\mu \phi \, \partial_\mu \phi$$

이다. 합 관례를 이용해 전개하면

$$\partial^\mu \phi \, \partial_\mu \phi = -\left(\frac{\partial \phi}{\partial t} \right)^2 + \left(\frac{\partial \phi}{\partial x} \right)^2 + \left(\frac{\partial \phi}{\partial y} \right)^2 + \left(\frac{\partial \phi}{\partial z} \right)^2$$

를 얻는다. 이는 무엇을 나타내는가? 이는 앞서 우리가 썼던 장 라그랑지안과 비슷하다. 식 4.7은 부호가 뒤집혔을 뿐 똑같은 표현을 담고 있다.[11] 우리의 새 표기법에서 라그랑지안은

---

11) 식 4.7은 또한 퍼텐셜 에너지 항 $-V(\phi)$를 갖는다. 지금 우리는 이 항을 무시하고 있다.

$$\mathcal{L} = -\frac{1}{2}\,\partial^{\mu}\phi\,\partial_{\mu}\phi$$

이다. 덕분에 우리는 스칼라장에 대한 라그랑지안 자체가 하나의 스칼라임을 쉽게 알 수 있다. 앞서 설명했듯이 스칼라 값의 라그랑지안을 갖는다는 것이 핵심이다. 왜냐하면 불변의 라그랑지안이 불변인 형태의 운동 방정식을 유도하기 때문이다. 장론의 많은 부분은 불변의 라그랑지안 구축에 관한 것이다. 지금까지는 스칼라와 4-벡터가 우리의 주된 요소였다. 한 발 더 나가기 위해서는 또한 다른 것들로부터 스칼라 라그랑지안을 구축할 필요가 있다. 스피너나 텐서 같은 것들 말이다. 여기서 우리가 개발한 표기법 덕분에 그 작업이 훨씬 더 쉬울 것이다.

5.7 공변 성분의 변환

우리에게 익숙한 로런츠 변환 방정식은 이미 선보인 것처럼 반변 성분에 적용된다. 공변 성분에 대해서는 이 방정식이 약간 다르다. 어떻게 적용되는지 살펴보자. t와 x에 대한 낯익은 반변 변환은

$$(A')^{t} = \frac{A^{t} - vA^{x}}{\sqrt{1 - v^{2}}}$$

$$(A')^{x} = \frac{A^{x} - vA^{t}}{\sqrt{1 - v^{2}}}$$

이다. 공변 성분은 시간 성분을 제외하고는 똑같다. 즉 우리는 A^x를 A_x로, $(A')^x$를 $(A')_x$로 바꾸면 된다. 그러나 공변 시간 성분인 A_t는 **음의** 반변 시간 성분이다. 따라서 우리는 A^t를 $-(A)_t$로, $(A')^t$를 $-(A')_t$로 바꾸어야 한다. 첫 방정식에 이를 대입하면 그 결과는

$$-(A')_t = \frac{-A_t - vA_x}{\sqrt{1-v^2}}$$

이고, 이를 간단히 하면

$$(A')_t = \frac{A_t + vA_x}{\sqrt{1-v^2}}$$

이다. 두 번째 방정식에 적용하면

$$(A')_x = \frac{A_x + vA_t}{\sqrt{1-v^2}}$$

를 얻는다. 이 방정식들은 v의 부호가 뒤집어진 것을 제외하고는 반변 변환식과 거의 똑같다.

5.8 수학적 간주: 지수를 이용한 파동 방정식 풀이

알려진 라그랑지안으로 시작하면 오일러-라그랑주 방정식은 운동 방정식을 쓰기 위한 하나의 판형을 제공한다. 운동 방정식은

그 자체가 미분 방정식이다. 어떤 목적을 위해서는 이 방정식의 형태를 아는 것만으로도 충분히 훌륭하다. 그러나 이따금 우리는 그 방정식을 풀고 싶어진다.

미분 방정식의 풀이를 찾는 것은 그 자체로 거대한 주제이다. 그럼에도 뼛속까지 파고들어 보면 기본 접근법은 다음과 같다.

1. 미분 방정식을 만족할 것 같은 어떤 함수를 제안(그래, 추측)해 본다.
2. 그 함수를 미분 방정식에 대입한다. 잘 맞으면 그것으로 끝이다.
   아니라면 1단계로 돌아간다.

풀이를 찾기 위해 우리 머리를 쥐어짜는 대신, 잘 먹힐지도 모를 방법을 하나 제시할 것이다. 파동 방정식의 주된 기본 단위는 다음과 같은 형태

$$\phi(x) = e^{i(kx - \omega t)}$$

의 지수 함수인 것으로 드러난다. 우리의 문제에서 ϕ가 실수값의 스칼라장임을 가정하는 상황에 그 풀이로서 복소값의 함수를 고른다는 것이 당황스러울지도 모르겠다. 이를 이해하려면

$$e^{i(kx - \omega t)} = \cos(kx - \omega t) + i\sin(kx - \omega t) \qquad (5.25)$$

를 기억하라. 여기서 $kx - \omega t$ 는 실수이다. 식 5.25의 핵심은 복소함수가 하나의 실함수와 i 곱하기 또 다른 실함수의 합이라는 사실이다. 일단 우리가 방정식의 풀이로 $e^{i(kx - \omega t)}$ 를 찾아냈다면 우리는 이 두 실함수를 2개의 풀이로 여기고 i 는 무시한다. 복소함수를 0으로 두면 이를 쉽게 알 수 있다. 그 경우 함수의 실수부와 허수부는 각각이 0과 같아야 하며 두 부분 모두 방정식의 풀이이다.[12] 식 5.25에서

$$\cos(kx - \omega t)$$

는 실수부이고

$$\sin(kx - \omega t)$$

는 허수부이다.

궁극적으로는 방정식의 풀이로서 실함수를 끄집어낸다면, 도대체 왜 복소함수로 사람들을 괴롭히는 것일까? 그 이유는 지수 함수의 도함수를 조작하기가 쉽기 때문이다.

---

12) 혼란스럽게도 복소함수의 허수부는 i 에 곱해진 실함수이다.

5.9 파동

이제 파동 방정식을 살펴보고 풀어 보자. 우리는 이미 ϕ에 대한 라그랑지안을 갖고 있다.

$$\mathcal{L} = \frac{1}{2}\left[\left(\frac{\partial \phi}{\partial t}\right)^2 - \left(\frac{\partial \phi}{\partial x}\right)^2 - \left(\frac{\partial \phi}{\partial y}\right)^2 - \left(\frac{\partial \phi}{\partial z}\right)^2\right].$$

그러나 나는 항을 하나 더 더해서 이 식을 약간 확장하려고 한다. 추가적인 항, $-\frac{1}{2}\mu^2\phi^2$은 또한 스칼라이다. 이는 ϕ의 간단한 함수이고 어떤 도함수도 포함하지 않는다. 모수 μ^2은 상수이다. 수정된 장 라그랑지안은

$$\mathcal{L} = \frac{1}{2}\left[\left(\frac{\partial \phi}{\partial t}\right)^2 - \left(\frac{\partial \phi}{\partial x}\right)^2 - \left(\frac{\partial \phi}{\partial y}\right)^2 - \left(\frac{\partial \phi}{\partial z}\right)^2 - \mu^2\phi^2\right] \quad (5.26)$$

이다. 이 라그랑지안은 조화 진동자(harmonic oscillator)의 장론적 유사물을 나타낸다. 만약 우리가 조화 진동자를 논의하고 있고 진동자의 좌표를 ϕ라 부른다면, 그 운동 에너지는

$$\frac{\dot{\phi}^2}{2}$$

일 것이다. 퍼텐셜 에너지는 $\frac{1}{2}\mu^2\phi^2$일 것이며 μ^2은 용수철 상수를 나타낸다. 이제 라그랑지안은

$$\frac{\dot{\phi}^2}{2} - \frac{\mu^2 \phi^2}{2}$$

이 될 것이다. 이 라그랑지안은 옛적의 조화 진동자를 나타낸다. 이는 우리의 장 라그랑지안인 식 5.26과 비슷하다. 유일한 차이점은 장 라그랑지안이 몇몇 공간 도함수를 갖고 있다는 점이다. 식 5.26에 해당하는 운동 방정식을 이끌어 내서 그것을 풀어 보자. 시간 성분부터 시작할 것이다. 식 5.26에 대해 오일러-라그랑주 방정식은

$$\frac{d}{dt} \frac{\partial \mathcal{L}}{\partial \left(\frac{\partial \phi}{\partial t} \right)}$$

를 계산하라고 일러준다. 그 결과가

$$\frac{d}{dt} \frac{\partial \mathcal{L}}{\partial \left(\frac{\partial \phi}{\partial t} \right)} = \frac{\partial^2 \phi}{\partial t^2}$$

임은 쉽게 알 수 있다. 이는 조화 진동자에 대한 가속도 항과 비슷하다. 식 5.26에서 공간 성분의 도함수를 취하면 추가적인 항을 얻는다. 이 추가적인 항과 함께 운동 방정식의 좌변은

$$\frac{\partial^2 \phi}{\partial t^2} - \frac{\partial^2 \phi}{\partial x^2} - \frac{\partial^2 \phi}{\partial y^2} - \frac{\partial^2 \phi}{\partial z^2}$$

이 된다. 우변을 구하기 위해서는 $\frac{\partial \mathcal{L}}{\partial \phi}$ 를 계산한다. 이 계산의 결과는

$$\frac{\partial \mathcal{L}}{\partial \phi} = -\mu^2 \phi$$

이다. 오일러-라그랑주 방정식의 좌변과 우변에 대한 결과를 끌어모으면 ϕ에 대한 운동 방정식은

$$\frac{\partial^2 \phi}{\partial t^2} - \frac{\partial^2 \phi}{\partial x^2} - \frac{\partial^2 \phi}{\partial y^2} - \frac{\partial^2 \phi}{\partial z^2} = -\mu^2 \phi$$

이다. 이제 모든 항을 좌변으로 옮기면

$$\frac{\partial^2 \phi}{\partial t^2} - \frac{\partial^2 \phi}{\partial x^2} - \frac{\partial^2 \phi}{\partial y^2} - \frac{\partial^2 \phi}{\partial z^2} + \mu^2 \phi = 0 \qquad (5.27)$$

을 얻는다. 훌륭하고도 간단한 방정식이다. 알아보겠는가? 이는 클라인-고든 방정식이다. 이는 슈뢰딩거 방정식보다 앞섰으며 양자 역학적 입자를 기술하려는 하나의 시도였다. 슈뢰딩거 방정식도 비슷하다.[13] 오스카르 클라인(Oskar Klein)과 발터 고든

---

13) 슈뢰딩거 방정식은 시간에 대해 오직 1차 미분만 갖고 있고, i를 포함하고 있다.

(Walter Gordon)은 상대론적이려고 하는 실수를 저질렀다. 그들이 상대론적이려고 하지 않았더라면 슈뢰딩거 방정식을 썼을 테고 아주 유명해졌을 것이다. 대신 그들은 상대론적 방정식을 써서 훨씬 덜 유명해졌다. 지금으로서는 클라인-고든 방정식과 양자 역학의 연계성은 중요하지 않다. 우리가 하고자 하는 바는 이를 푸는 것이다.

이 방정식에는 많은 풀이가 있다. 그 모두는 평면파로부터 만들어진다. 진동하는 계로 계산할 때는 좌표가 복소수인 양 하는 편이 유용하다. 그러고는 계산의 끝에서 실수부에 주목하고 i를 무시하면 된다. 앞선 수학적 간주에서 우리는 이 아이디어를 설명했다. 우리에게 흥미로운 풀이는 시간에 대해 진동하는 것으로

$$e^{-i\omega t}$$

의 형태의 성분을 갖고 있다. 이 함수는 ω의 진동수로 진동한다. 그러나 우리는 공간에서도 또한 진동하는 풀이에 관심이 있다. 그것은 e^{ikx}의 형태를 갖는다. 3차원에서는 이를

$$e^{i(k_x x + k_y y + k_z z)}$$

로 쓸 수 있다. 여기서 세 숫자 k_x, k_y, k_z는 파수라 부른다.[14]
이 두 함수의 곱

$$\phi = e^{-i\omega t} e^{i(k_x x + k_y y + k_z z)} \qquad (5.28)$$

은 공간 **그리고** 시간에서 진동하는 함수이다. 우리는 이런 형태
의 풀이를 찾을 것이다.

우연히도 식 5.28의 우변을 표현하는 매끈한 방법이 있다. 우
리는 우변을

$$e^{-i\omega t} e^{i(k_x x + k_y y + k_z z)} = e^{i(k_\mu X^\mu)} \qquad (5.29)$$

로 쓸 수 있다. 이 표현식은 어디서 왔을까? k를 그 성분이
$(-\omega, k_x, k_y, k_z)$인 4-벡터로 생각한다면 우변의 $k_\mu X^\mu$라는
표현식은 그냥 $-\omega t + k_x x + k_y y + k_z z$이다.[15] 이 표기법은
우아하지만, 지금으로서는 원래 형태를 고수할 것이다.

우리가 제안한 풀이인 식 5.28을 운동 방정식(식 5.27)에 대

---

14) 여러분은 이것을 파동 벡터의 세 성분이라 생각할 수 있다. 여기서 $\vec{k} \cdot \vec{x}$
$= k_x x + k_y y + k_z z$이다.

15) $(-w, k_x, k_y, k_z)$는 정말로 4-벡터임이 드러난다. 그러나 우리가 이를 증명하지
는 않았다.

입하면 무슨 일이 벌어지는지 알아보자. 우리는 ϕ의 다양한 도함수를 취할 것이다. 식 5.27은 무슨 도함수를 취할지 알려 준다. 시간에 대한 ϕ의 2차 도함수를 취하는 것부터 시작해 보자. 식 5.28을 시간에 대해 두 번 미분하면

$$\frac{\partial^2 \phi}{\partial t^2} = -\omega^2 \phi$$

를 얻는다. x에 대해 두 번 미분하면 그 결과는

$$\frac{\partial^2 \phi}{\partial x^2} = -k_x^{\ 2} \phi$$

이다. y와 z에 대해 미분하면 비슷한 결과를 얻는다. 이렇게 해서 우리가 제안한 풀이로부터 클라인-고든 방정식이

$$\left(-\omega^2 + k_x^{\ 2} + k_y^{\ 2} + k_z^{\ 2} \right)\phi$$

라는 항을 만들어 냈다. 그러나 끝나지 않았다. 식 5.27은 또한 $+\mu^2 \phi$라는 항을 포함하고 있다. 이 항을 다른 항들에 더해야 한다. 그 결과는

$$\left(-\omega^2 + k_x^{\ 2} + k_y^{\ 2} + k_z^{\ 2} + \mu^2 \right)\phi = 0$$

이다. 여기서 풀이를 쉽게 찾을 수 있다. 괄호 안의 인수를 그냥 0과 같다고 두면

$$\omega = \pm \sqrt{k_x^2 + k_y^2 + k_z^2 + \mu^2} \qquad (5.30)$$

을 얻는다. 이 결과는 파수의 언어로 진동수를 말해 주고 있다. $+\omega$이든 $-\omega$이든 이 방정식을 만족한다. 또한 제곱근 속의 각 항은 그 자체가 제곱임에 주목하라. 따라서 (말하자면) k_x의 특정한 값이 풀이의 일부라면 그 음수 또한 풀이의 일부일 것이다.

이 풀이와 3강에서 나온 식 3.43의 에너지 방정식 사이의 유사성이 여기서 반복됨을 유의하라.

$$E = \pm \sqrt{P^2 + m^2}.$$

식 5.30은 질량이 μ, 에너지가 ω이고 운동량이 k인 양자 역학적 입자를 기술하는 방정식의 고전 장 버전을 나타낸다.[16] 우리는 계속해서 여기로 돌아올 것이다.

---

16) 양자 버전의 방정식은 또한 내가 무시했던 몇몇 플랑크 상수도 포함해야 한다.

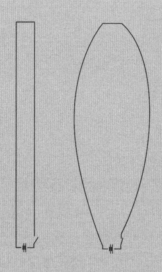

"안녕, 아트, 단위에 관해 이야기 좀 할까?"

"전자기 단위? 아이고, 차라리 웜홀을 먹겠네. 꼭 그래야만 해?"

"자, 골라 봐. 단위냐 웜홀 저녁이냐."

"좋아, 레니, 자네가 이겼네 — 단위로 하지."

처음 물리학을 배우기 시작했을 때, 나를 괴롭힌 것들이 있다. 왜 모든 숫자(이른바 자연 상수들)는 그렇게 크거나 그렇게 작을까? 뉴턴의 중력 상수는 6.7×10^{-11}, 아보가드로수는 6.02×10^{23}, 광속은 3×10^8, 플랑크 상수는 6.6×10^{-34}, 그리고 원자의 크기는 10^{-10}이다. 수학을 배울 때는 이런 게 전혀 없었다. 실제로 $\pi \approx 3.14159$고 $e \approx 2.718$이다. 이 자연 수학의 수들은 크거나 작지도 않았다. 비록 이 숫자들이 각자 자신만의 초월적인 기묘함을 갖고 있다 하더라도 내가 아는 수학을 이용해 그 값들을 다룰 수 있었다. 생물학에 심술궂은 숫자들이 나타난다면 이유를 납득할 수 있었다. 생물학은 복잡한 분야가 아닌가. 그런데 물리학은? 자연의 근본적인 법칙에서 왜 그렇게 추한 모습이 나타나는 것일까?

I.1 단위와 척도

그 답은 이른바 자연 상수들의 수치가 사실은 물리학보다는 생물학과 더 관계가 있기 때문으로 드러났다.[1] 예를 들어, 원자의 크

---

1) 양자 역학을 다루는 『물리의 정석』 2권을 읽었다면 이 이야기를 이전에 들었을 것이다. 우리의 단위 선택에 영향을 주는 똑같은 척도 문제가 또한 감각으로 양자 효과를 직

기는 약 10^{-10}미터이다. 그러나 왜 미터로 측정해야 할까? 미터는 어디서 왔으며 왜 미터는 원자보다 훨씬 더 클까?

이런 식으로 질문하면 답은 명확해지기 시작한다. 미터는 단순히 보통의 인간 척도의 길이를 측정하는 데에 편리한 단위이다. 미터는 밧줄이나 옷의 길이를 측정하기 위한 단위로 생겨났고 단순히 사람의 코(아마도 왕의 코)에서 팔을 뻗쳤을 때 손끝까지의 거리였던 것 같다.

그렇다면 이런 의문이 생긴다. 왜 사람의 팔은 원자의 반지름으로 쟀을 때 그렇게도 길까? (10^{10}원자이다.) 여기서 그 답은 명확하다. 일부러 애써 밧줄을 측정할 수 있는 그런 지적인 생명체를 만들려면 수많은 원자가 필요하다. 원자가 작다는 것은 정말전적으로 물리학의 문제가 아니라 생물학의 문제인 것이다. 알겠나, 아트?

그렇다면 광속은 어떤가? 왜 그렇게 큰가? 여기서 다시 그답은 물리학보다는 생물학과 더 관계가 있다. 이 우주에는 분명히 물체(훨씬 더 크고 더 무거운 물체)들이 광속에 가까운 속도로 서로가 서로에 대해 움직이는 곳들이 있다. 최근에서야 두 블랙홀이 놀라울 정도로 광속에 근접해 서로가 궤도를 돌고 있는 사례가 발견되었다. 그 둘은 서로 충돌했지만, 그게 그들의 방식이다. 그렇게 빨리 움직이는 것은 위험할 수도 있다. 사실 거의 광속으

접 감지하는 우리 능력을 제한한다는 점은 흥미롭다.

로 쌩쌩거리며 주위를 돌아다니는 물체들로 가득 찬 환경은 우리처럼 부드러운 신체에는 치명적일 것이다. 따라서 빛이 보통 사람 경험의 척도에서 아주 빨리 움직이는 것은 적어도 부분적으로는 생물학 때문이다. 우리는 상당한 질량을 가진 물체가 느리게 움직이는 곳에서만 살 수 있다.

아보가드로수? 다시 말하지만, 지적 생명체는 분자 척도에서는 필연적으로 크다. 우리가 쉽게 다룰 수 있는 비커나 시험관 같은 물체들 또한 크다. 비커를 채운 기체나 유체의 양이 (분자의 수 기준으로) 큰 이유는 우리라는 크고 부드러운 존재의 편의 때문이다.

물리학의 근본 원리들에 더 적합한 더 나은 단위가 있을까? 정말 있다. 하지만 우선 표준 교과서에서 3개의 기본 단위로 길이, 질량, 시간이 있다고 들었던 점을 떠올려 보자. 예를 들어 만약 우리가 길이를 사람 팔의 길이 대신 수소 원자의 반지름 단위로 재기로 했다면, 원자 물리학이나 화학의 방정식에 크거나 작은 상수들이 없을 것이다.

그러나 원자의 반지름에는 보편성이라곤 없다. 핵물리학자들은 여전히 양성자의 작은 크기, 또는 설상가상으로 쿼크의 크기에 여전히 불만을 터뜨릴 것이다. 이 문제를 확실하게 고치려면 쿼크의 반지름을 표준 길이로 사용해야 할 것이다. 하지만 이제는 양자 중력 이론가들이 불평할 것이다. "여길 봐, 내 방정식은 여전히 추해. 플랑크 길이는 당신네 멍청한 핵물리학 단위로 10^{-19}이야. 게다가 플랑크 길이는 쿼크의 크기보다 훨씬 더 근본적이라고."

I.2 플랑크 단위

교과서의 말대로 길이, 질량, 시간이라는 세 가지 단위가 있다. 가장 자연스런 단위계가 있을까? 다른 식으로 말하자면, 아주 근본적이고 보편적이어서 이를 사용해 가장 근본적인 단위 선택을 정의할 수 있는 그런 세 가지 현상이 있을까? 나는 그렇다고 생각한다. 1900년의 플랑크도 그랬다. 기본 골자는 완전히 보편적인 물리학의 면모를 골라내는 것이다. 보편적인 면모란 모든 물리계에 똑같은 힘으로 적용된다는 뜻이다. 약간의 사소한 역사 왜곡을 감수하고서 플랑크의 추론을 여기 소개한다.

첫 번째 보편적인 사실은 모든 물질이 존중해야 할 속도 제한이 있다는 것이다. **그 어떤 물체도**, 양성자든 볼링공이든, 광속을 넘어설 수 없다. 이 때문에 광속은 음속이나 여느 다른 속도가 갖지 않는 보편적인 면모를 부여받는다. 따라서 플랑크가 말했듯이, 가장 보편적인 단위를 선택해서 광속이 1, 즉 $c = 1$이 되게 하자.

다음으로 플랑크는 중력이 무언가 보편적인 것, 즉 뉴턴의 보편 중력 법칙을 제공한다고 말했다. 이에 따르면 **우주의 모든 물체는 다른 모든 물체를 뉴턴 상수 곱하기 물체의 질량의 곱을 그들 사이의 거리 제곱으로 나눈 것과 같은 힘으로 끌어당긴다.** 예외는 없다. 그 어떤 것도 중력을 피할 수 없다. 다시, 플랑크는 중력에 대해서 보편적인 무언가를 깨달았다. 다른 힘들에서는 그렇지 않다. 플랑크는 가장 근본적인 단위 선택은 뉴턴의 중력 상수를 1로 놓게, 즉 $G=1$이 되도록 정의되어야만 한다고 결론지었다.

마지막으로 (플랑크가 1900년에는 완전히 그 진가를 알지 못했던) 자연의 세 번째 보편적인 사실은 하이젠베르크의 불확정성 원리 (uncertainty principle)이다. 너무 많은 설명을 빼고 간단히 말하자면, 자연의 모든 물체는 이들을 알 수 있는 정확도에 똑같은 제한을 받는다는 말이다. 즉 **위치의 불확정성과 운동량의 불확정성의 곱은 최소한 플랑크 상수를 2로 나눈 값만큼 크다.**

$$\Delta x \Delta p \geq \frac{\hbar}{2}. \qquad (\text{I.1})$$

다시 강조하지만, 이는 얼마나 크든 작든 모든 물체(인간, 원자, 쿼크, 그리고 그 밖의 다른 모든 것들)에 적용되는 보편적인 성질이다. 플랑크의 결론은 이렇다. 가장 근본적인 단위는 그 자신의 상수 $\hbar$를 1로 두게 하는 그런 단위여야 한다. 곧 드러나듯이 이로써 충분히 3개의 기본 단위인 길이, 질량, 시간을 고쳐 쓸 수 있다. 그 결과로 나온 단위를 오늘날 플랑크 단위라 부른다.

그렇다면 왜 모든 물리학자가 플랑크 단위를 사용하지는 않는 것일까? 플랑크 단위를 사용하면 의심의 여지 없이 자연의 근본 법칙이 가장 간단하게 표현될 것이다. 사실 많은 이론 물리학자가 플랑크 단위로 작업한다. 그러나 세상 살이에는 전혀 편리하지 않다. 일상 생활에서 플랑크 단위를 사용한다고 상상해 보

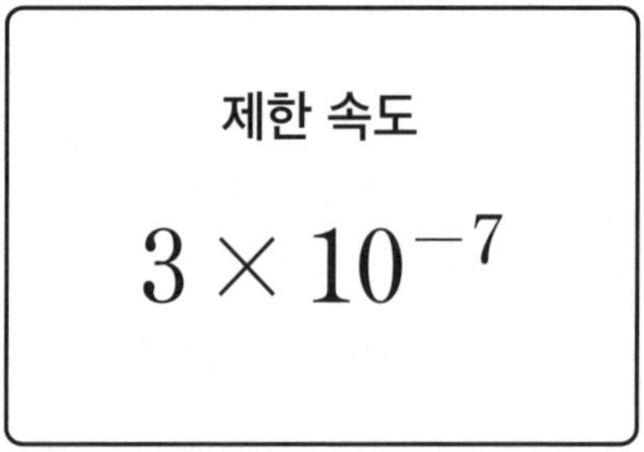

제한 속도

$$3 \times 10^{-7}$$

그림 I.1 플랑크 단위로 쓴 교통 표지.

자. 고속 도로 표지판은 위 그림과 같이 표기될 것이다. 다음 출구는 10^{38}일 것이고 하루의 시간은 8.6×10^{46}이다. 아마도 물리학에서 더 중요할수록, 보통의 실험실에서 쓰는 단위는 불편하게도 크거나 작은 값일 것이다. 따라서 편의성을 위해 우리는 우리의 생물학적 제한에 맞추어진 단위와 함께 살고 있다. (그런데 이중 어떤 것도 미국에서 여전히 인치, 피트, 야드, 슬러그, 파인트, 쿼트, 티스푼 단위를 사용한다는 믿기지 않는 사실을 설명하지 못한다.)

I.3 전자기 단위

아트: 좋아, 레니, 자네가 무슨 얘길 하는지 알겠네. 하지만 전자기 단위는 어떤가? 특히나 성가시게 보이는데. 모든 방정식에 있는 ϵ_0라는 녀석, 교과서에서 진공 유전 상수라 부르는 그 녀석은

대체 뭐야?[2] 왜 진공이 어쨌든 유전 상수를 갖고 있지? 그리고 왜 그 값은 8.85×10^{-12}과 같은 거야? 정말로 이상해 보여.

아트가 옳다. 전자기 단위는 그 자체로 아주 골칫거리이다. 그리고 진공이 유전체라는 생각에 의미가 없다는 점에서 (어쨌든 고전 물리학에서는) 아트가 옳다. 이런 언어는 낡은 에테르 이론의 유물이다.

진짜 질문은 이런 것이다. 왜 전기 전하에 새 단위(이른바 쿨롱)를 반드시 도입해야 했을까? 그 역사는 흥미롭고 실제로 몇몇 물리적 사실에 기초하고 있지만, 아마도 여러분이 상상하는 바와는 다를 것이다. 여러분에게 나라면 어떻게 설정했을지, 그리고 그게 왜 실패할 것인지부터 이야기하도록 하겠다.

나는 두 전기 전하 사이의 힘을 정확하게 측정하려는 일부터 시작하려고 한다. 말하자면 작은 스티로폼 공을 하전될 때까지 고양이 털로 문지르는 식으로 말이다. 아마도 나는 그 힘이 쿨롱의 법칙

$$F = \frac{q_1 q_2}{r^2} \tag{I.2}$$

에 지배된다는 것을 발견했을 것이다. 그러고서 나는 단위 전하

---

2) 진공 유전율, 또는 자유 공간의 유전율로도 불린다.

($q = 1$인 전하)란, 1미터 떨어져 있는 두 전하가 그들 사이에 1뉴턴의 힘을 갖게 되는 그런 양의 전하라고 선언했을 것이다. (뉴턴은 1킬로그램의 질량을 매초 초속 1미터로 가속하는 데 필요한 힘의 단위이다.) 그런 식으로 전하의 새로운 독립적인 단위가 필요하지 않았을 것이고 쿨롱의 법칙은 내가 앞서 쓴 것처럼 간단했을 것이다.

아마도 만약 내가 똑똑했거나 약간의 선견지명이 있었다면 쿨롱의 법칙 분모에 4π라는 인수를 집어넣었을 것이다.

$$F = \frac{q_1 q_2}{4\pi r^2}. \qquad (\text{I.3})$$

하지만 이는 세부 사항일 뿐이다.

이제, 왜 나는 실패했을까, 또는 적어도 훌륭한 정확도를 얻지 못했을까? 그 이유는 전하를 가지고 작업하기가 어렵기 때문이다. 전하는 제어가 어렵다. 스티로폼 공에 상당량의 전하를 집어넣기가 어렵다. 왜냐하면 전자들이 서로 밀어내고 공 밖으로 튀어나가려 하기 때문이다. 그래서 역사적으로는 다른 전략이 사용되었다.

전하와는 대조적으로 도선의 전류는 다루기 쉽다. 전류는 움직이는 전하이다. 그러나 도선 속에서 움직이는 전자의 음의 전하는 원자핵의 양의 전하에 붙들려 위치를 잡고 있기 때문에 제어하기가 쉽다. 따라서 두 정전하 사이의 힘을 측정하는 대신 전류가 흐르는 두 도선 사이의 힘을 측정한다. 그림 I.2와 I.3은 어

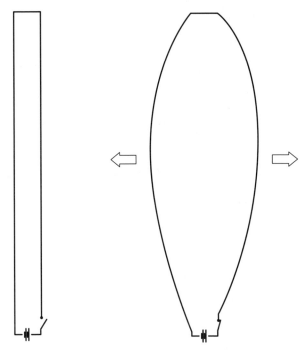

그림 I.2 평행 도선. 스위치가
열려 있어서 전류가
흐르지 않는다.

그림 I.3 반대 방향으로 전류가 흐르는
평행 도선. 스위치가 닫혀 있다.

떻게 이런 장치가 작동하는지 보여 준다. 전지, 스위치, 그리고 2개
의 길고 평행한 도선을 포함하고 있는 회로로 시작한다. 평행 도선
은 팽팽하게 뻗쳐 있고 알려진 거리만큼 떨어져 있다. 간단히 하기
위해 그 거리를 1미터라 할 수도 있다. 다만 실제로는 상당히 더
작기를 바랄 것이다.

이제 스위치를 닫고 전류를 흘린다. 도선은 서로 밀어낸다. 그 이유는 이 책의 뒤에서 설명할 것이다. 우리는 도선들이 힘에 반응해 부풀어 오르는 모습을 보게 된다. 사실 우리는 부풀어 오른 양을 이용해 그 힘(단위 길이당)을 측정할 수 있다. 이로써 우리는 암페어(A)라 불리는 전류 단위를 정의할 수 있다.

1암페어는 1미터 떨어진 평행 도선이 단위 길이당 1뉴턴의 힘으로 밀어내게 하는 데 필요한 전류이다.

이런 식으로 우리가 전기 전하의 단위가 아니라 전류의 단위를 정의했음에 주목하라. 전류는 단위 시간당 회로의 임의의 점을 지나가는 전하의 양을 측정한다. 예컨대, 전류는 1초 안에 전지를 관통해 지나가는 전하의 양이다.

아트: 잠깐만, 레니. 그것으로 또한 우리가 전하의 단위도 정의할 수 있지 않나? 우리의 전하 단위(1쿨롱의 전하라 하지.)를 전류가 1암페어로 주어졌을 때 1초 동안 전지를 관통해 지나가는 전하의 양이라고 말할 수 없을까?

레니: 아주 훌륭해! 정확하게 옳은 말이야. 내가 다시 말해볼게. "쿨롱은 정의상 전류가 1암페어일 때, 즉 도선에 작용하는 힘이 1미터 길이당 1뉴턴일 때(도선이 1미터 떨어져 있다고 가정하고) 1초 동안 전류 속을 지나가는 전하의 양이다."

이것의 단점은 쿨롱의 정의가 간접적이라는 점이다. 장점은 실험이 아주 쉬워서 심지어 나조차도 실험실에서 할 수 있을 정도다. 그러나 문제는 이런 식으로 정의된 전하 단위가 정전하 사이의 힘을 측정한 결과로서의 단위와 똑같지 않다는 점이다.

어떻게 두 단위를 비교할까? 여기에 답하기 위해 우리는 각각 1쿨롱인 전하 두 양동이를 수집해서 이들 사이의 힘을 측정하려고 할 것이다. 이는 설령 가능하다 하더라도 위험하다. 쿨롱은 정말로 엄청난 양의 전하이다. 따라서 질문은 이렇게 바뀐다. 1뉴턴이라는 적절한 힘을 만들어 내기 위해 도선 속의 전하는 왜 그렇게 엄청난 양이 필요한가?

아트: 어찌되었든 도선 사이에 왜 힘이 있는 거지? 도선이 움직이는 전자를 갖고 있다 하더라도 도선의 총 전하는 0이잖아. 왜 어떤 힘이 있는지 모르겠는데.

레니: 그래, 총 전하가 0이라는 말은 맞아. 그 힘은 정전기적인 게 아니야. 실제로는 전하의 운동이 야기하는 자기장 때문이지. 양의 원자핵은 정지해 있어서 자기장을 야기하진 않지만 움직이는 전하는 그래.

아트: 좋아, 하지만 자넨 여전히 도선 사이에 겨우 1뉴턴의 힘을 만들어 내기 위해 그렇게 터무니없이 많은 양의 움직이는 전하가 필요한지 말하지 않았어. 내가 무언가 놓치고 있나?

레니: 딱 한 가지. 전하들이 아주 천천히 움직이거든.

보통으로 전류가 흐르는 도선 속의 전자들은 정말로 아주 느리게 움직인다. 전자들은 여기저기 아주 재빠르게 튕기지만, 술 취한 선원처럼 대부분 어디에도 가지 못한다. 평균적으로 전자가 도선을 따라 1미터 움직이는 데에 약 1시간이 걸린다. 이는 느려 보인다. 하지만 무엇과 비교해서? 그 답은 이렇다. 전자는 속도의 유일한 자연적 물리 단위, 즉 광속보다 아주 느리게 움직인다. 결국 그 때문에 상당한 힘을 만들어 내려면 회로의 도선 속을 움직이는 전하의 양이 엄청나게 많아야 한다.

이제 전하의 표준 단위인 쿨롱이 엄청나게 많은 양의 전하임을 알았으므로 쿨롱의 법칙으로 돌아가 보자. 쿨롱 크기의 두 전하 사이의 힘은 엄청나다. 이를 감안해 우리는 힘의 법칙 속에 엄청나게 큰 상수를 집어넣어야 한다.

$$F = \frac{q_1 q_2}{4\pi r^2}$$

라고 쓰는 대신 우리는

$$F = \frac{q_1 q_2}{4\pi \epsilon_0 r^2} \tag{I.4}$$

로 쓴다. 여기서 ϵ_0은 작은 숫자인 8.85×10^{-12}이다.

아트: 그러니까 결국 기묘한 진공 유전 상수는 유전체와 아

무런 상관이 없군. 금속 도선 속 전자의 당밀같이 느린 운동과 더 관련이 있다는 거지. 왜 ϵ_0을 그냥 없애고 1과 같다고 두지 않는 거지?

레니: 좋은 생각이야, 아트. 이제부터 그렇게 해 보세. 하지만 우리가 1쿨롱의 약 30만 분의 1인 단위 전하로 작업하고 있음을 잊지 말게나. 전환 인수를 잊어버리면 추잡스러움의 폭발에 이를 뿐이지.

로런츠 힘의 법칙[1]

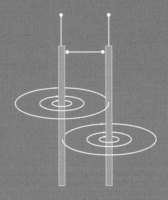

아트: 레니, 저기 턱수염을 기르고 철테 안경 쓰고 있는 근엄하신

신사분이 누구신가?

레니: 아, 저 네덜란드 아저씨 말이지. 헨드릭이야. 만나고 싶나?

아트: 물론이지, 자네 친구야?

---

1) 이 대화는 또 다른 우주에서 일어난 일이며 아트는 로런츠와 (또다시!) 첫 번째 만남
이다.

레니: 아트, 그들 모두 내 친구야. 이리 와, 소개해 줄게.

아트 프리드먼, 내 친구 헨드릭 로런츠야.

가련한 아트는 이 만남에 전혀 준비돼 있지 않았다.

아트: 로런츠? 자네 로런츠라고 했나? 맙소사! 당신이? 이분이?

당신이 정말, 당신이 정말 그……

언제나처럼 근엄하게 헨드릭 로런츠가 깊게 허리를 굽힌다.

로런츠: 헨드릭 안톤 로런츠입니다. 잘 부탁드립니다.

나중에 스타를 동경하는 아트가 조용히 묻는다.

아트: 레니, 정말 로런츠야? 로런츠 변환을 발견한 그 사람?

레니: 물론이지, 그리고 그보다 더 많은 일을 했어. 냅킨하고 펜 좀 가져다 줘.

그의 힘 법칙을 말해 줄게.

자연에는 근본적인 힘이 여럿 있다. 그중에서 1930년대 이전에 알려진 것은 거의 없다. 대부분 미시적인 양자 세계에 숨겨져 있던 탓에 현대적인 입자 물리학의 도래와 함께 관측 가능해졌다. 대부분의 근본적인 힘들은 물리학자들이 **근거리**라 부르는 것들이다. 이는 그 힘들이 작용하는 범위가 아주 작은 거리로 국한되어 있다는 뜻이다. 근거리 힘의 영향은 물체들이 떨어져 있을 때 너무나 급격하게 줄어들기 때문에 이 힘들은 대부분 보통 세상에서 알아챌 수 없다. 예를 하나 들자면 이른바 핵자(양성자와 중성자)들 사이의 핵력이 있다. 핵력은 그 역할이 핵자들을 원자핵으로 묶어 두는 것이기 때문에 강력한 힘이다. 하지만 그렇게 강력한 힘이라 해도 우리는 보통 알아채지 못한다. 그 이유는 핵자들이 약 10^{-15}미터보다 더 많이 떨어지면 그 효과가 기하 급수적으로 사라지기 때문이다. 우리가 알아채는 힘은 그 효과가 거리에 따라 천천히 사라지는 **원거리** 힘이다.

자연의 모든 힘 중에서 고대에는 오직 3개, 즉 전기력, 자기력, 중력만 알려졌다. (기원전 6세기의 철학자) 밀레토스의 탈레스(Thales)는 고양이 털로 문지른 호박으로 깃털을 움직였다고 한다. 거의 똑같은 시기에 탈레스는 자연 발생적 자성 물질인 자철광도 언급했다. 역사의 무대에 조금 늦게 등장했던 아리스토텔

레스(Aristoteles)는 중력 이론을 갖고 있었다. 비록 완전히 틀리긴 했지만 말이다. 이 셋이 1930년대까지 알려진 유일한 힘들이었다.

이들처럼 쉽게 관측되는 힘들이 특별한 이유는 **원거리**이기 때문이다. 원거리 힘은 거리와 함께 천천히 사라져서 물체들이 상당히 떨어져 있더라도 알아챌 수 있다.

중력은 셋 중에서 단연코 가장 분명했다. 하지만 놀랍게도 전자기력보다 훨씬 더 약하다. 그 이유는 흥미로워서 간단히 언급할 만한 가치가 있다. 이는 뉴턴의 보편 중력 법칙까지 거슬러 올라간다. 모든 것은 그 밖의 다른 모든 것을 끌어당긴다. 여러분 몸속의 모든 기본 입자들은 지구의 모든 입자에 이끌린다. 그 입자들은 대단히 많고, 모두가 서로 끌어당기고 있으므로 그 결과는 상당하고 알아챌 만큼의 중력 끌어당김으로 나타난다. 그러나 사실 개별 입자들 사이의 중력은 너무너무 작아서 측정하기 어렵다.

하전 입자들 사이의 전기력은 중력보다 몇 차수만큼이나 더 강력하다. 그러나 중력과 달리 전기력은 (같은 전하들 사이에서) 끌어당길 수도 또는 (다른 전하들 사이에서) 밀쳐낼 수도 있다. 여러분이나 지구는 같은 수의 양전하(양성자)와 음전하(전자)로 구성돼 있어서 그 결과 힘이 상쇄된다. 만약 여러분과 지구 모두에서 모든 전자를 없앤다고 상상하면 전기적 척력은 쉽게 중력을 압도해서 여러분을 지구 표면에서 날려 버릴 것이다. 사실 지구와 여러분을 산산조각 내서 날려 버리기에 충분할 정도일 것이다.

어느 경우든 중력은 이 강의의 주제가 아니다. 다른 유일한 원거리 힘은 전자기력이다. 전기력과 자기력은 서로 가깝게 연결돼 있다. 어떤 의미에서 이들은 하나의 힘이며 그 통합의 연결점은 상대성 이론이다. 곧 보게 되겠지만 한 기준틀에서 전기력은 다른 기준틀에서는 자기력이 되며 그 반대도 마찬가지이다. 다른 식으로 말하자면, 전기력과 자기력은 로런츠 변환을 통해 서로서로 변환한다. 이 강의의 나머지는 전자기력, 그리고 상대성 이론을 통해 이 두 힘을 하나의 현상으로 통합하는 방법에 관한 것이다. 존 휠러의 (진짜) 슬로건을 파울리가 (가상으로) 바꿔 쓴 문구로 돌아가자면,

장은 전하가 어떻게 움직일지 말해 주고
전하는 장이 어떻게 변화할지 말해 준다.

우리는 전반부, 즉 장이 전하가 어떻게 움직일지 말해 주는 것부터 시작할 것이다. 조금 더 지루하게 말하자면 장은 하전 입자에 작용하는 힘을 결정한다.

여러분에게 익숙할지도 모를(아니라도 곧 익숙해질) 사례 하나가 전기력 $\vec{E}$ 이다. 지난 강의에서 논의했던 스칼라장과는 달리 전기장은 벡터장, 엄밀히 말해 3-벡터이다. 전기장은 세 성분을 갖고 있고 공간에서 어떤 방향을 가리킨다. 전기장은

$$F = e\vec{E}$$

의 방정식에 따라 대전된 입자에 작용하는 전기력을 통제한다. 이 방정식에서 기호 e는 그 입자의 전기 전하를 나타낸다. 이는 힘이 전기장과 같은 방향인 경우 양이고 힘과 장이 반대 방향인 경우 음이다. 또는 중성 원자의 경우에서처럼 힘이 0일 수도 있다.

　자기력은 처음에는 자석이나 자철광 조각들에 작용하는 힘을 보고 발견되었다. 하지만 전기적으로 하전 입자가 움직이면 또한 그 입자에도 작용한다. 그 공식은 자기장 $\vec{B}$ (이 또한 3-벡터이다.), 전기 전하 e, 그리고 입자의 속도 v를 수반한다. 우리는 나중에 이를 작용 원리로부터 유도할 것이지만, 지금은 건너뛰고 갈 것이다. 자기장 때문에 하전 입자에 작용하는 힘은

$$F = e\vec{v} \times \vec{B}$$

이다. 기호 × 는 벡터 연산의 통상적인 벡터곱을 나타낸다. 나는 여러분이 이전에 이것을 본 적이 있다고 가정할 것이다.[2] 자기력의 한 가지 흥미로운 성질은 정지한 입자에는 힘이 사라지고 입자의 속도가 증가하면 힘이 증가한다는 점이다. 마침 전기장과

---

2)　부록 B에서 간단히 복습할 수 있다.

자기장이 모두 있다면 전체 힘은 그 합

$$F = e\left(\vec{E} + \vec{v} \times \vec{B}\right) \qquad (6.1)$$

이다. 로런츠가 발견한 이것(식 6.1)은 **로런츠 힘 법칙**(Lorentz force law)이라 불린다.

우리는 이미 스칼라장 및 스칼라장이 입자와 상호 작용하는 방식을 논의했다. 우리는 장더러 어떻게 입자에 영향을 주라고 말하는 똑같은 라그랑지안이 어떻게 또한 입자더러 어떻게 장에게 영향을 주라고 하는지를 보였다. 한 걸음 더 나아가 우리는 하전 입자와 전자기장에 대해 똑같은 일을 할 것이다. 다만 그 전에 우리의 표기법 체계를 간단히 복습하고 이를 확장해 새로운 종류의 개체인 **텐서**를 포함하려고 한다. 텐서는 벡터 및 스칼라를 확장한 것으로 이들을 특별한 경우로 포함한다. 곧 보게 되겠지만, 전기장과 자기장은 분리된 실체가 아니라 함께 결합해 하나의 상대론적 텐서를 형성한다.

6.1 표기법 확장

우리의 기본적인 구성 단위는 아래 첨자와 위 첨자를 가진 4-벡터이다. 특수 상대성 이론의 맥락에서 보자면 두 형태의 첨자 사이에는 차이가 거의 없다. 4-벡터의 시간 성분(첨자가 0인 성분)만 다를 뿐이다. 주어진 4-벡터에 대해 위 첨자를 가진 시간

성분은 아래 첨자를 가진 시간 성분과 반대 부호를 가진다. 기호로는

$$A^0 = - A_0$$

이다. 시간 성분의 부호 변화를 좇아가는 것이 유일한 목적인 그런 표기법을 정의하는 것이 지나치게 보일지도 모르겠다. 그러나 이 간단한 관계는 계측 텐서에 기초를 둔 훨씬 더 넓은 기하학적 관계의 특별한 경우이다. 일반 상대성 이론을 공부하면 위 첨자와 아래 첨자 사이의 관계가 훨씬 더 흥미로워질 것이다. 지금으로서는 위 첨자와 아래 첨자가 단순히 편리하고 우아하고 조밀하게 방정식을 쓰는 법을 제시한다고만 알고 있자.

6.1.1 4-벡터 요약

쉽게 참조하기 위해 5강의 개념들을 여기서 짧게 요약해 둔다.

4-벡터는 3개의 공간 성분과 1개의 시간 성분을 갖고 있다. μ 같은 그리스 첨자는 이 성분들 중의 일부 또는 전부를 지시하며 $(0, 1, 2, 3)$의 값을 가진다. 이 성분들 중 첫째(0으로 이름 붙은 성분)는 시간 성분이다. 1, 2, 3 성분은 공간의 x, y, z 방향에 각각 해당한다. 예를 들어 A^0은 4-벡터 A의 시간 성분을 나타낸다. A^2는 y 방향의 공간 성분을 나타낸다. 4-벡터의 세 공간 성분에만 집중한다면 이들은 m이나 p 같은 라틴 첨자로 표지

한다. 라틴 첨자는 $(1, 2, 3)$의 값을 가질 수 있지만 0은 아니다. 기호로는

$$A^\mu \rightarrow A^0, \ A^m$$

로 쓸 수 있다. 지금까지 나는 위 첨자, 또는 **반변** 첨자를 가진 4-벡터를 표지했다. 관례상 반변 첨자는 X^μ 같은 좌표 그 자체 또는 dX^μ 같은 좌표 변위에 갖다 붙일 수 있는 그런 종류의 물건이다. 좌표나 변위와 똑같은 방식으로 변환하는 것들은 위 첨자를 지닌다.

A^μ에 대한 공변 상응물은 아래 첨자를 가진 A_μ로 쓴다. 이는 다른 표기법을 사용해 **똑같은** 4-벡터를 기술한다. 반변 표기법에서 공변 표기법으로 전환하기 위해 우리는 4×4 계측

$$\eta_{\mu\nu} = \begin{pmatrix} -1 & 0 & 0 & 0 \\ 0 & 1 & 0 & 0 \\ 0 & 0 & 1 & 0 \\ 0 & 0 & 0 & 1 \end{pmatrix}$$

을 사용한다. 다음과 같은 공식

$$A_\mu = \eta_{\mu\nu} A^\nu \tag{6.2}$$

이 위 첨자를 아래 첨자로 바꿔 준다. 우변에서 반복되는 첨자 ν 는 더하는 첨자이고 따라서 식 6.2는

$$A_\mu = \eta_{\mu 0} A^0 + \eta_{\mu 1} A^1 + \eta_{\mu 2} A^2 + \eta_{\mu 3} A^3$$

의 약식 표기이다. 임의의 4-벡터 A의 공변 또는 반변 성분은 시간 성분을 제외하고는 정확하게 똑같다. 위 첨자 시간 성분과 아래 첨자 시간 성분은 반대 부호를 가진다. 식 6.2는 두 방정식

$$A_0 = -A^0$$
$$A_m = A^m$$

와 동등하다. $\eta_{\mu\nu}$의 좌상단에 있는 -1 때문에 식 6.2와 결과가 똑같다.

6.1.2 스칼라 만들기

임의의 두 4-벡터 A와 B에 대해 우리는 하나의 위쪽 성분과 다른 하나의 아래쪽 성분을 이용해 $A_\nu B^\nu$라는 곱을 만들 수 있다.[3] 그 결과는 스칼라이다. 이는 모든 기준틀에서 똑같은 값을 가진다는 뜻이다. 기호로 쓰자면

---

3) A와 B가 우연히 똑같은 벡터라도 괜찮다.

$$A_\nu B^\nu = \text{스칼라}$$

이다. 반복되는 첨자 ν는 네 값에 대한 합을 지시한다. 이 표현식을 길게 쓰면

$$A_0 B^0 + A_1 B^1 + A_2 B^2 + A_3 B^3 = \text{스칼라}$$

이다.

6.1.3 도함수

좌표와 그 변위는 반변(위) 성분의 원형이다. 똑같은 방식으로, 도함수는 공변(아래) 성분의 원형이다. 기호 ∂_μ는

$$\frac{\partial}{\partial X^\mu}$$

를 나타낸다. 5강에서 우리는 왜 이 4개의 도함수들이 4-벡터의 공변 성분인지를 설명했다. 또한 우리는 이를 반변 형태로도 쓸 수 있다. 요약하자면

공변 성분:

$$\partial_\mu \Rightarrow \left(\frac{\partial}{\partial X^0}, \frac{\partial}{\partial X^1}, \frac{\partial}{\partial X^2}, \frac{\partial}{\partial X^3} \right)$$

반변 성분:

$$\partial^\mu \Rightarrow \left(-\frac{\partial}{\partial X^0}, \frac{\partial}{\partial X^1}, \frac{\partial}{\partial X^2}, \frac{\partial}{\partial X^3} \right).$$

언제나처럼 둘 사이의 유일한 차이점은 시간 성분의 부호이다.

기호 ∂_μ 는 그 자체로 많은 것을 의미하진 않는다. 이는 어떤 개체에 작용해야만 한다. 이때 그 개체에 새로운 첨자 μ 를 더한다. 예를 들어, 만약 ∂_μ 가 스칼라에 작용하면 **공변 첨자**(covariant index) μ 를 가진 새로운 개체를 만들어 낸다. 스칼라장 ϕ 를 구체적인 사례로 들자면 우리는

$$\partial_\mu \phi = \frac{\partial \phi}{\partial X^\mu}$$

로 쓸 수 있다. 우변은 공변 벡터를 형성하는 도함수들의 집합이다.

$$\left(\frac{\partial}{\partial X^0}, \frac{\partial}{\partial X^1}, \frac{\partial}{\partial X^2}, \frac{\partial}{\partial X^3} \right).$$

기호 ∂_μ 는 또한 벡터로부터 스칼라를 구축하는 새로운 방법을 제시한다. 시간과 위치에 의존하는 4-벡터 $B^\mu(t, x)$ 가 있다고 하자. 즉 B 는 4-벡터장이다. 만약 B 가 미분 가능하다면 다음과 같은 양

$$\partial_\mu B^\mu(t,x)$$

을 생각하는 것이 의미가 있다. 합 관례에 따라 이 표현식은 B^μ 를 시공간 네 성분 각각에 대해 미분하고 그 결과를 더하라고 말한다.

$$\partial_\mu B^\mu(t,x) = \frac{\partial B^0}{\partial X^0} + \frac{\partial B^1}{\partial X^1} + \frac{\partial B^2}{\partial X^2} + \frac{\partial B^3}{\partial X^3}.$$

그 결과는 스칼라이다.

여기서 우리가 선보인 합 과정은 아주 일반적이다. 이는 **첨자 축약**이라 부른다. 첨자 축약이란 하나의 항에서 위 첨자와 아래 첨자가 똑같음을 확인하고 더하는 것을 뜻한다.

6.1.4 일반적인 로런츠 변환

1강에서 우리는 일반적인 로런츠 변환을 소개했다. 여기서 우리는 그 아이디어로 돌아가 몇몇 세부 사항을 추가할 것이다.

로런츠 변환은 x 축을 따라가면서 변환하는 것만큼이나 y 축이나 z 축을 따라서 변환하는 것에도 마찬가지로 의미가 있다. 이 변환은 확실히 x 방향이나 여느 다른 방향에 대해서 특별할 게 없다. 1강에서 우리는 로런츠 변환이라는 가족의 일원으로 또한 여길 수 있는 또 다른 부류의 변환(공간의 회전)을 설명했다. 공간의 회전은 시간 성분에는 아무런 영향을 미치지 않는다.

일단 로런츠 불변에 대해 이렇게 넓어진 정의를 받아들인다면, y축을 따른 로런츠 변환은 x 축을 따른 로런츠 변환을 간단하게 회전한 것이라고 말할 수 있다. '보통'의 로런츠 변환과 함께 회전을 결합해서 임의의 방향으로의 로런츠 변환 또는 임의의 축에 대한 회전을 만들 수 있다. 이는 물리학이 불변인 일반적인 변환 집합이다. 이 결과의 증명은 지금 당장은 우리에게 중요하지 않다. 중요한 것은 물리학이 간단한 로런츠 변환 하에서뿐만 아니라 공간 회전을 포함하는 더 넓은 변환의 범주 하에서도 불변이라는 점이다.

어떻게 하면 로런츠 변환을 첨자 기반의 표기법 체계에 편입할 수 있을까? 반변 벡터

$$A^\mu$$

의 로런츠 변환을 생각해 보자. 정의에 따라 이 벡터는 반변 변위 벡터인 X^μ와 똑같은 방식으로 변환한다. 예를 들어 시간 성분 A^0에 대한 변환식은

$$(A')^0 = \frac{A^0 - vA^1}{\sqrt{1 - v^2}}$$

이다. 내가 시간 성분을 A^0라 부르고 x성분을 A^1이라 부른 것을 제외한다면 이는 x 축을 따른 익숙한 로런츠 변환이다. 우리

는 언제나 이 변환을 벡터의 성분에 작용하는 행렬의 형태로 쓸 수 있다. 예를 들어 나는

$$(A')^\mu$$

를 써서 나의 기준틀에서 4-벡터 A^μ의 성분을 표현할 수 있다. 이 성분들을 여러분 틀에서의 성분들 함수로 표현하기 위해 우리는 위 첨자 μ와 아래 첨자 ν를 가진 행렬 $L^\mu_{\ \nu}$를 정의할 것이다.

$$(A')^\mu = L^\mu_{\ \nu} A^\nu. \qquad (6.3)$$

$L^\mu_{\ \nu}$는 두 첨자를 가지고 있기 때문에 하나의 행렬이다. 이는 4-벡터 A^ν에 곱해지는 4×4 행렬이다.[4]

식 6.3이 적절하게 정의되었음을 확인해 보자. 좌변에는 자유 첨자 μ가 있어서 $(0, 1, 2, 3)$의 임의의 값을 가질 수 있다. 우변에는 두 첨자 μ와 ν가 있다. 더하는 첨자 ν는 방정식에서 명시적으로 드러나는 변수가 아니다. 우변의 유일한 자유 첨자는

---

[4]   이 방정식은 표기법 관례에서 조그만 충돌을 일으킨다. 그리스 첨자 용법에 관한 우리 관례에 따르면 이들은 0에서 3까지의 값을 아우른다. 그러나 표준 행렬 표기법은 첨자가 1에서 4까지의 값을 가진다. 우리는 4-벡터 관례(0에서 3까지)를 선호할 것이다. 우리가 (t, x, y, z)의 순서만 고수하는 한 해를 입히지는 않는다.

μ이다. 즉 방정식의 각 변이 반변의 자유 첨자 μ를 갖고 있다. 따라서 이 식은 적절하게 만들어졌다. 우변에서의 자유 첨자와 똑같은 수의 자유 첨자를 좌변에서 갖고 있으며 이들의 반변 성분도 일치한다.

식 6.4는 실제로 우리가 어떻게 $L^\mu{}_\nu$를 이용할 것인지에 대한 한 예이다. x 축을 따른 로런츠 변환에 해당하는 행렬 원소를 모두 채우면 다음과 같다.[5]

$$\begin{pmatrix} t' \\ x' \\ y' \\ z' \end{pmatrix} = \begin{pmatrix} \dfrac{1}{\sqrt{1-v^2}} & \dfrac{-v}{\sqrt{1-v^2}} & 0 & 0 \\ \dfrac{-v}{\sqrt{1-v^2}} & \dfrac{1}{\sqrt{1-v^2}} & 0 & 0 \\ 0 & 0 & 1 & 0 \\ 0 & 0 & 0 & 1 \end{pmatrix} \begin{pmatrix} t \\ x \\ y \\ z \end{pmatrix}. \tag{6.4}$$

이 식은 무엇을 말하는가? 행렬의 곱하기 규칙에 따르면 식 6.4는 간단한 4개의 방정식과 동등하다. 첫 번째 방정식은 t'의 값을 특정한다. 이는 우변 벡터의 첫 성분이다. 우리는 t'이 행렬의 첫 행과 우변 열 벡터의 내적과 같다고 놓으면 된다. 즉 t'에 대한 방정식은

---

5) 열 벡터의 성분을 (t, x, y, z) 대신 (A^0, A^1, A^3, A^3)으로 표지하고 프라임이 붙은 성분에 대해서도 똑같이 했을 수 있다. 이는 단지 똑같은 양을 표현하는 다른 표지일 뿐이다.

$$t' = \frac{t}{\sqrt{1-v^2}} - \frac{vx}{\sqrt{1-v^2}} + 0y + 0z$$

이고 간단히 하면

$$t' = \frac{t}{\sqrt{1-v^2}} - \frac{vx}{\sqrt{1-v^2}}$$

이다. $L^\mu_{\ \nu}$의 두 번째 행에 대해 똑같은 과정을 수행하면 x'에 대한 방정식

$$x' = \frac{-vt}{\sqrt{1-v^2}} + \frac{x}{\sqrt{1-v^2}}$$

을 얻는다. 세 번째 및 네 번째 행은

$$y' = y$$
$$z' = z$$

의 식을 만들어 낸다. 이 식들이 x 축을 따르는 표준 로런츠 변환식임을 쉽게 인식할 수 있다. x 축 대신 y 축을 따라 변환하길 원한다면 단지 이 행렬의 원소들을 이리저리 뒤섞으면 된다. 그리 하는 방법을 알아내는 것은 여러분에게 맡긴다.

이제 다른 연산을 생각해 보자. 그것은 y, z 평면에서의 회전으로서, 변수 t와 x는 어떤 역할도 하지 않는다. 회전 또한 행

렬로 표현할 수 있지만, 그 원소는 우리의 첫 사례와 다를 것이다. 우선, 좌상의 사분면은 2×2 단위 행렬과 같은 모양일 것이다. 그래야만 t와 x가 회전 변환에 대해 영향을 받지 않기 때문이다. 우하 사분면은 어떤가? 아마도 여러분은 그 답을 알 것이다. 좌표를 각도 θ 만큼 돌리면 그 행렬 원소는 식 6.5에서 보여주듯 사인과 코사인이다.

$$\begin{pmatrix} t' \\ x' \\ y' \\ z' \end{pmatrix} = \begin{pmatrix} 1 & 0 & 0 & 0 \\ 0 & 1 & 0 & 0 \\ 0 & 0 & \cos(\theta) & \sin(\theta) \\ 0 & 0 & -\sin(\theta) & \cos(\theta) \end{pmatrix} \begin{pmatrix} t \\ x \\ y \\ z \end{pmatrix}. \qquad (6.5)$$

행렬의 곱하기 규칙을 따르면 식 6.5는 네 방정식과 같다.

$$t' = t$$
$$x' = x$$
$$y' = y\cos(\theta) + z\sin(\theta)$$
$$z' = -y\sin(\theta) + z\cos(\theta). \qquad (6.6)$$

비슷한 방식으로, 우리는 이 행렬 원소들을 행렬 내 다른 위치로 뒤섞어서 x, y 또는 x, z 평면에서의 회전을 표현하는 행렬을 쓸 수 있다.

일단 우리가 단순한 직선 운동과 공간 회전에 대한 변환 행렬 집합을 정의했으므로 우리는 이 행렬들을 함께 곱해서 더 복잡한 변환을 만들 수 있다. 이런 식으로 우리는 하나의 행렬을 이용해 복잡한 변환을 표현할 수 있다. 여기서 보여 준 간단한 변환 행렬 및 이들의 y와 z 방향 상응물들은 함께 기본적인 구성 요소를 이룬다.

6.1.5 공변 변환

지금까지 우리는 **반변 첨자**(위 첨자)를 가진 4-벡터가 어떻게 변환하는지를 설명했다. 공변 첨자(아래 첨자)를 가진 4-벡터는 어떻게 변환할까?

공변 성분을 가진 4-벡터가 있다고 하자. 여러분은 여러분의 틀에서 이 성분들이 어떻게 보이는지 알고 있고 나의 틀에서 어떻게 보일지를 알아내고자 한다. 우리는

$$(A')_\mu = M_\mu{}^\nu A_\nu \qquad (6.7)$$

과 같은 새로운 행렬 $M_\mu{}^\nu$를 정의할 필요가 있다. 이 새 행렬은 아래 첨자 μ를 가져야 한다. 왜냐하면 좌변에서 그 결과로 나오는 4-벡터가 아래 첨자 μ를 갖고 있기 때문이다.

M은 우리의 반변 변환 행렬 L과 똑같은 로런츠 변환을 나타낸다는 점을 기억하라. 두 행렬은 두 좌표계 사이의 똑같은 물리적 변환을 나타낸다. 따라서 M과 L은 연결돼 있어야 한다.

이들은 간단한 행렬 공식으로 연결할 수 있다.

$$M = \eta L \eta.$$

여러분 스스로 이를 증명해 보기 바란다. 우리는 M 을 아주 많이 사용하지는 않을 것이지만 주어진 로런츠 변환에 대해 L 과 M 이 어떻게 연결되는지 알면 좋다.

알고 보면 η 는 그 자체가 자신의 역행렬이다. 마치 단위 행렬이 그 자체가 자신의 역행렬인 것과 꼭 마찬가지이다. 기호로는

$$\eta^{-1} = \eta$$

이다. 그 이유는 대각 원소가 각각 자기 자신의 역수이기 때문이다. 1의 역수는 1이고 -1의 역수는 -1이다.

6.2 텐서

텐서는 스칼라와 벡터의 개념을 일반화한 수학적 개체이다. 사실 스칼라와 벡터는 텐서의 사례들이다. 우리는 텐서를 광범위하게 사용할 것이다.

6.2.1 계수 2 텐서

텐서에 접근하는 간단한 방법은 텐서를 "몇 개의 첨자를 가진 것."으로 생각하는 것이다. 텐서가 갖고 있는 첨자의 개수(텐서의 계수)는 중요한 특성이다. 예를 들어 스칼라는 계수 0의 텐서(스칼라는 첨자가 없다.)이고 4-벡터는 계수 1의 텐서이다. 계수 2의 텐서는 두 첨자를 가진 물건이다.

간단한 예를 들여다보자. 2개의 4-벡터, A와 B를 생각해보자. 앞서 봤듯이 우리는 축약을 통해 이들로부터 곱인 $A_\mu B^\mu$를 만들 수 있다. 이 결과는 스칼라이다. 그러나 이제 더 일반적인 종류의 곱, 즉 그 결과가 두 첨자 μ와 ν를 갖는 곱을 생각해보자. 우리는 반변 버전으로 시작할 것이다. 각각의 μ와 ν에 대해 그냥 A^μ와 B^ν를 곱한다.

$$A^\mu B^\nu.$$

이 물건은 얼마나 많은 성분을 갖고 있을까? 각각의 첨자는 4개의 다른 값을 가질 수 있다. 따라서 $A^\mu B^\nu$는 4×4, 즉 16개의 다른 값을 가질 수 있다. 그 성분을 이렇게 나열할 수도 있다: $A^0 B^0$, $A^1 B^0$, $A^0 B^2$, $A^0 B^3$, $A^1 B^0$ 등등. $A^\mu B^\nu$라는 기호는 16개의 다른 숫자들의 복합체이다. 이는 단지 A의 μ 성분에 B의 ν 성분을 곱해서 얻게 되는 숫자들의 집합이다. 이런 개체가 계수 2의 텐서이다. 나는 텐서에 대해 일반적인 표지인 T를 사용할 것이다.

$$T^{\mu\nu} = A^\mu B^\nu.$$

모든 텐서가 두 벡터로부터 이런 식으로 만들어지는 것은 아니지만, 두 벡터는 언제나 텐서를 정의할 수 있다. $T^{\mu\nu}$는 어떻게 변환할까? 만약 A가 어떻게 변환하는지를 알고 또한 B가 어떻게 변환하는지 안다면 (이는 똑같은 방식이다.) 우리는 즉시 $A^\mu B^\nu$의 변환된 성분을 알아낼 수 있다. 그 결과를

$$(T')^{\mu\nu} = (A')^\mu (B')^\nu$$

라 부르자. 그런데 물론 우리는 A와 B가 어떻게 변환하는지도 알고 있다. 식 6.3이 그걸 알려 준다. A'과 B' 모두에 대해 식 6.3을 우변에 대입하면 그 결과는

$$(T')^{\mu\nu} = L^\mu{}_\sigma A^\sigma L^\nu{}_\tau B^\tau$$

이다. 여기에는 설명이 좀 필요하다. 식 6.3에서는 반복되는 첨자를 ν라 했다. 그러나 앞선 방정식에서 우리는 A 부분에서 ν를 σ로 바꾸었고 B 부분에서는 τ로 바꾸었다. 이들은 더하는 첨자라서 일관되게 유지되는 한 우리가 이들을 무엇이라 부르든지 문제가 되지 않음을 기억하라. 혼란을 피하기 위해 더하는 첨자는 다른 첨자와 구분되고 또한 서로서로 구분되도록 유지하고자 한다.

우변의 네 기호 각각은 숫자를 나타낸다. 따라서 우리는 그

순서를 바꿀 수 있다. 행렬 원소들을 함께 하나로 묶어 보자.

$$(T')^{\mu\nu} = L^\mu_{\ \sigma} L^\nu_{\ \tau} A^\sigma B^\tau. \tag{6.8}$$

이제 우리는 우변의 $A^\sigma B^\tau$ 가 **변환되지 않은** 텐서 원소 $T^{\sigma\tau}$ 임을 확인할 수 있고 따라서 방정식을

$$(T')^{\mu\nu} = L^\mu_{\ \sigma} L^\nu_{\ \tau} T^{\sigma\tau} \tag{6.9}$$

로 다시 쓸 수 있다. 식 6.9는 두 첨자를 가진 새로운 종류의 개체에 대한 새로운 변환 규칙을 제시한다. $T^{\mu\nu}$ 는 첨자들 각각에 로런츠 행렬이 작용해서 변환한다.

6.2.2 더 높은 계수의 텐서

우리는 더 복잡한 종류의 텐서, 즉 예를 들어

$$T^{\mu\nu\lambda}$$

와 같이 첨자가 3개인 텐서도 만들 수 있다. 이 텐서는 어떻게 변환할까? 여러분은 이를 첨자가 μ, ν, λ인 4-벡터 3개의 곱으로 생각할 수 있다. 변환 공식은 단순명쾌하다.

$$(T')^{\mu\nu\lambda} = L^{\mu}_{\ \sigma} L^{\nu}_{\ \tau} L^{\lambda}_{\ \kappa} T^{\sigma\tau\kappa}. \qquad (6.10)$$

각각의 첨자에 대해 변환 행렬이 있고 우리는 임의의 숫자의 첨자에 대해 이 방식을 일반화할 수 있다.

이 절을 시작할 때 나는 텐서가 첨자 다발을 가진 것이라고 말했다. 이는 사실이다. 그러나 이야기의 전부는 아니다. 첨자 다발을 가진 모든 개체가 텐서로 여겨지는 것은 아니다. 텐서로서의 자격이 있으려면 첨자가 붙은 개체가 우리가 보여 준 사례들과 마찬가지로 변환해야만 한다. 변환 공식이 다른 개수의 첨자에 대해 수정될 수도 있고 공변 첨자를 포괄할 수도 있으나 반드시 이 일반적인 방식을 따라야만 한다.

비록 텐서가 이런 변환 성질에 의해 정의되기는 하지만, 모든 텐서가 2개의 4-벡터를 곱해서 구축되는 것은 아니다. 예를 들어 2개의 다른 4-벡터 C와 D가 있다고 하자. 우리는 $A^{\mu}B^{\nu}$의 곱을 취해서 $C^{\mu}D^{\nu}$의 곱에 더할 수도 있다.

$$A^{\mu}B^{\nu} + C^{\mu}D^{\nu}.$$

텐서를 더하면 다른 텐서를 만들어 낸다. 위 표현식은 정말로 텐서이다. 그러나 일반적으로 두 4-벡터의 곱으로 쓸 수 없다. 그 텐서적 특성은 변환 성질로 결정되는 것이지 한 쌍의 4-벡터로부터 만들 수 있는가 없는가라는 사실에 의해서 결정되는 것은 아니다.

6.2.3 텐서 방정식의 불변성

텐서는 우아하고 간결하다. 그러나 그 이면의 실제 위력은 텐서 방정식이 기준틀 불변이라는 점이다. 2개의 텐서가 하나의 틀에서 똑같다면 이들은 모든 틀에서 똑같다. 이는 쉽게 증명할 수 있지만, 2개의 텐서가 같으려면 이들의 서로 대응하는 성분들이 **모두** 같아야 한다는 점을 명심하라. 만약 텐서의 모든 성분이 어떤 다른 텐서의 대응하는 성분과 같다면, 그렇다면 물론 이들은 똑같은 텐서이다.

이를 또 다른 방식으로 말하자면 이렇다. 만약 하나의 기준틀에서 텐서의 모든 성분이 0이라면 모든 틀에서도 0이다. 만약 어떤 기준틀에서 **하나의** 성분이 0이라면 다른 틀에서는 0이 아닐 수도 있다. 그러나 만약 **모든** 성분이 0이라면 모든 틀에서 0이어야 한다.

6.2.4 첨자 올리기와 내리기

나는 모든 첨자가 위쪽(반변 성분)에 있는 텐서가 어떻게 변환하는지를 설명했다. 내가 위 첨자와 아래 첨자가 섞여 있는 텐서의 변환 규칙을 쓸 수도 있었을 것이다. 대신 나는 이것만 말해 주려고 한다. 일단 텐서가 어떻게 변환하는지를 안다면 다른 변종들이 어떻게 변환하는지 즉시 유도할 수 있다. **다른 변종**이란 똑같은 텐서(똑같은 기하학적 양)의 다른 버전으로서 몇몇 위 첨자들이 아래로 내려가 있거나 그 반대인 그런 텐서를 말한다. 예를 들어,

$$T^{\mu}{}_{\nu} = A^{\mu}B_{\nu}$$

라는 텐서를 생각해 보자. 이는 하나의 첨자가 위쪽에 있고 또 하나의 첨자가 아래쪽에 있는 텐서이다. 어떻게 변환할까? **신경 쓰지 마라!** 걱정할 필요가 없다. 왜냐하면 $T^{\mu\sigma}$ 가 어떻게 변환하는지 이미 알고 있고 또한 행렬 η 를 이용해 어떻게 첨자를 올리고 내리는지 알기 때문이다.

$$T^{\mu}{}_{\nu} = T^{\mu\sigma}\eta_{\sigma\nu}$$

를 떠올려 보자. 4-벡터 첨자를 내리는 것과 정확하게 똑같은 방식으로 텐서의 첨자를 내릴 수 있다. 합 관례를 이용해 위처럼 그냥 η 를 곱하면 된다. 그 결과가 $T^{\mu}{}_{\nu}$ 이다.

하지만 훨씬 더 쉽게 생각하는 방법이 있다. 첨자가 모두 위쪽에 있는 텐서가 주어졌을 때, 그 첨자들 중 몇몇을 어떻게 아래쪽으로 끌어내릴 것인가? 간단하다. 여러분이 내리는 첨자가 시간 첨자이면 -1 을 곱한다. 공간 첨자이면 아무것도 곱하지 않는다. η 가 하는 일이란 이런 것이다. 예를 들어, 텐서 성분 T^{00} 는 T_{00} 와 정확하게 똑같다. 왜냐하면 나는 **2개의** 시간 첨자를 내

렸기 때문이다.

$$T^{00} = T_{00}.$$

2개의 시간 첨자를 내렸다는 것은 이 성분에 -1을 두 번 곱했다는 뜻이다. 이는

$$A^0 B^0$$

와

$$A_0 B_0$$

사이의 관계와 비슷하다. A^0에서 A_0으로 갈 때, 그리고 B^0에서 B_0으로 갈 때 2개의 마이너스 부호가 있다. 각각의 내려진 첨자가 마이너스 부호를 도입했고 따라서 위의 첫 번째 곱과 두 번째 곱은 같다. 그러나

$$A^0 B^1$$

과

$$A_0 B_1$$

을 비교하면 어떨까? B^1 과 B_1 은 똑같다. 왜냐하면 첨자 1은 공간 성분을 가리키기 때문이다. 그러나 0은 시간 성분이기 때문에 A^0 와 A_0 는 반대 부호를 갖는다. 똑같은 관계가 텐서 성분 T^{01} 과 T_{01} 사이에서도 성립한다.

$$T^{01} = -T_{01}.$$

왜냐하면 오직 하나의 시간 성분만 내려졌기 때문이다. 시간 성분을 내리거나 올릴 때마다 부호가 바뀐다. 그게 전부다.

6.2.5 대칭 텐서와 반대칭 텐서

일반적으로 텐서 성분

$$T^{\mu\nu}$$

는

$$T^{\nu\mu}$$

와 똑같지 않다. 여기서 첨자 μ 와 ν 가 뒤바뀌었다. 첨자의 순서

를 바꾸면 차이가 생긴다. 이를 보여 주기 위해 4-벡터 A와 B의 곱을 생각해 보자. 명백히

$$A^\mu B^\nu \neq A^\nu B^\mu$$

이다. 예를 들어 0과 1 같이 구체적인 성분을 고르면

$$A^0 B^1 \neq A^1 B^0$$

임을 알 수 있다. 분명히 이는 언제나 똑같지 않다. A와 B는 2개의 다른 4-벡터이고 따라서 A^0, A^1, B^0, B^1의 성분들 중 그 어느 것도 서로가 일치할 이유가 애초에 내장돼 있지 않다.

텐서는 첨자의 순서를 바꾸었을 때 **일반적으로** 불변인 것은 아니지만, 특별히 불변인 상황도 있다. 이런 특별한 성질을 가진 텐서를 **대칭 텐서**(symmetric tensor)라고 부른다. 기호로는 대칭 텐서가

$$T^{\mu\nu} = T^{\nu\mu}$$

의 성질을 갖고 있다. 한 가지 예를 만들어 보자. 만약 A와 B가 4-벡터라면

$$A^\mu B^\nu + A^\nu B^\mu$$

는 대칭 텐서이다. 첨자 μ와 ν를 바꾸더라도 이 표현식의 값은 똑같이 남아 있다. 어서 시도해 보라. 첫 번째 항을 다시 쓰면 원래의 두 번째 항과 똑같아진다. 다시 쓴 항들의 합은 원래 항의 합과 똑같다. 계수 2의 임의의 텐서가 있으면 여기서 우리가 한 것과 꼭 마찬가지로 대칭 텐서를 만들 수 있다.

대칭 텐서는 일반 상대성 이론에서 특별한 위치를 점하고 있다. 특수 상대성 이론에서는 덜 중요하지만 모습을 드러낸다. 특수 상대성 이론에서는 **반대칭 텐서**(antisymmetric tensor)가 더 중요하다. 반대칭 텐서는

$$F^{\mu\nu} = -F^{\nu\mu}$$

의 성질을 갖고 있다. 즉 첨자를 뒤집으면 각 성분은 똑같은 절댓값을 갖지만, 그 부호를 바꾼다. 4-벡터로부터 반대칭 텐서를 만들려면

$$A^\mu B^\nu - A^\nu B^\mu$$

로 쓸 수 있다. 이는 두 항 사이에 양의 부호 대신 음의 부호를 사용한 것을 제외하면 대칭 텐서를 만들던 묘책과 거의 똑같다.

그 결과는 μ와 ν를 서로 바꾸었을 때 그 성분이 부호를 바꾸는 텐서이다. 어서 시도해 보라.

반대칭 텐서는 대칭 텐서보다 독립적인 성분이 더 적다. 그 이유는 이들의 대각 성분이 0이어야 하기 때문이다.[6] 만약 $F^{\mu\nu}$가 반대칭이라면 각각의 대각 성분은 그 자신의 음수와 똑같아야 한다. 이런 일이 일어날 수 있는 유일한 방법은 대각 성분이 0과 같은 것이다. 예를 들어 보자.

$$F^{00} = -F^{00} = 0.$$

두 첨자가 똑같고, (이는 대각 원소가 뜻하는 바이다.) 그 자신의 음수와 똑같은 유일한 숫자는 0이다. 계수 2의 텐서를 (2차원 배열의) 행렬로 생각하면 반대칭 텐서를 표현하는 행렬은 대각선을 따라 모든 원소가 0이다.

6.2.6 반대칭 텐서

일찍이 나는 전기장과 자기장이 결합해 텐서를 형성한다고 말했다. 사실 이들은 반대칭 텐서를 형성한다. 우리가 결국에는 $\vec{E}$ 장과 $\vec{B}$ 장의 텐서 성질을 유도할 것이지만, 지금으로서는 그냥 이

---

6) 대각 성분은 두 첨자가 서로 똑같은 성분들이다. 예를 들어 A^{00}, A^{11}, A^{22}, A^{33} 이 대각 성분들이다.

일치성을 하나의 예로서 받아들일 것이다.

이 반대칭 텐서의 원소 이름들은 무언가를 연상시키지만, 지금으로서는 그냥 이름일 뿐이다. 대각 원소는 모두 0이다. 우리는 이를 $F^{\mu\nu}$라 부를 것이다. 아래쪽 성분 $F_{\mu\nu}$를 다음과 같이 쓰면 편리하다.

$$F_{\mu\nu} = \begin{pmatrix} 0 & -E_1 & -E_2 & -E_3 \\ +E_1 & 0 & +B_3 & -B_2 \\ +E_2 & -B_3 & 0 & +B_1 \\ +E_3 & +B_2 & -B_1 & 0 \end{pmatrix}. \tag{6.11}$$

이 텐서는 전자기학에서 핵심적인 역할을 한다. 여기서 $\vec{E}$는 전기장을, $\vec{B}$는 자기장을 나타낸다. 우리는 전기장과 자기장이 결합해 하나의 반대칭 텐서를 형성함을 알게 될 것이다. $\vec{E}$장과 $\vec{B}$장은 서로 독립적이지 않다. 로런츠 변환 하에서 x가 t와 뒤섞일 수 있는 것과 똑같은 방식으로 $\vec{E}$는 $\vec{B}$와 뒤섞일 수 있다. 여러분이 순수한 전기장으로 보는 것을 나는 어떤 자기 성분을 가진 것으로 볼 수 있다. 아직 이를 보인 것은 아니지만, 곧 그리할 것이다. 내가 앞서 전기력과 자기력이 서로에게로 변환한다고 말했던 것은 이런 의미이다.

6.3 전자기장

이제 물리학을 좀 해 보자! 전자기장을 지배하는 운동 방정식인 맥스웰 방정식을 공부하는 것으로 시작할 수 있을 것이다. 이는 8강에서 다룰 내용이다. 지금은 전자기장 **속에서** 하전 입자의 운동을 공부하려 한다. 이 운동을 지배하는 방정식을 로런츠 힘 법칙이라 부른다. 나중에 우리는 상대론적 아이디어가 결합된 작용 원리로부터 이 법칙을 유도할 것이다. 로런츠 힘 법칙의 비상대론적(느린 속도) 버전은

$$m\vec{a} = e\left[\vec{E} + \vec{v} \times \vec{B}\right] \qquad (6.12)$$

이다. 여기서 e는 입자의 전하이고 기호 $\vec{a}$, $\vec{E}$, $\vec{v}$, $\vec{B}$는 보통의 3-벡터이다.[7] 좌변은 시간 곱하기 가속도이다. 우변은 따라서 힘이어야 한다. 힘에는 두 가지, 즉 전기력과 자기력이 기여한다. 각 항은 전기 전하 e에 비례한다.

첫 번째 항에서 입자의 전기 전하 e는 전기장 $\vec{E}$에 곱해져 있다. 또 다른 항은 자기력으로서, 전하가 입자의 속도 v와 그를 둘러싼 자기장 $\vec{B}$의 외적에 곱해져 있다. 외적이 무엇인지 모른다면 시간을 갖고 배우기를 바란다.『물리의 정석: 고전 역학 편』 11강과 이 책의 부록에 간단한 정의가 실려 있다. 또한 많은 다른 참고 문헌이 있다.

---

7) 식 6.12는 종종 광속이 명시적으로 드러나게 쓴다. 가끔 여러분은 이 식을 v 혼자 대신 v/c를 사용해 쓴 것을 봤을 것이다. 여기서 우리는 광속이 1인 단위를 사용할 것이다.

우리는 보통의 3-벡터로 많은 일을 할 것이다.[8] 그러고는 우리 결과를 4-벡터로 확장할 것이다. 우리는 로런츠 힘 법칙의 완전한 상대론적 버전을 유도하려 한다. 식 6.12 우변의 두 항이 정말로 로런츠 불변인 형태로 쓴 똑같은 항의 부분임을 알게 될 것이다.

6.3.1 작용 적분과 벡터 퍼텐셜

4강에서 나는 스칼라장에서 움직이는 입자에 대한 로런츠 불변 작용(식 4.28)을 어떻게 구축하는지를 보였다. 그 과정을 짧게 복습해 보자. 식 4.27의 자유 입자에 대한 작용으로 시작하자.

$$\text{자유 입자의 작용} = -\int m d\tau.$$

그리고 여기에 입자에 대한 장의 효과를 표현하는 항

$$\text{새로운 항} = -\int \phi(t,x) d\tau$$

이 더해져 있다. 이는 스칼라장과 상호 작용하는 입자에 대한 훌륭한 이론을 만들어 주지만, 전자기장 속의 입자에 대한 이론은 아니다. 이 상호 작용을 로런츠 힘 법칙을 야기할지도 모를 무언

---

8) 그러나 우리는 이 게임에서 초반에 4-벡터 퍼텐셜 A_μ를 도입할 것이다.

가로 대체하기 위해서는 우리에게 어떤 선택지가 있는가? 이것이 6강 후반부의 목표이다. 로런츠 힘 법칙인 식 6.12를 불변의 작용 원리로부터 유도하는 것.

전자기장의 효과를 기술하기 위해 우리는 어떻게 라그랑지 안을 수정할 수 있을까? 여기 약간 놀랄 만한 사실이 있다. 입자의 좌표 및 속도 성분을 수반하고, 스칼라장이 있을 때의 입자에 대한 작용과 비슷한 방식으로 $\vec{E}$ 와 $\vec{B}$ 장에 의존하는 라그랑지 안을 구축하는 것이 올바른 과정이라고 생각했을 것이다. 만약 모든 것이 잘 굴러간다면 운동에 대한 오일러-라그랑주 방정식이 로런츠 힘 법칙으로 주어진 힘을 수반할 것이다. 놀랍게도 이는 불가능한 것으로 밝혀졌다. 진전이 있으려면 벡터 퍼텐셜이라 부르는 또 다른 장을 도입해야만 한다. 어떤 의미에서 전기장과 자기장은 더 기본적인 벡터 퍼텐셜로부터 유도된 양들이다. 벡터 퍼텐셜은 그 자체가 $A_\mu(t, x)$로 불리는 4-벡터이다. 왜 4-벡터인가? 이 시점에서 내가 할 수 있는 일이라곤 조금 기다려 달라는 요청뿐이다. 결과를 보면 이 방법이 옳았음을 알게 될 것이다.

$A_\mu(t, x)$를 이용해 전자기장 속의 입자에 대한 작용을 어떻게 구축할 수 있을까? $A_\mu(t, x)$장은 아래 첨자를 가진 4-벡터이다. 입자 궤적의 작은 구간인 4-벡터 dX^μ를 잡고 이를 $A_\mu(t, x)$와 결합해 그 구간과 관련된 무한소 스칼라 양을 만드는 것이 자연스러워 보인다. 각각의 궤적 구간에 대해 우리는

$$dX^{\mu}A_{\mu}(t,x)$$

라는 양을 만든다. 그리고는 이들을 모두 더한다. 즉 한쪽 끝에서 다른 쪽 끝, 그러니까 점 a에서 점 b까지 적분한다.

$$\int_{a}^{b}dX^{\mu}A_{\mu}(t,x).$$

표현식 $dX^{\mu}A_{\mu}(t,x)$가 스칼라이므로 모든 관측자는 각각의 작은 구간에서의 그 값에 의견을 같이한다. 우리가 의견을 같이하는 양을 더하면 그 결과에 대해서도 계속 동의할 것이고, 작용에 대해 똑같은 답을 얻을 것이다. 표준 관례를 따르기 위해 나는 이 작용에 상수 e를 곱할 것이다.

$$e\int_{a}^{b}dX^{\mu}A_{\mu}(t,x).$$

여러분은 이미 e가 전기 전하라고 생각했으리라 확신한다. 이것이 전자기장 속을 움직이는 입자에 대한 작용에 들어가는 또 다른 항이다. 작용 적분의 두 부분을 모두 모아 보자.

$$작용 = \int_{a}^{b}-m\sqrt{1-\dot{x}^{2}}\,dt + e\int_{a}^{b}dX^{\mu}A_{\mu}(t,x). \quad (6.13)$$

6.3.2 라그랑지안

식 6.13의 두 항은 모두 로런츠 불변량을 구축하는 데서 유도되었다. 첫 번째 항은 궤적을 따른 고유 시간에 비례하며 두 번째 항은 불변량 $dX^\mu A_\mu$로부터 구축되었다. 이 작용으로부터 무엇이 나오든지 간에 그것은 반드시 로런츠 불변이어야 한다. 심지어 그게 명확하지 않더라도 말이다.

첫 번째 항은 우리의 오래된 친구로서 자유 입자의 라그랑지안에 해당한다.

$$-m\sqrt{1-\dot{x}^2}.$$

두 번째 항은 새 항으로 로런츠 힘 법칙을 주리라 기대되지만, 지금으로서는 거의 관련이 없어 보인다. 이 항

$$e\int_a^b dX^\mu A_\mu(t,x)$$

은 지금의 형태로는 라그랑지안의 용어로 표현되지는 않았다. 왜냐하면 그 적분이 시간 좌표 dt에 대해 취해지지 않았기 때문이다. 이는 쉽게 고칠 수 있다. 그냥 dt를 곱하고 나누어서

$$e\int_a^b \frac{dX^\mu}{dt}A_\mu(t,x)dt \tag{6.14}$$

로 다시 쓰면 된다. 새 항은 이제 이 형태로 라그랑지안의 적분이다. 피적분 함수를 $\mathcal{L}_{int}$ (int는 상호 작용(interaction)을 나타낸다.)라 하면 그 라그랑지안은

$$\mathcal{L}_{int} = e\frac{dX^{\mu}}{dt}A_{\mu}(t\,,x) \qquad (6.15)$$

가 된다. 이제 다음의 양

$$\frac{dX^{\mu}}{dt}$$

은 두 가지 다른 모습으로 다가온다는 점에 유념하자. 첫 번째는

$$\frac{dX^{0}}{dt}$$

이다. X^0와 t는 똑같은 것임을 떠올리면 우리는

$$\frac{dX^{0}}{dt} = 1$$

로 쓸 수 있다. 또 다른 모습은 첨자 μ가 $(1\,,2\,,3)$, 즉 세 공간 방향 중 하나를 가질 때에 해당한다. 이 경우 우리는 (라틴 첨자 p를 가진)

$$\frac{dX^p}{dt}$$

항이 보통의 속도 성분

$$\frac{dX^p}{dt} = v_p$$

임을 알 수 있다. 이 두 항을 결합하면 상호 작용하는 라그랑지 안은

$$\mathcal{L}_{int} = e\dot{X}^p A_p(t, x) + eA_0(t, x) \qquad (6.16)$$

이 된다. 여기서 반복되는 라틴 첨자 p는 우리가 $p = 1$부터 $p = 3$까지 더한다는 뜻이다. $\dot{X}^p$라는 양은 속도 v_p의 성분이므로 $\dot{X}^p A_p(t, x)$라는 표현식은 다름 아닌 속도와 벡터 퍼텐셜의 공간 부분의 내적이다. 따라서 우리는 식 6.16을 더 익숙한 형태로 쓸 수 있다.

$$\mathcal{L}_{int} = e\vec{v} \cdot \vec{A} + eA_0.$$

이 모든 결과를 요약하면, 하전 입자에 대한 작용 적분은 이제

$$\text{작용} = \int_a^b - m\sqrt{1 - \dot{x}^2}\, dt$$

$$+ e \int_a^b \left[A_0(t, x) + \dot{X}^b A_b(t, x) \right] dt \quad (6.17)$$

과 같은 모습이다. 다시 한번 더 익숙한 표기법으로는

$$\text{작용} = \int_a^b - m\sqrt{1 - v^2}\, dt + e \int_a^b \left(A_0(t, x) + \vec{v} \cdot \vec{A}(t, x) \right) dt$$

이다. 이제 전체 작용이 시간 좌표 dt에 대한 적분으로 표현되었으므로 우리는 그 라그랑지안이

$$\mathcal{L} = - m\sqrt{1 - \dot{x}^2} + e A_0(t, x) + e\dot{X}^n A_n(t, x) \quad (6.18)$$

임을 쉽게 확인할 수 있다. 정확하게 우리가 스칼라장에 했던 것처럼 나는 A_b가 t와 x의 알려진 함수라 생각할 것이며 우리는 그 알려진 장 속에서 입자의 운동을 단지 탐구하고 있을 뿐이다. 식 6.18로 무엇을 할 수 있을까? 그렇다. 오일러-라그랑주 방정식을 쓰면 된다!

6.3.3 오일러-라그랑주 방정식

쉽게 참고하기 위해 여기 다시 한번 입자의 운동에 대한 오일러-라그랑주 방정식을 제시한다.

$$\frac{d}{dt}\frac{\partial \mathcal{L}}{\partial \dot{X}^p} = \frac{\partial \mathcal{L}}{\partial X^p}. \qquad (6.19)$$

이는 각각의 p 값에 대해 하나의 방정식을 갖는, 총 세 가지 방정식에 대한 약식 표기임을 기억하라.[9] 우리의 목표는 식 6.18로부터 오일러-라그랑주 방정식을 써서 그 결과가 로런츠 힘 법칙과 같아 보임을 증명하는 것이다. 이는 식 6.18로부터 $\mathcal{L}$을 식 6.19에 대입하라는 말이다. 이 계산은 스칼라장의 경우보다 약간 더 길다. 나는 여러분의 손을 잡고 그 단계들 속으로 데려갈 것이다. **정규 운동량**(canonical momentum)으로도 알려진

$$\frac{\partial \mathcal{L}}{\partial \dot{X}^p}$$

를 계산하는 것부터 시작해 보자. 식 6.18의 첫 번째 항이 $\dot{x}$를 포함하고 있으므로, 이 항으로부터의 기여도 있어야 한다. 사실 우리는 이미 이전의 3강에서 이 도함수를 계산했다. 식 3.30이 그 결과이다. (변수들이 다르고 통상계에서의 결과이다.) 상대론적 단위에서는 식 3.30의 우변이

---

9) 위 첨자가 도함수의 분모에 나타나면, 그 도함수의 결과에 아래 첨자를 더한다. 표현식에 라틴 첨자가 있을 때는 언제나 그 첨자를 우리가 원하는 대로 위쪽이나 아래쪽으로 움직일 수 있다. 왜냐하면 라틴 첨자는 공간 성분을 나타내기 때문이다.

$$m\frac{\dot{X}^p}{\sqrt{1-\dot{x^2}}}$$

과 같다. 이것이 속도의 p 번째 성분에 대한 라그랑지안(식 6.18) **첫 번째** 항에 대한 도함수이다. $\mathcal{L}$의 두 번째 항은 명시적으로 $\dot{x}$을 포함하지 않는다. 따라서 $\dot{x}$에 대한 그 편미분은 0이다. 그러나 세 번째 항은 $\dot{X}^p$를 포함하고 있고 그 편미분은

$$eA_p(t,x)$$

이다. 이 항들을 함께 모으면 정규 운동량

$$\frac{\partial\mathcal{L}}{\partial\dot{X}^p} = m\frac{\dot{X}_p}{\sqrt{1-\dot{x^2}}} + eA_p(t,x) \qquad (6.20)$$

을 얻는다. 우리는 식 6.20에서 슬그머니 표기법을 약간 바꾸어 $\dot{X}^p$ 대신 $\dot{X}_p$로 썼다. p같은 공간 성분은 그 값을 바꾸지 않고 우리 마음대로 위쪽으로 또는 아래쪽으로 옮길 수 있기 때문에 차이가 없다. 아래 첨자는 방정식의 좌변과 일관되며 앞으로 편리할 것이다. 식 6.19는 이제 이 결과에 시간 도함수를 취하라고 한다. 그 결과는

$$\frac{d}{dt}\frac{\partial\mathcal{L}}{\partial\dot{X}^p} = \frac{d}{dt}\left[m\frac{\dot{X}_p}{\sqrt{1-\dot{x^2}}} + eA_p(t,x)\right]$$

이다. 이것이 오일러-라그랑주 방정식의 전체 좌변이다. 우변은 어떻게 되나? 우변은

$$\frac{\partial \mathcal{L}}{\partial X^p}$$

이다. $\mathcal{L}$은 어떤 식으로 X_p에 의존하나? 두 번째 항 $eA_0(t, x)$이 분명히 X_p에 의존한다. 그 도함수는

$$e\frac{\partial A_0}{\partial X^p}$$

이다. 고려해야 할 항이 딱 하나 더 있다. $e\dot{X}^p A_p(t, x)$이다. 이 항은 속도와 위치 모두에 의존한다는 의미에서 뒤섞여 있다. 그러나 우리는 이미 오일러-라그랑주 방정식의 좌변에서 속도 의존성은 계산했다. 이제 우변에 대해서는 X^p에 대한 편미분을 취한다. 그 결과는

$$e\dot{X}^n \frac{\partial A_n}{\partial X^p}$$

이다. 이제 우리는 오일러-라그랑주 방정식의 전체 우변을 쓸 수 있다.

$$\frac{\partial \mathcal{L}}{\partial X^p} = e\frac{\partial A_0}{\partial X^p} + e\dot{X}^n \frac{\partial A_n}{\partial X^p}.$$

이를 좌변과 같다고 놓으면 그 결과는

$$\frac{d}{dt}\left[m\frac{\dot{X}_p}{\sqrt{1-\dot{x}^2}} + eA_p(t,x)\right] = e\frac{\partial A_0}{\partial X^p} + e\dot{X}^n\frac{\partial A_n}{\partial X^p} \quad (6.21)$$

이다. 익숙해 보이는가? 좌변의 첫 번째 항은 분모의 제곱근을 제외하고는 질량 곱하기 가속도와 닮아 보인다. 속도가 낮으면 제곱근은 1에 아주 가까워서 이 항은 문자 그대로 질량 곱하기 가속도가 된다. 두 번째 항 $\frac{d}{dt}eA_p(t,x)$에 대해서는 나중에 할 이야기가 더 있을 것이다.

여러분은 식 6.21의 우변 첫 번째 항을 알아보지 못할지도 모르겠다. 그러나 실제로는 여러분 중 많은 이에게 익숙할 것이다. 다만 이를 알아보기 위해서는 다른 표기법을 사용해야만 한다. 역사적으로 벡터 퍼텐셜 $A_0(t,x)$는 $-\phi(t,x)$로, 그리고 ϕ는 전자기 퍼텐셜로 불렸다. 따라서 우리는

$$e\frac{\partial A_0}{\partial X^p} = -e\frac{\partial \phi}{\partial X^p}$$

로 쓸 수 있다. 식 6.21에서 여기 대응하는 항은 단지 음의 전기 전하 곱하기 정전기 퍼텐셜의 경사이다. 전자기학을 기초적으로 설명할 때 전기장은 경사 ϕ의 음이다.

식 6.21의 구조를 다시 살펴보자. 좌변은 자유로운 (더해지지 않는) 공변 첨자 p를 갖고 있다. 우변 또한 더해지는 첨자 n뿐만

아니라 자유 공변 첨자 p를 갖고 있다. 이는 각각의 위치 성분 X^1, X^2, X^3에 대한 오일러-라그랑주 방정식이다. 아직은 우리가 알아볼 수 있는 무언가와 비슷해 보이지는 않지만, 곧 그리 될 것이다.

우리가 다음으로 할 일은 좌변에서 시간 도함수를 계산하는 것이다. 첫 번째 항은 쉽다. 우리는 간단히 m을 도함수 밖으로 옮길 것이다. 그 결과는

$$m\frac{d}{dt}\frac{\dot{X}_p}{\sqrt{1-\dot{x}^2}}$$

이다. 시간에 대해 두 번째 항 $eA_p(t, x)$는 어떻게 미분할까? 이는 약간 까다롭다. 물론 $A_p(t, x)$는 명시적으로 시간에 의존할 수도 있다. 그러나 심지어 그렇지 않다고 하더라도 우리는 $A_p(t, x)$를 상수로 여길 수는 없다. 왜냐하면 입자의 **위치**가 상수가 아니기 때문이다. 입자가 움직이므로 위치는 시간에 따라 변한다. 설령 $A_p(t, x)$가 시간에 명시적으로 의존하지 않더라도 입자의 운동을 쫓아가면서 그 값은 시간에 따라 변한다. 그 결과 도함수는 두 항을 만들어 낸다. 그 첫 번째 항은 시간 t에 대한 A_p의 명시적인 도함수

$$e\frac{\partial A_p(t, x)}{\partial t}$$

이다. 여기서 상수 e는 그냥 함께 따라다닌다. 두 번째 항은 $A_p(t,x)$가 또한 시간에 **암묵적으로** 의존한다는 사실을 설명한다. 이 항은 X^n이 변할 때의 $A_p(t,x)$의 변화 곱하기 $\dot{X}^n$이다. 이 항들을 함께 집어넣으면 그 결과는

$$e\frac{\partial A_p(t,x)}{\partial t} + e\frac{\partial A_p(t,x)}{\partial X^n}\dot{X}^n$$

이다. 시간 도함수의 세 항을 모두 모으면 식 6.21의 좌변은 이제

$$m\frac{d}{dt}\frac{\dot{X}_p}{\sqrt{1-\dot{x}^2}} + e\frac{\partial A_p(t,x)}{\partial t} + e\frac{\partial A_p(t,x)}{\partial X^n}\dot{X}^n$$

와 같고 우리는 이 식을

$$m\frac{d}{dt}\frac{\dot{X}_p}{\sqrt{1-\dot{x}^2}} + e\frac{\partial A_p}{\partial t} + e\frac{\partial A_p}{\partial X^n}\dot{X}^n$$

$$= e\frac{\partial A_0}{\partial X^p} + e\dot{X}^n\frac{\partial A_n}{\partial X^p} \qquad (6.22)$$

로 쓸 수 있다. 복잡해지는 것을 피하기 위해 $A_p(t,x)$ 대신 A_p로 쓰기로 했다. A의 모든 성분이 4개의 시공간 좌표 전부에 의존한다는 사실만 기억하자. 방정식의 각 변이 더하는 첨자 n과 공변 자유 첨자 p를 갖고 있으므로 이 식은 잘 만들어졌

다.[10]

소화해야 할 양이 많다. 심호흡하고 지금까지 한 것을 살펴보자. 식 6.22의 첫 번째 항은 '질량 곱하기 가속도'를 상대론적으로 일반화한 것이다. 우리는 이 항을 좌변에 남겨 둘 것이다. 다른 모든 항을 우변으로 옮기면 우리는

$$
m\frac{d}{dt}\frac{\dot{X}_p}{\sqrt{1-\dot{x}^2}} = -e\frac{\partial A_p}{\partial t} - e\frac{\partial A_p}{\partial X^n}\dot{X}^n + e\frac{\partial A_0}{\partial X^p} + e\dot{X}^n\frac{\partial A_n}{\partial X^p}
$$

$$(6.23)$$

을 얻는다. 만약 좌변이 질량 곱하기 가속도의 상대론적 일반화라면 우변은 그 입자에 대한 상대론적 힘일 수밖에 없다.

우변에는 두 종류의 항들이 있다. ($\dot{X}^n$을 인수로 가지고 있으므로) 속도에 비례하는 항과 그렇지 않은 항이 그들이다. 우변에서 비슷한 항들을 함께 하나로 묶으면 그 결과는

$$
m\frac{d}{dt}\frac{\dot{X}_p}{\sqrt{1-\dot{x}^2}} = e\left(\frac{\partial A_0}{\partial X^p} - \frac{\partial A_p}{\partial t}\right) + e\dot{X}^n\left(\frac{\partial A_n}{\partial X^p} - \frac{\partial A_p}{\partial X^n}\right)
$$

$$(6.24)$$

이다.

---

10) 이 식의 양변에서 더하는 첨자가 서로 다르더라도 상관없다.

아트: 아이고, 머리 아파. 이거 하나도 알아볼 수가 없네. 우리가 로런츠 힘 법칙에 다가가고 있다고 자네가 말한 걸로 기억하는데. 알잖나,

$$\vec{F} = e\vec{E} + e\vec{v} \times \vec{B}$$

식 6.24하고 같아 보이는 것이라고는 전기 전하 e밖에 없는데.

레니: 기다려 봐, 아트, 다가가는 중이야.

식 6.24의 좌변을 보자. 속도가 작아서 분모의 제곱근을 무시할 수 있다고 가정하면 좌변은 그냥 질량 곱하기 가속도이다. 이는 뉴턴이 힘이라 불렀던 것이다. 따라서 우리는 $\vec{F}$를 얻었다.

우변에서 우리는 두 항을 갖고 있다. 하나는 속도 $\dot{X}^n$을 갖고 있다. 나는 이를 v_n이라 부를 수도 있다. 다른 항은 속도에 의존하지 않는다.

아트: 빛이 보이는 거 같아, 레니! 그게 속도가 없는 $e\vec{E}$ 항이지?

레니: 감 잡았구만, 아트. 계속해 봐. 속도가 있는 항은 뭐지?

아트: 우와! 이건……, 그래! 이건 $e\vec{v} \times \vec{B}$ 여야만 해.

아트가 옳다. 속도에 의존하지 않는 항, 즉

$$e\left(\frac{\partial A_0}{\partial X^p} - \frac{\partial A_p}{\partial t}\right)$$

을 생각해 보자. 만약 우리가 전기장 성분 E_p 가

$$E_p = \left(\frac{\partial A_0}{\partial X^p} - \frac{\partial A_p}{\partial t}\right) \tag{6.25}$$

가 되도록 정의한다면 로런츠 법칙의 첫 번째 항인 $e\vec{E}$ 를 얻는다.

속도에 의존하는 항은 여러분이 외적에 능통하지 않다면 약간 더 어렵다. 외적을 잘 안다면 이것이 $e\vec{v} \times \vec{B}$ 의 성분 형태임을 알 수 있다. 여러분이 외적을 잘 모르는 경우를 위해 이제 이 계산을 할 것이다.[11]

먼저 $\vec{v} \times \vec{B}$ 의 z 성분을 생각해 보자.

$$(\vec{v} \times \vec{B})_z = v_x B_y - v_y B_x. \tag{6.26}$$

우리는 이를

---

[11] 부록 B에 있는 3-벡터 연산 요약편이 이 절의 나머지를 항해하는 데 반드시 도움이 될 것이다.

$$\dot{X}^n \left(\frac{\partial A_n}{\partial X^p} - \frac{\partial A_p}{\partial X^n} \right) \tag{6.27}$$

의 z 성분과 비교하려고 한다. 여기서 첨자 p를 z 방향과 일치시키면 z 성분을 얻는다. 첨자 n은 더하는 첨자이다. 이는 n을 $(1, 2, 3)$, 또는 똑같지만 (x, y, z)의 값으로 대체하고 그 결과를 다 더해야 함을 뜻한다. 지름길은 없다. 그냥 이 값들을 대입하면

$$v_x \left(\frac{\partial A_x}{\partial z} - \frac{\partial A_z}{\partial x} \right) + v_y \left(\frac{\partial A_y}{\partial z} - \frac{\partial A_z}{\partial y} \right) \tag{6.28}$$

을 얻을 것이다.

연습 문제 6.2: 표현식 6.28은 첨자 p를 공간의 z 성분과 일치시키고, n을 $(1, 2, 3)$값에 대해 더해서 유도한 것이다. 왜 표현식 6.28은 v_z 항을 포함하지 않는가?

이제 우리는 표현식 6.28을 식 6.26의 우변과 맞추어 보면 된다. 이는

$$B_y = \frac{\partial A_x}{\partial z} - \frac{\partial A_z}{\partial x}$$

와

$$B_x = -\left(\frac{\partial A_y}{\partial z} - \frac{\partial A_z}{\partial y}\right)$$

임을 확인하면 가능하다. 두 번째 방정식에서 음의 부호는 식 6.26의 두 번째 항에서 음의 부호 때문이다. 다른 성분들에 대해서도 정확히 똑같은 일을 할 수 있다. 그 결과

$$B_x = \frac{\partial A_z}{\partial y} - \frac{\partial A_y}{\partial z}$$

$$B_y = \frac{\partial A_x}{\partial z} - \frac{\partial A_z}{\partial x}$$

$$B_z = \frac{\partial A_y}{\partial x} - \frac{\partial A_x}{\partial y} \qquad (6.29)$$

임을 알게 된다. 이 식들에 대해 여러분이 분명히 익숙해 할 약식 표기법이 있다.[12] 식 6.29는 $\vec{B}$ 는 $\vec{A}$ 의 회전(curl)이라는 말로 요약된다.

$$\vec{B} = \vec{\nabla} \times \vec{A}. \qquad (6.30)$$

식 6.25와 식 6.3에 대해 어떻게 생각해야 할까? 한 가지 방법은 전자기장을 정의하는 근본적인 양은 벡터 퍼텐셜이고 식 6.25와

---

12) 부록 B에 기술되어 있다.

식 6.30이 우리가 전기장 및 자기장으로 인식하는 유도된 개체를 정의한다고 말하는 것이다. 하지만 어떤 이는 실험실에서 직접적으로 측정되는 가장 물리적인 양은 E와 B이고 벡터 퍼텐셜은 단지 이들을 기술하는 기교일 뿐이라고 반응할지도 모른다. 어느 쪽이든 좋다. 월수금 대 화목토 같은 이야기다. 다만 A와 (E, B)의 우위에 관한 여러분의 철학이 무엇이든지 간에 실험적 사실은 하전 입자가 로런츠 힘 법칙에 따라 움직인다는 점이다. 사실 우리는 식 6.24를 완전히 상대론적으로 불변인 형태로 쓸 수 있다.

$$m \frac{d}{dt} \frac{\dot{X}_p}{\sqrt{1 - \dot{x}^2}} = e(\vec{E} + \vec{v} \times \vec{B})_p. \qquad (6.31)$$

6.3.4 로런츠 불변 방정식

식 6.31은 하전 입자에 대한 운동 방정식의 로런츠 불변형이다. 좌변은 질량 곱하기 가속도의 상대론적 형태이고 우변은 로런츠 힘 법칙이다. 우리는 이 방정식이 로런츠 불변임을 안다. 왜냐하면 그 라그랑지안을 정의한 방식 때문이다. 그러나 이 식은 **겉으로 드러날 만큼 분명하게** 불변은 아니다. 즉 방정식의 구조로부터 명백하게 불변인 것은 아니다. 어떤 방정식이 로런츠 변환 하에 겉으로 드러날 만큼 분명하게 불변이라고 물리학자들이 말할 때는, 그 방정식이 4차원의 형태로 위 첨자와 아래 첨자가 올바른 방식으로 서로 맞아떨어지게 쓰여 있다는 뜻이다. 즉 방정식의 양변이 똑같은 방식으로 변환하는 텐서 방정식으로 쓰여 있다. 그것이 우리가 6강에서 앞으로 이루어야 할 목표이다.

지금까지의 여정을 모두 되짚어 오일러-라그랑주 방정식(식 6.24)의 이전 형태로 돌아가 보자. 편의상 여기 다시 쓸 것이다.

$$m\frac{d}{dt}\frac{\dot{X}_p}{\sqrt{1-\dot{x}^2}} = e\left(\frac{\partial A_0}{\partial X^p} - \frac{\partial A_p}{\partial t}\right) + e\dot{X}^n\left(\frac{\partial A_n}{\partial X^p} - \frac{\partial A_p}{\partial X^n}\right).$$

2강과 3강으로 돌아가면(식 2.16과 3.9를 보라.) 다음과 같은 양

$$\frac{\dot{X}^p}{\sqrt{1-\dot{x}^2}}$$

이 속도 4-벡터의 공간 성분임을 알게 된다. 즉

$$\frac{\dot{X}^p}{\sqrt{1-\dot{x}^2}} = \frac{dX^p}{d\tau}$$

이다. p는 라틴 첨자이므로 우리는 또한

$$\frac{\dot{X}_p}{\sqrt{1-\dot{x}^2}} = \frac{dX_p}{d\tau} \tag{6.32}$$

로 쓸 수 있다. 따라서 (인수 m을 당분간 무시하면) 식 6.24의 좌변은

$$\frac{d}{dt}\left(\frac{dX^p}{d\tau}\right)$$

와 같이 쓸 수 있다. 이는 4-벡터의 성분이 아니다. 그러나 만약 우리가 여기에 $dt/d\tau$를 곱하면 4-벡터 형태로 쓸 수 있다.

$$\frac{dt}{d\tau} \cdot \frac{d}{dt}\frac{dX^p}{d\tau} = \frac{d^2 X^p}{d\tau^2}.$$

이는 4-벡터(상대론적 가속도)의 **공간** 성분들이다. 전체 4-벡터인

$$\frac{d^2 X^\mu}{d\tau^2}$$

는 4개의 성분을 갖고 있다. 따라서 식 6.24의 양변에 $dt/d\tau$를 곱해 보자. 우리는 t를 X^0으로 바꾸고 $dt/d\tau$ 대신 $dX^0/d\tau$로 쓸 것이다. 그 결과는

$$m\frac{d^2 X_p}{d\tau^2} = e\frac{dX^0}{d\tau}\left(\frac{\partial A_0}{\partial X^p} - \frac{\partial A_p}{\partial X^0}\right) + e\frac{dX^n}{d\tau}\left(\frac{\partial A_n}{\partial X^p} - \frac{\partial A_p}{\partial X^n}\right)$$

이다. 첨자가 변동하는 우리 표기법을 떠올려 보면 이 방정식의 우변을 0에서 4까지 쭉 변하는 그리스 첨자로 라틴 첨자를 바꿔 하나의 항으로 다시 쓰려고 시도했을 수도 있다.

$$m\frac{d^2 X_p}{d\tau^2} = e\frac{dX^\nu}{d\tau}\left(\frac{\partial A_\nu}{\partial X^\mu} - \frac{\partial A_\mu}{\partial X^\nu}\right).$$

그러나 여기서 문제가 하나 생긴다. 방정식의 각 변은 아래쪽 자유 첨자를 갖게 되는데 이는 좋다. 그러나 좌변은 라틴 자유 첨자 p를 갖는 반면 우변은 그리스 자유 첨자 μ를 갖고 있다. 물론 첨자는 다시 이름을 붙일 수 있지만, 한 변의 라틴 자유 첨자를 다른 한 변의 그리스 자유 첨자와 맞출 수는 없다. 왜냐하면 이들의 범위가 다르기 때문이다. 이 식을 적절하게 쓰려면 좌변의 X_p를 X_μ로 바꿀 필요가 있다. 적절한 형태의 방정식은

$$m\frac{d^2 X_\mu}{d\tau^2} = e\frac{dX^\nu}{d\tau}\left(\frac{\partial A_\nu}{\partial X^\mu} - \frac{\partial A_\mu}{\partial X^\nu}\right) \qquad (6.33)$$

이다. 만약 첨자 μ를 공간 첨자 p로 두면 식 6.33은 그냥 식 6.24의 재현이 된다. 사실 식 6.33은 **겉으로 드러날 만큼 분명하게 불변인** 하전 입자의 운동 방정식이다. 명확하게 불변인 이유는 방정식의 모든 개체가 4-벡터이고 모든 반복 첨자는 적절하게 축약돼 있기 때문이다.

한 가지 중요하고도 미묘한 점이 있다. 우리는 첨자 p로 표지된, 공간 성분에 대한 오직 3개의 방정식만 표현하는 식 6.24로부터 시작했다. 첨자 μ가 민코프스키 공간의 모든 네 방향을 따라 변하도록 허용한다면 식 6.33은 시간 성분에 대해 하나의 추가 방정식을 내놓을 것이다.

그렇다면 이 새로운 방정식(0번째 방정식)은 올바른가? 애초에 작용이 스칼라였음을 확실히 함으로써 우리는 운동 방정식이

로런츠 불변임을 장담했다. 만약 방정식들이 로런츠 불변이라면, 그리고 어떤 4-벡터의 세 공간 성분이 어떤 다른 4-벡터의 세 공간 성분과 똑같다면, **자동으로** 이 방정식들의 0번째 성분(시간 성분)도 또한 일치해야 한다. 왜냐하면 우리는 3개의 공간 성분이 올바른 로런츠 불변 이론을 만들었으므로 시간 방정식 또한 옳아야만 하기 때문이다.

이 논리는 현대 물리학의 모든 영역에 널리 퍼져 있다. 여러분의 라그랑지안이 어떤 문제의 대칭성을 준수함을 확인하라. 만약 그 문제의 대칭성이 로런츠 대칭성이면 여러분의 라그랑지안이 로런츠 불변인지 확인하라. 그렇다면 여러분의 운동 방정식은 또한 로런츠 불변임이 보장될 것이다.

6.3.5 4-속도를 이용한 방정식

식 6.33을 나중에 다루기 쉽게 약간 다른 형태로 손을 좀 보자. 기억을 되살려 보면 다음과 같이 정의된 4-벡터

$$U^\mu = \frac{dX^\mu}{d\tau}$$

를 4-속도로 부른다. (좌변에 아래 첨자 μ를 써서) 식 6.33에 이를 대입하면 그 결과는

$$m\frac{dU_\mu}{d\tau} = e\left(\frac{\partial A_\nu}{\partial X^\mu} - \frac{\partial A_\mu}{\partial X^\nu}\right)U^\nu \qquad (6.34)$$

이다. 좌변에 있는 도함수

$$\frac{dU_\mu}{d\tau}$$

는 4-가속도라 부른다. 이 방정식의 공간 부분은 U를 써서

$$m\frac{dU_p}{d\tau} = e\left(\frac{\partial A_0}{\partial X^p} - \frac{\partial A_p}{\partial X^0}\right)U^0 + e\left(\frac{\partial A_n}{\partial X^p} - \frac{\partial A_p}{\partial X^n}\right)U^n \quad (6.35)$$

이다.

6.3.6 A_μ의 $\vec{E}$ 및 $\vec{B}$ 와의 관계

벡터 퍼텐셜 A_μ 와 익숙한 전기장 $\vec{E}$ 및 자기장 $\vec{B}$ 사이의 관계를 요약해 보자.

역사적으로 $\vec{E}$ 와 $\vec{B}$ 는 전하와 전류에 대한 실험을 통해 발견되었다. (전류는 단지 운동하는 전하일 뿐이다.) 이 발견들은 로런츠 힘 법칙으로 로런츠가 통합하면서 정점을 찍었다. 그러나 여러분도 시도해 보았겠지만, $\vec{E}$ 와 $\vec{B}$ 로 공식화되어 있으면 하전 입자의 동역학을 작용 원리로 표현할 방법이 없다. 이를 위해서는 벡터 퍼텐셜이 필수적이다. 오일러-라그랑주 방정식을 써서 이를 로런츠 힘 법칙과 비교하면 $\vec{E}$ 및 $\vec{B}$ 장을 A_μ와 연결짓는 다음 방정식들을 얻는다.

$$E_x = \frac{\partial A_0}{\partial x} - \frac{\partial A_x}{\partial t}$$

$$E_y = \frac{\partial A_0}{\partial y} - \frac{\partial A_y}{\partial t}$$

$$E_z = \frac{\partial A_0}{\partial z} - \frac{\partial A_z}{\partial t}$$

$$B_x = \frac{\partial A_z}{\partial y} - \frac{\partial A_y}{\partial z}$$

$$B_y = \frac{\partial A_x}{\partial z} - \frac{\partial A_z}{\partial x}$$

$$B_z = \frac{\partial A_y}{\partial x} - \frac{\partial A_x}{\partial y}. \tag{6.36}$$

이 방정식들은 어떤 대칭성을 갖고 있어서 이들을 텐서 형태로 써 달라고 애원하는 것만 같다. 우리는 7강에서 이 작업을 할 것이다.

6.3.7 U^μ의 의미

6강이 끝날 무렵 한 학생이 손을 들고서 식 6.34에 이르기 위해 우리가 어려운 수학적 공중 부양을 아주 많이 했다고 말했다. 그렇다면 땅으로 돌아와서 상대론적 4-속도 U^μ의 의미를 논의할 수 있을까? 특히 0번째 방정식, 즉 상대론적 가속도의 시간 성분에 대한 방정식은 어떤가?

물론이다. 한번 해 보자. 먼저 식 6.35에서 보이는 공간 성
분부터 살펴보자. 좌변은 단지 질량 곱하기 가속도, 즉 뉴턴의
$F = ma$ 에서 ma 를 상대론적으로 일반화한 것이다. 만약 입자
가 천천히 움직인다면 이는 정확하게 ma 이다. 하지만 이 방정
식은 입자가 빠르게 움직이더라도 성립한다. 우변은 로런츠 힘의
상대론적 버전이다. 첫 번째 항은 전기력이며 두 번째 항은 움직
이는 전하에 작용하는 자기력이다. 0번째 방정식은 설명이 필요
하다. 이 식을

$$m\frac{dU_0}{d\tau} = e\left(\frac{\partial A_n}{\partial X^0} - \frac{\partial A_0}{\partial X^n}\right)\frac{dX^n}{d\tau} \qquad (6.37)$$

로 써 보자. 우변의 첫 번째 항($\mu = 0$일 때)은 생략했음에 유의하
라. 왜냐하면

$$\left(\frac{\partial A_0}{\partial X^0} - \frac{\partial A_0}{\partial X^0}\right) = 0$$

이기 때문이다. 식 6.37의 좌변부터 시작해 보자. 이는 무언가 약
간 익숙하지 않다. 이는 상대론적 가속도의 시간 성분이다. 이를
해석하기 위해 돌이켜 보자면(식 3.36과 3.37을 보라.) 상대론적 운
동 에너지는 단지

$$mU^0 = \frac{m}{\sqrt{1 - v^2}}$$

이다. 통상적인 단위를 써서 광속을 명시적으로 드러내면 이 식은

$$mU^0 = \frac{mc^2}{\sqrt{1 - v^2/c^2}}$$

이 된다. 단지 표기법을 일관되게 유지하기 위해, mU_0는 **음의** 운동 에너지이다. 왜냐하면 시간 첨자를 내리면 부호가 바뀌기 때문이다. 따라서 음의 부호를 제쳐놓는다면 식 6.37의 좌변은 운동 에너지의 시간 변화율이다. 운동 에너지의 변화율은 어떤 종류의 힘이든 단위 시간당 입자에 작용한 힘이 해 준 일이다.

다음으로 식 6.37의 우변을 생각해 보자. 우변은

$$- e\vec{E} \cdot \vec{v}$$

의 형태이다. $e\vec{E}$가 입자에 작용하는 전기력이라는 사실을 이용하면 우리는 이 식의 우변을

$$- \vec{F} \cdot \vec{v}$$

로 표현할 수 있다. 기초 역학에서 힘과 속도의 내적은 정확하게 그 힘이 움직이는 입자에 해 준 (단위 시간당) 일이다. 따라서 0번째 방정식은 단지 에너지 균형 방정식으로서 운동 에너지의 변화는 어떤 계에 해 준 일이라는 사실을 표현하고 있음을 알 수 있다.

자기력에는 무슨 일이 벌어졌을까? 일을 계산할 때 어떻게 자기력을 포함하지 않아도 되었을까? 여러분이 아마도 고등학교에서 배웠을 한 가지 답은 이렇다.

자기력은 일을 하지 않는다.

설명은 간단하다. 자기력은 언제나 속도에 수직이다. 따라서 $\vec{F} \cdot \vec{v}$ 에 기여하지 않는다.

6.4 장 텐서에 대한 간주

현대 물리학자라면 어떤 새로운 양을 보고 아마도 이렇게 첫 질문을 던질 것이다. "그것은 어떻게 변환하나요? 특히, 로런츠 변환 하에서 어떻게 변환하나요?" 보통의 답은 이렇다. "(그것을 무엇이라 부르든) 새로운 양은 텐서로서 수많은 위 첨자와 수많은 아래 첨자를 갖고 있습니다." 전기장과 자기장도 예외는 아니다.

아트: 레니, 큰 문제가 있네. 전기장은 3개의 공간 성분을 갖고 있지만 시간 성분은 없잖아. 그 빌어먹을 녀석이 어떻게 4차원 텐서가 될 수 있어? 자기장에도 똑같은 문제가 있어.

레니: 잊어버리고 있군, 아트. 3 + 3 = 6이야.

아트: 6개의 성분을 가진 그런 종류의 어떤 텐서가 있다는 뜻이야? 이해할 수 없는데. 4-벡터는 4개의 성분을 갖고 있고,

첨자가 둘인 텐서는 $4 \times 4 = 16$개의 성분을 갖고 있잖아? 비법
이 뭐야?

아트의 질문에 대한 답은 이렇다. 첨자가 둘인 텐서는 16개의
성분을 갖는다는 말이 사실이지만, 반대칭 텐서는 오직 6개의 **독
립적인** 성분만 갖는다. 반대칭 텐서라는 개념을 일단 복습해 보자.

2개의 4-벡터 C와 B가 있다고 하자. 이들을 한데 모아 첨자
가 둘인 텐서를 만드는 방법은 두 가지가 있다. $C_\mu B_\nu$와 $B_\mu C_\nu$
이다. 이 둘을 더하고 빼면 우리는 대칭 텐서와 반대칭 텐서

$$S_{\mu\nu} = C_\mu B_\nu + B_\mu C_\nu$$

와

$$A_{\mu\nu} = C_\mu B_\nu - B_\mu C_\nu$$

를 만들 수 있다. 특히 반대칭 텐서의 독립 성분 개수를 세어 보
자. 먼저 대각 원소는 모두 사라진다. 이는 16개의 성분 중에 오
직 12개만 살아남는다는 뜻이다.

그러나 또 다른 제한 조건이 있다. 비대각 원소는 크기
가 똑같으면서 부호가 반대인 쌍으로 등장한다. 예를 들어
$A_{02} = -A_{20}$이다. 12개 중 절반만 독립적이다. 따라서 6개가 남

는다. 아트가 옳았다. 단지 6개의 독립 성분만 갖는 텐서가 존재한다.

이제 식 6.36을 살펴보자. 우변은 모두

$$F_{\mu\nu} = \frac{\partial A_\nu}{\partial X^\mu} - \frac{\partial A_\mu}{\partial X^\nu} \qquad (6.38)$$

의 형태, 즉 같은 표현이지만

$$F_{\mu\nu} = \partial_\mu A_\nu - \partial_\nu A_\mu \qquad (6.39)$$

의 형태이다. $F_{\mu\nu}$는 분명히 텐서이며 게다가 반대칭적이다. 이는 6개의 독립적인 성분을 갖고 있고 그 성분들은 엄밀하게 $\vec{E}$와 $\vec{B}$의 성분들이다. 식 6.36과 비교하면 양의 성분 목록을 쓸 수 있다.

$$
\begin{aligned}
F_{10} &= E_x & F_{12} &= B_z \\
F_{20} &= E_y & F_{23} &= B_x \\
F_{30} &= E_z & F_{31} &= B_y .
\end{aligned} \qquad (6.40)
$$

반대칭성(antisymmetry)을 이용하면 다른 성분들을 채워 넣을 수 있다. 이제 여러분은 식 6.11이 어디서 왔는지 알 수 있을 것이다. 나는 여기에 모든 위아래 첨자 버전을 모두 다시 쓸 것이다.

$$F_{\mu\nu} = \begin{pmatrix} 0 & -E_x & -E_y & -E_z \\ +E_x & 0 & +B_z & -B_y \\ +E_y & -B_z & 0 & +B_x \\ +E_z & +B_y & -B_x & 0 \end{pmatrix} \qquad (6.41)$$

$$F^{\mu\nu} = \begin{pmatrix} 0 & +E_x & +E_y & +E_z \\ -E_x & 0 & +B_z & -B_y \\ -E_y & -B_z & 0 & +B_x \\ -E_z & +B_y & -B_x & 0 \end{pmatrix} \qquad (6.42)$$

$$F^{\mu}{}_{\nu} = \begin{pmatrix} 0 & +E_x & +E_y & +E_z \\ +E_x & 0 & +B_z & -B_y \\ +E_y & -B_z & 0 & +B_x \\ +E_z & +B_y & -B_x & 0 \end{pmatrix} \qquad (6.43)$$

$$F_{\mu}{}^{\nu} = \begin{pmatrix} 0 & -E_x & -E_y & -E_z \\ -E_x & 0 & +B_z & -B_y \\ -E_y & -B_z & 0 & +B_x \\ -E_z & +B_y & -B_x & 0 \end{pmatrix}. \qquad (6.44)$$

이 행렬들의 행은 첨자 μ로 표지돼 있다고 생각할 수 있다. 이때 μ는 왼쪽 끝을 따라 위에서 아래로 내달리며 $(0,1,2,3)$의 값을 가진다. 마찬가지로 열은 첨자 ν로 표지돼 있으며 제일 윗줄을 가로질러 내달리며 똑같은 값(쓰지는 않았다.)을 갖는다.

$F_{\mu\nu}$의 제일 위 행을 살펴보자. 우리는 이 원소들을 $F_{0\nu}$라 생각할 수 있다. 왜냐하면 이들 각각은 $\mu = 0$인 반면 ν는 전체 범위의 값을 가지기 때문이다. 이들은 전기장 성분들이다. 우리는 이들을 시간과 공간의 '뒤섞인' 성분이라 여긴다. 왜냐하면 이

들 첨자 중 하나는 시간 첨자이고 다른 하나는 공간 첨자이기 때문이다. 가장 왼쪽에 있는 열에 대해서도, 똑같은 이유로, 이는 똑같이 사실이다.

이제 가장 위 행과 가장 왼쪽 열을 뺀 3×3 부분 행렬을 살펴보자. 이 부분 행렬에는 자기장 성분들이 살고 있다.

하나의 텐서 속에 전기장과 자기장을 구성함으로써 우리가 성취한 것은 무엇인가? 많다. 이제 우리는 다음 질문에 어떻게 답해야 할지를 안다. 레니가 움직이는 기차 위의 자기 틀에서 어떤 전기장과 자기장을 본다고 가정하자. 기차역 틀에서 아트는 어떤 전기장과 자기장을 볼 것인가? 기차 속에서 정지한 전하는 레니의 틀에서는 익숙한 전기장(쿨롱 장)일 것이다. 아트의 관점에서는 그 똑같은 전하가 움직이고 있으므로 아트가 보는 장을 계산하는 것은 단지 그 장 텐서를 로런츠 변환하는 문제일 뿐이다. 8.1.1절에서 우리는 이 아이디어를 더 깊이 탐구할 것이다.

⏲ 7강 ⏲

근본 원리와 게이지 불변

아트: 물리학자들은 왜 근본적인 원리에 목을 매는 거지?

최소 작용, 국소성, 로런츠 불변성 같은 것들 말야. 또 뭐가 있더라?

레니: 게이지 불변성. 이런 원리들이 새로운 이론을 평가하는 데에 도움이 되지.

원리들을 어기는 이론에는 아마도 결점이 있을 거야.

하지만 때로 우리는 근본적이라는 게 무슨 뜻인지 다시 생각해야만 해.

좋아, 기차가 속도를 높이고 있어. 로런츠 불변이야.

철길을 따라 내달리고 있고 필요한 작용(그 이상은 필요 없지.)은 모두 갖고 있어.

기차는 모든 역마다 정차해. 그래서 국소적이야.

레니: 으악.

아트: 그리고 게이지 불변이야. 안 그러면 선로에서 벗어날 테니까.

레니: 내 생각엔 자네가 궤도를 벗어난 것 같네. 조금 더 천천히 살펴보자고.

이론 물리학자가 새로 발견한 어떤 현상을 설명하기 위해 이론을 구축하려 한다고 가정해 보자. 새 이론은 어떤 규칙이나 근본 원리들을 따를 것으로 기대된다. 모든 물리 법칙을 지배하는 것으로 보이는 원리에는 4개가 있다. 간단히 말하면 이렇다.

- 작용 원리   - 로런츠 불변성
- 국소성   - 게이지 불변성

이 원리들은 모든 물리학에 두루 퍼져 있다. 일반 상대성 이론이든 양자 전기 동역학이든 입자 물리학의 표준 모형이든 양-밀스 이론이든 알려진 모든 이론은 이들을 따른다. 세 가지 원리는 익숙할 것이다. 그러나 게이지 불변성은 새롭다. 이전에 본 적이 없다. 7강의 주된 목표는 이 새로운 아이디어를 소개하는 것이다. 우선 네 가지 근본 원리를 요약하면서 시작하자.

7.1 4대 원리 요약

작용 원리

첫 번째 원리는 물리 현상이 작용 원리로 기술된다는 것이다. 이런 양상에 대한 그 어떤 예외도 우리는 알지 못한다. 딱 한 가지 사례를 들자면 에너지 보존이라는 개념은 작용 원리를 통해 완전히 유도된다. 운동량 보존에 대해서도 그리고 일반적으로 보존 법칙과 대칭성 사이의 관계에 대해서도 똑같은 사실이 적용된다. 그냥 운동 방정식을 쓰면 완전히 훌륭하게 의미가 통한다. 그러나 운동 방정식을 작용 원리로부터 유도하지 않았다면 에너지와 운동량 보존에 대한 보증을 포기해야 할 것이다. 특히 에너지 보존은 작용 원리와 함께, 시간을 일정한 양만큼 이동시킬 때(우리가 시간 이동이라 부르는 변환 하에서) 모든 것이 불변이라는 가정의 결과이다.

그래서 이것이 우리의 첫 번째 원리이다. 실험실에서 발견된 현상을 기술하는 운동 방정식을 결과물로 내놓는 작용을 찾아보자. 우리는 두 종류의 작용을 보았다. 입자의 운동에 대한 작용은

$$작용_{particle} = \int dt \mathcal{L}(X, \dot{X})$$

이다. 여기서 $\mathcal{L}$은 라그랑지안을 나타낸다. 장론에서의 작용은

$$작용_{field} = \int d^4 x \mathcal{L}(\phi, \phi_\mu)$$

이다. 장론에서 $\mathcal{L}$은 **라그랑지안 밀도**를 나타낸다. 여기서 **밀도**라는 단어는 시간뿐만 아니라 공간 전체에 걸쳐 통합된 양을 나타

낸다. 우리는 어떻게 오일러-라그랑주 방정식이 이 두 경우를 모두 지배하는지 살펴보았다.

국소성

국소성이란 한 곳에서 일어나는 일들이 오직 공간과 시간적으로 가까운 조건들에만 직접적으로 영향을 미친다는 뜻이다. 만약 시간과 공간의 한 점에서 어떤 계를 콕 찌르면 그 **직접적인** 효과는 오직 바로 그 근처에 있는 것들에만 작용할 것이다. 예를 들어, 바이올린 줄을 끝점에서 두드리면 거기서 가장 가까운 이웃만 그 효과를 즉각적으로 느낄 것이다. 물론 그 이웃의 운동은 **이웃의** 이웃에 영향을 줄 것이고, 그런 식으로 연쇄 작용이 일어난다. 얼마 지나지 않아 현의 전체 길이가 그 효과를 느낄 것이다. 그러나 짧은 시간의 효과는 국소적이다.

이론이 국소성을 준수한다는 것을 어떻게 보증할까? 다시 한번, 이는 작용을 통해 가능하다. 예를 들어, 입자에 관해 이야기하고 있다고 하자. 이 경우 작용은 입자의 궤적에 따른 시간(dt)에 관한 적분이다. 국소성을 보증하려면 피적분 함수인 라그랑지안 $\mathcal{L}$이 그 계의 좌표에만 의존해야 한다. 입자의 경우 이는 입자의 위치 성분들과 이들의 1차 시간 도함수를 뜻한다. 이웃한 시간 점들은 시간 도함수를 통해 작동하기 시작한다. 결국 도함수는 가까운 이웃들 사이의 관계를 포착하는 것들이다. 그러나 더 높은 차수의 도함수는 1차 도함수보다 '덜 국소적'이기 때문

에 배제된다.[1]

장론은 공간과 시간의 부피 속에 담겨 있는 장을 기술한다. (그림 4.2와 5.1) 작용은 시간에 대해서뿐만 아니라 공간에 대한 적분(d^4x)이기도 하다. 이 경우 국소성은 라그랑지안이 장 ϕ와 X^μ에 대한 그 편미분에 의존함을 말한다. 우리는 이 편미분을 ϕ_μ라 부를 수 있다. 이 정도면 개체들이 오직 자기 근처의 이웃들에만 직접적으로 영향을 미친다는 것을 보증하기에 충분하다.

한 곳에서 무언가를 콕 찔렀을 때 다른 어떤 곳에서 즉각적인 효과가 생기는 어떤 세상을 상상할 수도 있을 것이다. 그 경우에는 라그랑지안이 도함수를 통해 가장 가까운 이웃들에만 의존하는 것이 아니라 '원격 작용'을 허용하는 더 복잡한 것들에도 의존할 것이다. 국소성은 이를 허용하지 않는다.

양자 역학에 대해 짧게 한마디만 하자. 양자 역학은 이 책의 범위를 넘어선다. 그런데도 많은 독자는 국소성의 원리가 양자 역학에 어떻게 적용되는지 (또는 적용되는지 아닌지) 궁금할 것이다. 가능한 한 분명히 해 두자. **국소성이 적용된다.**

양자 역학적 얽힘은 종종 비국소적이라고 언급된다. 이것은 오해의 소지가 있다. 얽힘은 비국소성과 똑같지 않다. 『물리의 정석: 양자 역학 편』에서 이를 아주 자세히 설명하고 있다. 얽힘은 한 곳에서 다른 곳으로 신호를 즉각적으로 보낼 수 있음을 뜻하

---

1) 이들은 또한 수많은 이론적, 실험적 결과 때문에 배제된다.

지 않는다. 국소성은 근본적이다.

로런츠 불변성

물리 이론은 반드시 로런츠 불변이어야 한다. 즉 운동 방정식은
모든 기준틀에서 똑같아야 한다. 이미 우리는 이것이 어떻게 작
동하는지를 살펴보았다. 라그랑지안이 스칼라임을 확실히 할 수
있다면 우리는 그 이론이 로런츠 불변임을 보증할 수 있다. 기호
로는

$$\mathcal{L} = 스칼라$$

이다. 로런츠 불변성은 공간 회전 하의 불변이라는 개념도 포함
한다.[2]

게이지 불변성

마지막 규칙은 다소 신비롭고 완전히 이해하는 데 시간이 걸린
다. 간단히 말해 게이지 불변성은 물리에 영향을 주지 않으면서
벡터 퍼텐셜에 취할 수 있는 변화와 관련이 있다. 우리는 7강의

---

[2] 일반 상대성 이론(이 책에서 다루지는 않는다.)은 임의의 좌표 변환 하에서 불변이기를
요구한다. 로런츠 변환은 특별한 경우이다. 그렇기는 해도 불변성 원리는 비슷하다. $\mathcal{L}$이
스칼라이기를 요구하는 대신, 일반 상대성 이론은 $\mathcal{L}$이 스칼라 밀도이기를 요구한다.

나머지를 할애해 이를 소개할 것이다.

7.2 게이지 불변성

대칭성이라고도 불리는 불변성이란 작용 또는 운동 방정식에 영향을 주지 않는 계의 변화이다. 몇몇 익숙한 예를 살펴보자.

7.2.1 대칭성 사례

방정식 $\vec{F} = m\vec{a}$ 는 아마도 가장 잘 알려진 운동 방정식이다. 여러분이 좌표 원점을 한 곳에서 다른 곳으로 옮기더라도 정확하게 똑같은 형태를 갖는다. 좌표 회전에 대해서도 똑같은 사실이 적용된다. 이 법칙은 병진과 회전 하에서 불변이다.

또 다른 예로 4강의 기초 장론을 생각해 보자. 이 이론의 라그랑지안 (식 4.7)은

$$\mathcal{L} = \frac{1}{2}\left[\left(\frac{\partial \phi}{\partial t}\right)^2 - \left(\frac{\partial \phi}{\partial x}\right)^2 - \left(\frac{\partial \phi}{\partial y}\right)^2 - \left(\frac{\partial \phi}{\partial z}\right)^2\right] - V(\phi)$$

이며 또한

$$-\frac{1}{2}[\partial_\mu \phi \, \partial^\mu \phi] - V(\phi)$$

로도 나타냈다. 지금으로서는 $V(\phi)$를 0으로 두고 모든 공간 성분을 하나의 변수인 x로 욱여넣은 단순화된 버전을 생각하자.

$$\mathcal{L} = \frac{1}{2}\left[\left(\frac{\partial \phi}{\partial t}\right)^2 - \left(\frac{\partial \phi}{\partial x}\right)^2\right].$$

이 라그랑지안으로부터 유도한 운동 방정식(식 4.10)은

$$\frac{\partial^2 \phi}{\partial t^2} - \frac{\partial^2 \phi}{\partial x^2} = 0 \tag{7.1}$$

이다. (여기서는 약간 단순화했다.) 첫 번째 항에서 $\frac{1}{c^2}$의 인수를 무시했다. 이 예에서 그다지 중요하지 않기 때문이다. 이 방정식은 로런츠 불변성을 포함해서 많은 불변성을 갖고 있다. 새로운 불변성을 발견하기 위해, 방정식의 내용이나 의미를 바꾸지 않고 우리가 방정식에 대해 바꿀 수 있는 것들을 찾으려고 해야 한다. 기본 장에 상수를 더해 보자.

$$\phi \to \phi + c.$$

즉 운동 방정식에 대해 **이미 하나의 풀이인** 장 ϕ를 골라서 그냥 상수를 더한다고 해 보자. 그 결과가 여전히 운동 방정식을 만족하는가? 물론이다. 왜냐하면 상수의 도함수는 0이기 때문이다. ϕ가 운동 방정식을 만족시킨다는 것을 안다면 $(\phi + c)$ 또한 그 방정식을 만족시킨다.

$$\frac{\partial^2 (\phi + c)}{\partial t^2} - \frac{\partial^2 (\phi + c)}{\partial x^2} = 0.$$

여러분은 이를 라그랑지안

$$- \partial_\mu \phi \, \partial^\mu \phi$$

에서도 또한 볼 수 있다. 여기서 나는 다시 한번 간단히 하기 위해 $\frac{1}{2}$ 인수를 무시했다. ϕ에 상수를 더하면 라그랑지안에 (따라서 결과적으로 작용에) 무슨 일이 벌어질까? 아무 일도 벌어지지 않는다! 상수의 도함수는 0이다. 우리가 특별한 작용 및 그 작용을 최소화하는 장의 구성을 갖고 있다면 그 장에 상수를 더해 봐야 차이가 없다. 여전히 그 작용을 최소화할 것이다. 즉 그런 장에 상수를 더하는 것은 대칭성 또는 불변성이다. 이는 우리가 앞서 본 것과는 다소 다른 종류의 불변성이지만, 불변성인 것은 모두가 똑같다.

이제 이 이론의 약간 더 복잡한 버전을 떠올려 보자. 여기서는 $V(\phi)$ 항이 0이 **아니다.** 4강으로 돌아가 보면 우리는

$$V(\phi) = \frac{\mu^2}{2} \phi^2$$

인 경우를 고려했다. 여기서 ϕ에 대한 도함수는

$$\frac{\partial V(\phi)}{\partial \phi} = \mu^2 \phi$$

이다. 이렇게 바꾸면 라그랑지안은

$$\mathcal{L} = \frac{1}{2}\left[\left(\frac{\partial \phi}{\partial t}\right)^2 - \left(\frac{\partial \phi}{\partial x}\right)^2\right] - \frac{\mu^2}{2}\phi^2 \qquad (7.2)$$

가 되며 운동 방정식은

$$\frac{\partial^2 \phi}{\partial t^2} - \frac{\partial^2 \phi}{\partial x^2} + \mu^2 \phi = 0 \qquad (7.3)$$

이 된다. 만약 ϕ에 상수를 더하면 식 7.3에 어떤 일이 벌어질까? 만약 ϕ가 풀이라면 $(\phi + c)$ 또한 여전히 풀이일까? 그렇지 않다. 처음 두 항에서는 변화가 없다. 그러나 ϕ에 상수를 더하면 분명히 세 번째 항을 바꾼다. 식 7.2의 라그랑지안은 어떨까? ϕ에 상수를 더한다고 해도 꺾쇠 괄호 안의 항들에는 아무런 영향이 없다. 그러나 제일 오른쪽 항에는 영향을 미친다. ϕ^2은 $(\phi + c)^2$과 똑같지 않다. 라그랑지안에

$$-\frac{\mu^2}{2}\phi^2$$

이라는 추가적인 항이 있기 때문에 ϕ에 상수를 더하면 불변이 **아니다.**

7.2.2 새로운 종류의 불변성

우리가 6강에서 도입했던 작용 적분

$$e \int_a^b A_\mu dX^\mu$$

로 돌아가자. 어떤 스칼라 S의 4차원 경사를 더해 A_μ를 고쳐
보자. 기호로는

$$A_\mu \to A_\mu + \frac{\partial S}{\partial X^\mu}$$

이다. 두 항 모두 첨자 μ가 공변이므로 앞선 적분에서의 합은 말
이 된다. 그런데 이렇게 대체하면 운동 방정식이 바뀔까? 입자가
따라가는 궤도가 바뀔까? 이것이 입자의 동역학에 그 무엇이든
어떤 변화를 만들어 낼까? 이렇게 대체하면 작용은 단순하게 바
뀐다.

$$\text{작용}_{original} = e \int_a^b A_\mu dX^\mu \tag{7.4}$$

는

$$\text{작용}_{modified} = e \int_a^b A_\mu dX^\mu + e \int_a^b \frac{\partial S}{\partial X^\mu} dX^\mu \tag{7.5}$$

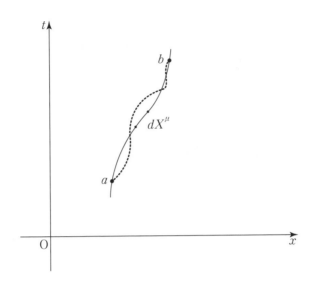

그림 7.1 시공간 궤적. 실선은 정지 작용에 대한 경로이다.
점선은 같은 고정된 끝점을 가진 변화된 경로이다.

가 된다. 새로운 적분(식 7.5)의 가장 오른쪽에 있는 적분)은 무엇을 나타내는가? 그림 7.1에는 여느 때처럼 입자의 궤적이 작은 구간들로 쪼개져 있다. 이 작은 구간들 중 하나를 따르는 S의 변화를 생각해 보자. 간단히 계산해 보면

$$\frac{\partial S}{\partial X^\mu} dX^\mu$$

는 S가 그 구간의 한쪽 끝에서 다른 끝까지 진행할 때의 변화이

다. 이 변화를 모든 구간에 대해 더하면 (또는 적분하면) 그 결과는
S가 궤적의 시작점에서 끝점까지 진행할 때의 변화이다. 즉 이
는 끝점 b에서 계산한 S에서 시작점 a에서의 S를 뺀 값과 같
다. 기호로는

$$\int_a^b \frac{\partial S}{\partial X^\mu} dX^\mu = S(b) - S(a)$$

이다. S 자체는 내가 그냥 던져 넣은 **임의의 스칼라 함수**일 뿐이
다. 벡터 퍼텐셜에 이 새로운 항을 추가하면 입자의 동역학을 바
꿀까?[3]

우리는 오직 궤적의 끝점들에만 의존하는 식으로 작용을 바
꾸었다. 그런데 작용 원리에 따르면 **끝점들이 고정돼 있다는 제한
조건에 종속된 채로** 궤적을 흔들어 최소 작용을 찾아야 한다. 끝
점들이 고정돼 있으므로 $S(b) - S(a)$ 항은 정지 작용에 대한 궤
적을 포함해서 모든 궤적에 대해 똑같다. 따라서 만약 정지 작용
에 대한 궤적을 찾는다면 벡터 퍼텐셜에 이런 변화를 주더라도
그 궤적은 정지한 채로 남아 있을 것이다. 어떤 스칼라의 4차원
경사를 더하는 것은 입자의 운동에 어떤 영향도 주지 않는다. 왜
냐하면 단지 끝점에서의 작용에만 영향을 주기 때문이다. 사실
작용에 임의의 도함수를 더하는 것은 일반적으로 아무것도 바꾸

---

3) 힌트: 그 답은 "**아니오!**"이다.

지 않는다. 심지어 S가 무엇인지도 상관하지 않는다. 우리의 논법은 임의의 스칼라 함수 S에 적용된다.

이것이 게이지 불변성의 개념이다. 벡터 퍼텐셜은 하전 입자의 거동에 어떤 영향도 주지 않고 어떤 방식으로 바꿀 수 있다. 벡터 퍼텐셜에 $\dfrac{\partial S}{\partial X^{\mu}}$를 더하는 것을 **게이지 변환**(gauge transformation)이라 한다. 게이지라는 단어는 이 개념과 거의 관계가 없는 역사적인 유물이다.

7.2.3 운동 방정식

게이지 불변성은 대담한 주장을 담고 있다.

여러분 뜻대로 임의의 스칼라 함수를 생각해 내고 그 경사를 벡터 퍼텐셜에 더하더라도 운동 방정식은 정확히 똑같은 채로 남아 있다.

이를 확신할 수 있을까? 이를 알아보기 위해 운동 방정식으로 그냥 돌아가 보자. 식 6.33의 로런츠 힘 법칙은

$$m\frac{d^2 X_{\mu}}{d\tau^2} = e\frac{dX^{\nu}}{d\tau}\left(\frac{\partial A_{\nu}}{\partial X^{\mu}} - \frac{\partial A_{\mu}}{\partial X^{\nu}}\right)$$

이다. 우리는 이를

$$m\frac{d^2 X_{\mu}}{d\tau^2} = eF_{\mu\nu}U^{\nu}$$

로 다시 쓸 수 있다. 여기서

$$F_{\mu\nu} = \frac{\partial A_\nu}{\partial X^\mu} - \frac{\partial A_\mu}{\partial X^\nu} \tag{7.6}$$

이며 4-속도 U^ν는

$$U^\nu = \frac{dX^\nu}{d\tau}$$

이다. 운동 방정식은 벡터 퍼텐셜과 직접적으로는 관련이 없다. 운동 방정식은 그 원소들이 전기장과 자기장 성분인 장 텐서 $F_{\mu\nu}$와 관련이 있다. 벡터 퍼텐셜이 어떻게 변하더라도 $F_{\mu\nu}$에 영향을 주지 않는다면 입자의 운동에 영향을 주지 않을 것이다. 우리가 할 일은 장 텐서 $F_{\mu\nu}$가 게이지 불변임을 확인하는 것이다. 식 7.6의 벡터 퍼텐셜에 스칼라의 경사를 더하면 어떤 일이 벌어지는지 살펴보자.

$$F_{\mu\nu} = \frac{\partial \left(A_\nu + \frac{\partial S}{\partial X^\nu} \right)}{\partial X^\mu} - \frac{\partial \left(A_\mu + \frac{\partial S}{\partial X^\mu} \right)}{\partial X^\nu}. \tag{7.7}$$

복잡해 보이지만, 아주 쉽게 간단히 할 수 있다. 합의 도함수는 도함수의 합이므로 우리는

$$F_{\mu\nu} = \frac{\partial A_{\nu}}{\partial X^{\mu}} + \frac{\partial \left(\frac{\partial S}{\partial X^{\nu}} \right)}{\partial X^{\mu}} - \frac{\partial A_{\mu}}{\partial X^{\nu}} - \frac{\partial \left(\frac{\partial S}{\partial X^{\mu}} \right)}{\partial X^{\nu}},$$

즉

$$F_{\mu\nu} = \frac{\partial A_{\nu}}{\partial X^{\mu}} + \frac{\partial^2 S}{\partial X^{\mu} \partial X^{\nu}} - \frac{\partial A_{\mu}}{\partial X^{\nu}} - \frac{\partial^2 S}{\partial X^{\nu} \partial X^{\mu}} \quad (7.8)$$

로 쓸 수 있다. 그런데 우리는 어떤 편미분을 취할 것인지에 대한 순서가 중요하지 않음을 알고 있다. 즉

$$\frac{\partial^2 S}{\partial X^{\nu} \partial X^{\mu}} = \frac{\partial^2 S}{\partial X^{\mu} \partial X^{\nu}}$$

이다. 따라서 식 7.8의 2차 도함수 2개는 똑같고 서로 상쇄된다.[4] 그 결과는

$$F_{\mu\nu} = \frac{\partial A_{\nu}}{\partial X^{\mu}} - \frac{\partial A_{\mu}}{\partial X^{\nu}} \quad (7.9)$$

이다. 이는 정확하게 식 7.6과 똑같다. 이로써 확인이 끝났다. 4-벡터 퍼텐셜에 스칼라의 경사를 더하는 것은 작용이나 운동 방정

---

[4] 2차 편미분의 이런 성질은 우리가 관심 있는 함수들에 대해서는 사실이다. 이런 성질을 갖지 않는 함수들도 존재한다.

식에 어떤 영향도 주지 않는다.

7.2.4 전망

우리 목표가 입자와 전자기장의 운동 방정식을 쓰는 것이라면 왜 우리는 귀찮게도 벡터 퍼텐셜을 보탰을까? 특히나 전기장과 자기장에 영향을 주지 않으면서도 그걸 바꿀 수 있음에도?

그 답은 이렇다. 입자의 운동에 대해 벡터 퍼텐셜을 수반하지 않는 작용 원리를 쓸 방법이 없기 때문이다. 그러나 주어진 점에서 벡터 퍼텐셜의 값은 물리적으로 의미가 있지는 않아서 측정할 수는 없다. 어떤 스칼라의 경사를 더해서 벡터 퍼텐셜을 바꾸더라도 물리는 변하지 않는다.

어떤 불변성은 명확한 물리적 의미를 지닌다. 똑같은 문제에서 2개의 기준틀을 상상하고 그들(2개의 물리적 기준틀, 여러분의 틀과 나의 틀) 사이를 전환하는 일은 어렵지 않다. 게이지 불변성은 다르다. 이는 좌표 변환에 관한 것이 아니다. 이는 **기술법의 과잉**이다. 게이지 불변성이란 서로가 모두 동등한 수많은 기술법이 있다는 뜻이다. 새로운 요소는 이것이 위치의 함수를 수반한다는 점이다. 예를 들어, 우리가 좌표를 회전시킬 때 다른 위치에서 다르게 회전시키지 않는다. 그런 종류의 회전은 보통의 물리학에 불변성을 정의하지 않는다. 우리는 어떤 특별한 각도로 오직 단한 번, 위치의 함수를 수반하지 **않는** 방식으로 회전시킬 것이다. 반면 게이지 변환은 위치에 대한 임의의 함수를 통째로 수반한다. 게이지 불변성은 물리학에서 알려진 모든 근본 이론의 특성이다. 전자기학, 표준 모형, 양-밀스 이론, 중력까지 모두가 게이지 불변성을 갖고 있다.

게이지 불변성이란 실제적인 중요성이 없는 그저 흥미로운 수학적 성질이라는 인상을 받았을지도 모르겠다. 이는 오해이다. 게이지 불변성 덕분에 우리는 물리 문제를 형태는 다르지만 동등한 수학적 표현으로 기술할 수 있다. 이따금 우리는 벡터 퍼텐셜에 무언가를 더해 문제를 간단히 할 수 있다. 예를 들어, 우리는 A_μ의 성분 중 아무것이나 하나를 0과 같다고 설정하는 S를 고를 수도 있다. 일반적으로 우리는 이론의 한 측면을 드러내 보이거나 명확히 하기 위해 특정한 함수 S를 고를 것이다. 때문에 그 이론의 다른 성질을 애매하게 만드는 대가를 치를 수도 있다. S의 모든 가능한 선택지라는 관점에서 이론을 바라보면 그 이론의 성질 모두를 알 수 있다.

맥스웰 방정식

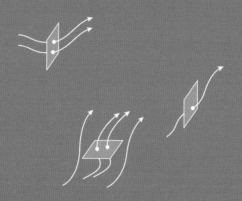

맥스웰은 헤르만의 은신처에 개인 테이블을 갖고 있다.

맥스웰은 거기 홀로 앉아 자신과 꽤나 진지한 대화를 나누고 있다.

아트: 우리 친구 맥스웰은 자아가 분열된 것처럼 보여.

레니: 그 정도로 위기는 아냐. 그는 자신의 아름다운 전자기 이론을 만들기 위해서

고의로 2개의 다른 정체성을 사용하고 있지.

아트: 언제까지 그렇게 할 수 있을까? 정체성들이야 좋긴 하지만······.

레니: 거의 절반 지점까지. 거기서 실제 작용이 시작되지.

독자들은 잘 알겠지만 「물리의 정석」 시리즈는 내가 스탠퍼드 대학교에서 한 연속 강의에 기초를 두고 있다. 강의는 본래 특성상 항상 순서가 완벽하게 잡혀 있지는 않다. 나는 종종 이전 강의의 복습이나 또는 미처 다루지 못했던 어떤 사안을 채워 넣으면서 강의를 시작한다. 맥스웰 방정식을 다루는 8강이 그런 경우였다. 실제 강의는 맥스웰 방정식이 아니라 전기장과 자기장의 변환 성질로 시작되었다. 이 주제는 내가 7강 끝에서 겨우 슬쩍 소개했을 뿐이다.

최근에 나는 이따금 상대성 이론에 대한 아인슈타인의 첫 논문을 살펴보곤 한다.[1] 나는 여러분 스스로 이 논문을 공부해 보기를 강력히 권한다. 특히 첫 문단은 경이로움 그 자체이다. 여기서 아인슈타인은 자신의 논리와 동기를 너무나도 명료하게 설명한다. 이것이 전자기장 텐서의 변환 성질과 깊이 관련돼 있으므로 한동안 나는 이를 논의하려고 한다.

8.1 아인슈타인의 예

아인슈타인의 예는 자석과 도선 같은 전기 전도체와 관련이 있다. 전류란 움직이는 하전 입자의 집합에 다름 아니다. 우리는 아

---

1) 알베르트 아인슈타인, 「움직이는 물체의 전기 동역학에 관하여」, 1905년 6월 30일.

인슈타인의 설정을 자석의 장 속에 있는, 도선 속에 포함된, 하전 입자의 문제로 환원할 수 있다. 핵심은 자석의 정지틀에서 도선이 움직이고 있다는 것이다.

그림 8.1은 자석이 정지해 있는 '실험실' 틀에서의 기본 설정을 보여 준다. 도선은 y 축을 따라 방향을 잡고 x 축을 따라 움직이고 있다. 도선 속의 전자는 도선과 함께 이끌린다. 또한 자석이 하나 정지해 있어서(그려져 있지는 않다.) 지면 바깥을 가리키는 단 하나의 성분 B_z를 가진 일정한 자기장을 만들어 낸다.

전자에는 무슨 일이 벌어질까? 전자는 그 속도 v와 자기장 B_z의 외적에 전하 e가 곱해진 것과 같은 로런츠 힘을 느낀다. 이는 로런츠 힘이 v와 B 모두에 대해 수직이라는 뜻이다. 오른손 법칙을 따르면, 그리고 전자는 음의 전하를 가진다는 점을 기억하면 로런츠 힘은 위쪽을 향할 것이다. 그 결과 도선에 전류가 흐를 것이다. 전자는 로런츠 힘에 의해 위로 밀려 올라가지만, 벤저민 프랭클린(Benjamin Franklin)의 불운한 표기법(전자의 전하는 음수이다.) 때문에 전류는 아래쪽으로 흐른다.

이것이 실험실 관측자가 기술하는 상황이다. 자기장 속의 전하의 운동이 유효 전류를 만들어 낸다. 그림 8.1의 오른쪽 아래 작은 도표가 전자에 작용하는 로런츠 힘

$$\vec{F} = e(\vec{v} \times \vec{B})$$

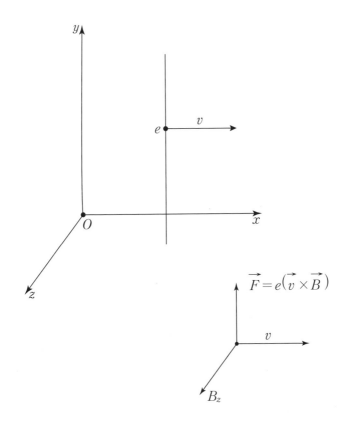

그림 8.1 아인슈타인 예. 움직이는 전하의 관점. 실험실과 자석은 정지해 있다. 전하 e 는 v 의 속도로 오른쪽으로 움직인다. 상수의 자기장은 오직 하나의 성분 B_z 만 갖고 있다. 전기장은 없다.

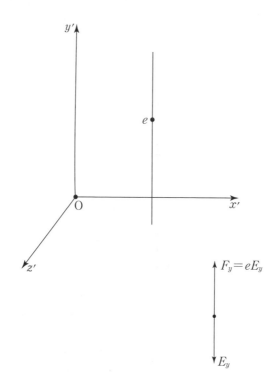

그림 8.2 아인슈타인 예. 움직이는 자석의 관점. 전하 e는 정지해 있다. 자석과 실험실은 v의 속도로 왼쪽으로 움직인다. 상수의 전기장은 오직 하나의 성분 E_y만 갖고 있다. 전자의 전하는 음수이기 때문에 전자에 작용하는 힘은 E_y의 반대 방향이다.

을 보여 준다.

이제 똑같은 물리적 상황을 전자의 틀에서 살펴보자. 그림 8.2가 보여 주듯이 "프라임이 붙은" 이 틀에서는 전자가 정지해 있고 자석이 왼쪽으로 v의 속도로 움직인다. 전자가 정지해 있으므로 전자에 작용하는 힘은 전기장에 의한 힘이어야만 한다. 이는 당황스럽다. 왜냐하면 원래 문제는 오직 자기장만 관련돼 있었기 때문이다. 유일하게 가능한 결론은 움직이는 자석이 전기장을 만들어 내야만 한다는 것이다. 핵심만 추리자면 그게 바로 아인슈타인의 논증이다. 움직이는 자석의 장은 반드시 전기 성분을 포함해야 한다.

도선을 지나쳐 자석을 움직이면 무슨 일이 벌어질까? 움직이는 자기장은 알베르트 아인슈타인과 그의 동시대인들이 기전력 (electromotive force, EMF)이라 불렀던 것을 만들어 낸다. 기전력이란 사실상 전기장을 뜻한다. 자기장이 지면 바깥을 향하는 자석을 가지고 왼쪽으로 움직이면 아래로 향하는 전기장 E_y를 만들어 낸다. 이는 정지한 전자에 위로 향하는 힘 eE_y를 발휘한다.[2] 즉 프라임이 붙은 틀에서의 전기장 E_y는 프라임이 붙지 않은 틀에서의 로런츠 힘과 똑같은 효과를 낸다. 이 간단한 사고 실험으로 아인슈타인은 로런츠 변환 하에 자기장이 전기장으로 전환해야 한다는 사실을 유도했다. $\vec{E}$와 $\vec{B}$를 반대칭 텐서 $F_{\mu\nu}$의 성분으로 봤을 때, 이 예측이 이 장들의 변환 성질과 어떻게 비교될까?

---

2) 다시, 전자에 작용하는 힘은 전기장의 방향과 반대이다. 전자가 음의 전하를 지니기 때문이다.

8.1.1 장 텐서의 변환

텐서 $F_{\mu\nu}$ 는

$$F_{\mu\nu} = \begin{pmatrix} 0 & -E_x & -E_y & -E_z \\ +E_x & 0 & +B_z & -B_y \\ +E_y & -B_z & 0 & +B_x \\ +E_z & +B_y & -B_x & 0 \end{pmatrix}$$

의 성분을 갖고 있다. 우리는 하나의 기준틀에서 다른 틀로 옮겨 갈 때 이 성분들이 어떻게 변환하는지를 알아내고자 한다. 하나 의 기준틀에서 앞선 장 텐서가 주어졌을 때, 이 장은 x 축을 따 라 양의 방향으로 움직이는 관측자에게 어떻게 보일까? 움직이 는 틀에서 장 텐서의 새로운 성분은 무엇일까?

이를 계산하기 위해 2개의 첨자를 가진 텐서의 변환 규칙을 기억해야만 한다. 더 간단한 텐서인 4-벡터, 특히 4-벡터 X^{μ} 로 돌아가 보자. 4-벡터는 오직 하나의 첨자를 가진 텐서이다. 우리 는 4-벡터가 로런츠 변환 하에

$$t' = \frac{t - vx}{\sqrt{1 - v^2}}$$

$$x' = \frac{x - vt}{\sqrt{1 - v^2}}$$

$$y' = y$$

$$z' = z$$

로 변환함을 안다. 6강(예를 들어 식 6.3)에서 봤듯이 우리는 이 방정식들을 아인슈타인 합 관례를 이용해 하나의 행렬 표현으로 구현할 수 있다. 우리는 x 축을 따라가는 단순 로런츠 변환의 세부 사항을 담고 있는 행렬 $L^{\mu}{}_{\nu}$를 도입했다. 이 표기법을 사용해 우리는 변환식을

$$(X')^{\mu} = L^{\mu}{}_{\nu}X^{\nu}$$

로 썼다. 여기서 ν는 더하는 첨자이다. 이는 단지 앞서 등장했던 로런츠 변환 방정식 세트를 약식으로 표기한 것이다. 식 6.4에서 우리는 이 방정식이 행렬 형태로 어떻게 보일지를 확인했다. 여기 그 방정식을 약간 수정한 버전이 있다. (t, x, y, z)는 (X^0, X^1, X^2, X^3)으로 대체되었다.

$$\begin{pmatrix} X^0 \\ X^1 \\ X^2 \\ X^3 \end{pmatrix}' = \begin{pmatrix} \dfrac{1}{\sqrt{1-v^2}} & \dfrac{-v}{\sqrt{1-v^2}} & 0 & 0 \\ \dfrac{-v}{\sqrt{1-v^2}} & 1 & 0 & 0 \\ 0 & 0 & 1 & 0 \\ 0 & 0 & 0 & 1 \end{pmatrix} \begin{pmatrix} X^0 \\ X^1 \\ X^2 \\ X^3 \end{pmatrix}. \qquad (8.1)$$

2개의 첨자를 가진 텐서는 어떻게 변환할까? 이 예를 위해 나는 장 텐서의 위 첨자 버전을 이용할 것이다.

$$F^{\mu\nu} = \begin{pmatrix} 0 & +E_x & +E_y & +E_z \\ -E_x & 0 & +B_z & -B_y \\ -E_y & -B_z & 0 & +B_x \\ -E_z & +B_y & -B_x & 0 \end{pmatrix}.$$

나는 편의상 위 첨자 버전(식 6.42)을 골랐다. 왜냐하면 이미 우리는 위 첨자를 가진 것들을 변환하는 규칙을 가지고 있기 때문이다. 우리가 줄곧 사용해 온 로런츠 변환 형태는 위 첨자를 가진 것들에 작용하도록 설정되었다. **2개의** 위 첨자를 가진 것은 어떻게 변환할까? 하나의 첨자를 가진 것을 변환하는 규칙과 거의 똑같다. 단일 첨자 변환 규칙은

$$(X')^{\mu} = L^{\mu}{}_{\sigma} X^{\sigma}$$

이다. 여기서 σ는 더하는 첨자이다. 2첨자 변환 규칙은

$$(F')^{\mu\nu} = L^{\mu}{}_{\sigma} L^{\nu}{}_{\tau} F^{\sigma\tau} \tag{8.2}$$

이다. 여기서 σ와 τ는 더하는 두 첨자이다. 즉 단일 첨자 변환을 그냥 두 번 실행한 셈이다. 원래 개체 $F^{\sigma\tau}$의 각 첨자는 변환 방정식에서는 더하는 첨자가 된다. 각각의 첨자(σ와 τ)는 각 첨자가 **유일하게** 변환되는 첨자였을 때와 정확하게 똑같은 방식으로 변환된다.

개체의 첨자가 더 많아지더라도 그 규칙은 똑같을 것이다. (임의의 개수의 첨자를 가질 수 있다.) 첨자의 변환 방식은 모두 똑같다. 이것이 텐서의 변환 규칙이다. 이를 $F^{\mu\nu}$에 시도해 보고 y축을 따르는 전기장의 유무를 밝혀낼 수 있는지 알아보자. 즉 프라임이 붙은 기준틀에서 전기장의 y 성분 $(E')^y$를 계산해 보자.

$$(E')^y = (F')^{0y}.$$

원래의 프라임이 붙지 않은 장 텐서 $F^{\mu\nu}$가 아인슈타인의 예에 적용될 때 우리는 이 텐서에 대해 무엇을 알고 있는가? 이 텐서는 **프라임이 붙지 않은** z 축을 따라 순전히 자기장만을 나타낸다는 사실을 우리는 알고 있다. 따라서 $F^{\sigma\tau}$는 오직 하나의 0이 아닌 성분 F^{xy}만 갖고 있으며 이는 B^z에 해당한다.[3] 식 8.2의 양식을 따라 우리는

$$(E')^y = (F')^{0y} = L^0{}_x L^y{}_y F^{xy} \qquad (8.3)$$

으로 쓸 수 있다. 좌변에 오직 하나의 성분만 있다 하더라도 첨자들이 식 8.2의 첨자들과 똑같은 방식으로 맞아떨어짐에 주목하라. 우변에서의 합은 하나의 항으로 귀착된다. 식 8.1의 행렬을

---

[3] 반대칭 성분인 $F^{yx} = -F^{xy}$ 또한 0이 아니다. 하지만 여기에는 새로운 정보가 없다.

참조하면 우리는 L 의 특정한 원소를 확인하고 이를 식 8.3의 변환식에 대입할 수 있다. 구체적으로 우리는

$$L^0_{\ x} = \frac{-v}{\sqrt{1 - v^2}}$$

이고

$$L^y_{\ y} = 1$$

임을 알 수 있다. 식 8.3에 이를 대입하면 그 결과는

$$(E')^y = (F')^{0y} = \frac{-v}{\sqrt{1 - v^2}}(1)F^{xy},$$

즉

$$(E')^y = (F')^{0y} = \frac{-vF^{xy}}{\sqrt{1 - v^2}}$$

이다. 그런데 F^{xy} 는 원래 기준틀에서 B^z 와 똑같으므로 우리는 이제

$$(E')^y = (F')^{0y} = \frac{-vB^z}{\sqrt{1 - v^2}} \tag{8.4}$$

로 쓸 수 있다. 따라서 아인슈타인이 주장했듯이 움직이는 틀에서 봤을 때 순수한 자기장은 전기장 성분을 갖게 될 것이다.

연습 문제 8.1: 정지해 있는 전기 전하를 생각해 보자. 추가적인 전기장이나 자기장은 없다. 정지틀 성분 (E_x, E_y, E_z)을 써서 표현했을 때 음의 x 방향으로 v의 속도로 움직이는 관측자에게 전기장의 x 성분은 무엇인가? y와 z 성분은 무엇인가? 그에 대응하는 자기장 성분은 무엇인가?

연습 문제 8.2: 기차가 지나갈 때 아트는 기차역에 앉아 있다. 레니의 장 성분을 이용해 표현했을 때 아트가 관측한 E의 x 성분은 무엇인가? y와 z 성분은 무엇인가? 아트가 보는 자기장의 성분들은 무엇인가?

8.1.2 아인슈타인 예 요약

우리는 전기장이 0이고, 자기장이 오직 양의 z 방향만 가리키고 있으며, 전자가 양의 x 방향으로 v의 속도로 움직이고 있는 실험실 틀을 설정하면서 논의를 시작했다. 그러고는 전자의 틀에서의 전기장과 자기장 값을 물었다. 우리는 두 가지를 알아냈다.

1. 새로운 틀에서는 전자가 정지해 있으므로 전자에 작용하는 자기력이

없다.

2. 그러나 새로운 기준틀에서는 전자에 힘을 발휘하는 전기장의 y 성분
   이 존재한다.

실험실 틀에서 자기장 때문에 (움직이는) 전자에 작용하는 힘은 움직이는 틀(전자의 정지틀)에서는 전기장 때문이다. 이것이 아인슈타인 예의 핵심이다. 이제 맥스웰 방정식으로 들어가 보자.

연습 문제 8.3: 아인슈타인의 예에서 모든 전기장 및 자기장 성분을 전자 정지틀에서 계산하라.

8.2 맥스웰 방정식의 도입

파울리의 (가상의) 전언을 떠올려 보자.

> 장은 전하가 어떻게 움직일지 말해 주고
> 전하는 장이 어떻게 변화할지 말해 준다.

6강에서 우리는 이 전언의 전반부, 즉 장이 전하가 어떻게 움직일지 말해 주는 방식을 묘사하는 데에 상당한 시간을 들였다. 이제는 전하가 장이 어떻게 변하는지 말해 줄 차례이다. 만약 장이 로런츠 힘 법칙을 통해 입자를 통제한다면 전하는 맥스웰 방정식

을 통해 장을 통제한다,

전기 동역학을 가르치는 내 철학은 다소 변칙적이라 설명이 필요하다. 대부분의 과정은 역사적인 관점을 취해 18세기 말과 19세기 초에 발견된 일단의 법칙 집합으로 시작한다. 아마도 여러분은 그 법칙들을 들어 봤을 것이다. 쿨롱 법칙, 앙페르 법칙, 그리고 패러데이 법칙이 그것이다. 교사는 이 법칙들을 가끔 미적분 없이 가르치는데, 내 생각엔 심각한 잘못이다. 물리학은 언제나 수학 없이는 더 어렵다. 그러고는 다소 고통스런 과정을 거쳐 이 법칙들이 맥스웰 방정식으로 끼워 맞추어진다. 내 나름의 교수법은 과감하게 처음부터 맥스웰 방정식으로 시작하는 것이다. (심지어 학부생들도) 각각의 방정식을 붙잡고 그 의미를 분석하며 그런 식으로 쿨롱 법칙, 앙페르 법칙, 패러데이 법칙을 유도한다. 이는 맥스웰 방정식을 배우는 '찬물 샤워' 스타일의 방법이지만, 학생들은 역사적인 방식으로 배울 때 수개월이 걸렸을 내용을 1~2주 안에 이해한다.

모두 얼마나 많은 맥스웰 방정식이 있는가? 실제로는 8개가 있지만, 벡터 표기법을 쓰면 4개로 줄어든다. 즉 2개의 3-벡터 방정식(각각 3개의 성분이 있다.), 그리고 2개의 스칼라 방정식으로 줄어든다.

8개의 방정식 중 4개는 벡터 퍼텐셜을 이용한 전기장 및 자기장의 정의로부터 도출되는 항등식이다. 구체적으로, 이들은 몇몇 벡터 항등식과 함께

$$F_{\mu\nu} = \partial_\mu A_\nu - \partial_\nu A_\mu$$

$$E_n = -(\partial_0 A_n - \partial_n A_0)$$

$$\vec{B} = \vec{\nabla} \times \vec{A}$$

의 정의로부터 곧바로 도출된다. 작용 원리에 호소할 필요가 없다. 그런 의미에서 맥스웰 방정식의 이 부분 집합은 '공짜로' 나온다.

8.2.1 벡터 항등식

항등식은 정의로부터 도출되는 수학적 사실이다. 다수는 자명하게 성립하지만 흥미로운 것들은 종종 명확하지 않다. 오랜 세월에 걸쳐 사람들은 벡터 연산과 관련된 수많은 항등식을 쌓아 두었다. 지금 우리는 단 2개만 필요하다. 부록 B에 기본 벡터 연산자를 정리해 두었다.

두 항등식

이제 우리의 두 항등식을 살펴보자. 첫 번째 항등식은 회전의 발산이 항상 0임을 말한다. 기호로는 임의의 벡터장 $\vec{A}$ 에 대해

$$\vec{\nabla} \cdot (\vec{\nabla} \times \vec{A}) = 0$$

이다. 이는 '억지 기법'으로 알려진 테크닉으로 증명할 수 있다. 발산과 회전의 정의를 이용해(부록 B 참조) 좌변 전체를 성분 형태

로 그냥 전개한다. 많은 항이 상쇄된다는 사실을 알게 될 것이다. 예를 들어, 어떤 항은 무언가를 x에 대해 미분하고 다음으로 y에 대해 미분한 도함수를 수반하는데 또 다른 항은 음의 부호를 가진 똑같은 것을 반대 순서로 미분한 도함수를 수반한다. 이런 종류의 항들은 0으로 상쇄된다.

두 번째 항등식은 임의의 경사의 회전은 0임을 말한다. 기호로는

$$\vec{\nabla} \times (\vec{\nabla} S) = 0$$

이다. 여기서 S는 스칼라이고 $\vec{\nabla} S$는 벡터이다. 이 두 항등식은 벡터 퍼텐셜 같은 어떤 특별한 장에 대한 진술이 아님을 기억하라. 이들은 **임의의** 장 S와 $\vec{A}$에 대해 이들이 미분 가능하기만 하면 사실이다. 이 두 항등식이면 맥스웰 방정식의 절반을 증명하기에 충분하다.

8.2.2 자기장

식 6.30에서 우리는 자기장 $\vec{B}$가 벡터 퍼텐셜 $\vec{A}$의 회전임을 알았다.

$$\vec{B} = \vec{\nabla} \times \vec{A}.$$

따라서 자기장의 발산은 회전의 발산이다.

$$\vec{\nabla} \cdot \vec{B} = \vec{\nabla} \cdot (\vec{\nabla} \times \vec{A}).$$

우리의 첫 번째 벡터 항등식에 따르면 우변은 0이어야 한다. 즉

$$\vec{\nabla} \cdot \vec{B} = 0 \qquad (8.5)$$

이다. 이것이 맥스웰 방정식들 중 하나이다. 이는 자기 전하가 있을 수 없음을 말한다. 만약 우리가 하나의 점(자기 홀극)으로부터 발산하는 자기장 벡터의 구성을 보게 된다면 이 방정식은 틀리게 될 것이다.

8.2.3 전기장

우리는 벡터 항등식으로부터 또 다른 맥스웰 방정식(전기장과 관련된 벡터 방정식)을 유도할 수 있다. 전기장의 정의

$$E_n = -\left(\frac{\partial A_n}{\partial t} - \frac{\partial A_0}{\partial X^n} \right) \qquad (8.6)$$

으로 돌아가 보자. 두 번째 항은 단지 A_0의 경사의 n번째 성분일 뿐임에 주목하라. 3차원의 관점(그냥 공간의 관점)에서 보자면

$\vec{A}$ 의 시간 성분, 즉 A_0 은 하나의 스칼라로 여길 수 있다.[4] 그 성분이 A_0 의 도함수인 벡터는 A_0 의 경사로 생각할 수 있다. 따라서 전기장은 두 항을 갖고 있다. 하나는 $\vec{A}$ 공간 성분의 시간 도함수이고, 다른 하나는 시간 성분의 경사이다. 우리는 식 8.6을 벡터 방정식

$$\vec{E} = -\left(\frac{\partial \vec{A}}{\partial t} - \vec{\nabla} A_0 \right) \tag{8.7}$$

로 다시 쓸 수 있다. 이제 $\vec{E}$ 의 회전

$$\vec{\nabla} \times \vec{E} = -\vec{\nabla} \times \frac{\partial \vec{A}}{\partial t} + \vec{\nabla} \times \vec{\nabla} A_0 \tag{8.8}$$

을 생각해 보자. 우변의 두 번째 항은 경사의 회전이며 우리의 두 번째 벡터 항등식에 따라 0이어야 한다. 우리는 첫 번째 항을

$$-\vec{\nabla} \times \frac{\partial \vec{A}}{\partial t} = -\frac{\partial}{\partial t}(\vec{\nabla} \times \vec{A})$$

로 다시 쓸 수 있다. 왜 그런가? 도함수를 서로 뒤바꿀 수 있기 때문이다. 우리가 미분해서 회전을 만들 때, 공간 미분을 시간 미분과 뒤바꾸어 시간 미분을 밖으로 끄집어낼 수 있다. 따라서

---

4) 4차원 벡터 공간의 관점에서는 스칼라가 아니다.

$\vec{A}$ 의 시간 도함수의 회전은 $\vec{A}$ 의 회전의 시간 도함수이다. 그
결과 식 8.8은

$$\vec{\nabla} \times \vec{E} = -\frac{\partial}{\partial t}(\vec{\nabla} \times \vec{A})$$

로 간단해진다. 그런데 이미 우리는 $\vec{A}$ 의 회전이 자기장 $\vec{B}$ 임
을 알고 있다. (식 6.30) 따라서 우리는 두 번째 맥스웰 방정식을

$$\vec{\nabla} \times \vec{E} = -\frac{\partial}{\partial t}\vec{B} \qquad (8.9)$$

또는

$$\vec{\nabla} \times \vec{E} + \frac{\partial}{\partial t}\vec{B} = 0 \qquad (8.10)$$

으로 쓸 수 있다. 이 벡터 방정식은 공간의 각 성분에 대해 하나
씩, 3개의 방정식을 나타낸다. 식 8.5와 식 8.10은 이른바 **동차**
(homogeneous) 맥스웰 방정식이라 부른다.

동차 맥스웰 방정식은 항등식에서 유도되긴 했지만, 그럼에
도 중요한 내용을 담고 있다. 식 8.5인

$$\vec{\nabla} \cdot \vec{B} = 0 \qquad (8.11)$$

은 자연에 자기 전하가 없다는 중요한 사실을 표현한다. (정말로 그게 사실이라면) 기초적인 용어로 말하자면 전기장과는 달리 자속의 선들은 결코 끝이 없음을 말한다. 이것이 자기 홀극(전기적으로 대전된 입자의 자기 유사물)은 불가능함을 뜻하는가? 여기서는 답을 하지 않고 책의 끝에서 이 주제를 조금 더 자세히 살펴볼 것이다.

식 8.10은 어떤가? 어떤 결과가 있는가? 확실히 그렇다. 식 8.10은 전동기나 발전기 같은 전기 역학적 장치들의 작동을 지배하는 패러데이 법칙을 수학적으로 공식화한 방식 중 하나이다. 8강의 끝에서 우리는 다른 무엇보다 패러데이 법칙으로 돌아올 것이다.

8.2.4 맥스웰 방정식 2개 더

맥스웰 방정식은 2개가 더 있다.[5] 이들은 수학적 항등식이 아니다. 즉 $\vec{E}$ 와 $\vec{B}$ 의 정의만으로는 유도할 수 없다는 뜻이다. 작용 원리로부터 이들을 유도하는 것이 우리의 궁극적인 목표가 되겠지만, 원래 이들은 전하, 전류, 그리고 자석에 대한 실험 결과들을 요약한 경험 법칙들로서 발견되었다. 2개의 추가적인 방정식들은 전기장과 자기장의 역할을 뒤바꾸면 식 8.5 및 식 8.10과 비슷하다. 첫 번째는 단일 방정식

---

[5] 성분으로 쓰면 4개가 더 많은 셈이다.

$$\vec{\nabla} \cdot \vec{E} = \rho \qquad (8.12)$$

이다. 이는 우변이 0이 아닌 것을 제외하면 식 8.5와 비슷하다. ρ 라는 양은 전기 전하 밀도, 즉 공간의 각 점에서의 단위 부피당 전하이다. 이 식은 전기 전하가 어디를 가든 그 전하가 동반하는 전기장에 둘러싸여 있음을 나타낸다. 곧 알게 되겠지만 이 식은 쿨롱 법칙과 밀접하게 관련돼 있다.

두 번째 방정식(실제로는 3개의 방정식)은 식 8.10과 비슷하다.

$$\vec{\nabla} \times \vec{B} - \frac{\partial}{\partial t}\vec{E} = \vec{j} . \qquad (8.13)$$

다시, 전기장과 자기장을 뒤바꾸는 것과 부호의 변화를 제쳐 두면 식 8.10과 식 8.13 사이의 가장 중요한 차이는 식 8.13의 우변이 0이 아니라는 점이다. $\vec{j}$ 라는 양은 전류 밀도로서 전하의 흐름(예를 들어 도선 속 전자의 흐름)을 나타낸다.

식 8.13의 내용은 전하가 흘러가는 흐름 또한 장으로 둘러싸여 있다는 것이다. 이 방정식은 또한 도선 속의 전류가 만들어 내는 자기장을 결정하는 법칙인 앙페르 법칙과 관련이 있다.

표 8.1은 4개의 모든 맥스웰 방정식을 보여 준다. 우리는 벡터 퍼텐셜에 벡터 항등식을 적용해서 첫 두 식을 유도했다. 두 번째 두 방정식 또한 벡터 퍼텐셜로부터 나오지만, 이들은 동역학적 정보를 담고 있어서 이들을 유도하려면 작용 원리가 필요하

유도	방정식
벡터 항등식에서 (동차 방정식)	$\vec{\nabla} \cdot \vec{B} = 0$ $\vec{\nabla} \times \vec{E} + \dfrac{\partial}{\partial t}\vec{B} = 0$
작용 원리에서 (비동차 방정식)	$\vec{\nabla} \cdot \vec{E} = \rho$ $\vec{\nabla} \times \vec{B} + \dfrac{\partial}{\partial t}\vec{E} = \vec{j}$

표 8.1 맥스웰 방정식과 벡터 퍼텐셜로부터의 유도.

다. 9강에서 이 작업을 할 것이다.

방정식의 두 번째 그룹은 첫째 그룹과 많이 닮았다. 다만 $\vec{E}$ 와 $\vec{B}$ 의 역할이 (거의) 뒤바뀌었을 뿐이다. 내가 '**거의**'라고 말한 까닭은 이들의 구조에 어떤 작지만 중요한 차이가 있기 때문이다. 먼저, 부호가 약간 다르다. 또한 둘째 그룹의 방정식들은 **비동차**(inhomogeneous)이다. 이들은 우변에 첫째 그룹에서 나타나지 않았던 **전하 밀도** ρ 및 **전류 밀도** $\vec{j}$ 라 불리는 양을 수반한다. 우리는 다음 절에서 ρ 와 $\vec{j}$ 에 대해 더 많은 이야기를 할 것이다. 전하 밀도 ρ 는 (여러분도 그렇게 예상했겠지만) 단위 부피당 전하의 양이다. 3차원에서는 스칼라이다. 전류 밀도는 3-벡터이다. 곧 보게 되겠지만 4-벡터의 언어에서는 모든 게 약간 더 복잡하다. 우리는 $\vec{j}$ 의 세 성분과 함께 ρ 가 4-벡터의 성분임을 알게 될 것

이다.[6]

8.2.5 전하 밀도와 전류 밀도

전하 밀도와 전류 밀도는 무엇인가? 나는 그림 8.3과 그림 8.4에서 이를 나타내기 위해 노력했으나 문제가 있다. 2차원 종이 위에 4차원 시공간을 그릴 방법을 나는 알 길이 없다. 그림을 해석할 때 이 점을 명심하기를 바란다. 어느 정도는 추상적인 사고가 필요하다.

전하 밀도는 정확히 이렇게 말하는 것과 같다. 3차원 공간의 작은 영역에 대해 그 영역에서의 전체 전하량을 영역의 부피로 나눈다. 전하 밀도는 부피가 아주 작아질 때 이 비율의 극한값이다.

이 아이디어를 4차원 시공간의 관점에서 기술해 보자. 그림 8.3에서 시공간의 모든 네 방향을 그려 보려고 한다. 여느 때처럼 수직축은 시간을 나타내고 x 축은 오른쪽을 가리킨다. 지면 바깥으로 가리키는 공간축은 y, z로 표지돼 있고 y와 z 방향을 모두 나타낸다. 여기가 도표를 '추상적으로 사고하는' 부분이다. 완벽함과는 거리가 멀지만 어떤 아이디어인지 알 수 있을 것이다. 공간에서 작은 방을 하나 생각해 보자. 그림에는 수평 사각형으로 그려져 있다. 두 가지 중요한 점을 유의해야 한다. 첫째, 사각형의 방향은 시간축에 수직이다. 둘째, 이것은 실제로는 전혀 사각형이

---

6) 따라서 4차원 시공간에서는 ρ가 스칼라가 아니다. 4-벡터의 시간 성분으로 변환한다.

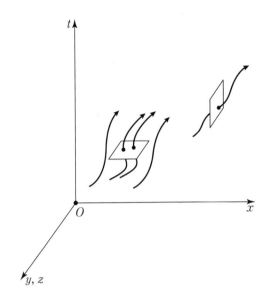

그림 8.3 시공간에서의 전하와 전류 밀도. y, z 축은 공간의 두 방향을 나타낸다. 곡선 화살표는 하전 입자의 세계선이다. 수평 사각형에는 전류 밀도가 표시된다. 수직 사각형에는 전류 밀도의 x 성분이 표시된다.

아니다. y, z 축에 평행한 사각형의 '변'은 실제로는 넓이이며, 사각형 자체는 사실은 3차원 공간 요소, 즉 정육면체이다.

곡선 화살표는 하전 입자의 세계선을 나타낸다. 우리는 공간과 시간이 마치 유체처럼 흘러가는 이런 세계선으로 가득 차 있다고 상상할 수 있다. 우리의 작은 정육면체를 관통해 지나가는 세계선을 생각해 보자. 정육면체는 시간축에 수직이므로 시간의 어떤 한 순간을 나타낸다는 점을 기억하라. 이는 정육면체를 "관통해 지나가는" 입자들이 단순히 그 순간에 정육면체 속에 **있는** 입자들이라는 뜻이다. 그 작은 공간 부피를 관통해 지나가는 입자들의 모든 전하를 세어 총 전하를 얻을 수 있다.[7] 전하 밀도 ρ 는 부피 요소 속의 총 전하를 그 부피로 나는 극한값

$$\rho = \frac{\Delta Q}{\Delta V}$$

이다.

전류 밀도는 어떨까? 전류 밀도를 생각하는 한 방법은 우리의 작은 사각형을 그 모서리로 돌리는 것이다. 수직으로 방향을 잡은 '사각형'이 그림 8.3의 오른쪽에 보인다. 이 도표는 훨씬 더 추상적인 사고를 요구한다. 이 사각형은 여전히 시공간에서의 3차원 정육면체를 나타낸다. 하지만 이 정육면체는 순전히 공간적이지는 않다. 한 변이 시간축에 평행하기 때문에 그 3차원 중 하나는 시간이다. y, z 축에 평행한 변은 다른 두 차원이 공간적임을 확증한다. 이 사각형은 x 축에 수직이다. 앞선 경우처럼 y, z 축에 평행한 변은 정말로 y, z 평면에서 2차원 사각형을 나타낸

---

7) **"관통해 지나간다."**라는 말은 이 맥락에서 특별한 의미를 지닌다. 부피 요소는 시간의 한 순간에 존재한다. 입자들은 과거에도 있었고 미래에도 있을 것이다. 다만 우리의 부피 요소로 표현되는 그 순간에는 입자들이 그 부피 요소 **안에** 있다.

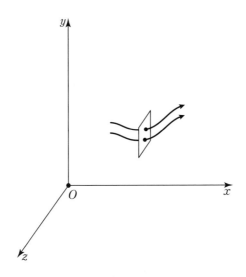

그림 8.4 공간에서의 전류 밀도. 시간축은 보이지 않는다. 곡선 화살표는 세계선이 아니라 오직 공간 속에서의 궤적을 보여 준다.

다. 이 작은 사각형을 오직 x, y, z 축만 있는 순수한 공간 도표인 그림 8.4에서 다시 그려 보자. 이 새로운 도표에서는 사각형이 정말로 사각형이다. 왜냐하면 시간축이 없기 때문이다. 그냥 x 축에 수직인 작은 창문일 뿐이다. 얼마나 많은 전하가 단위 시간당 이 창문을 관통해 지나갈까? 창문은 면적이다. 따라서 우리는 정말로 단위 시간·단위 면적당 창문을 통해 얼마나 많은 전하가 흘러가는지를 묻고 있다.[8] 전류 밀도가 의미하는 바는 바로

---

8) 이는 정확하게 그림 8.3에서 전하 밀도 사각형을 그 변으로 돌린다는 것과 비슷하다.

이것이다. 우리의 창문은 x 축에 수직이므로 이는 x방향으로 전류 밀도를 정의한다. y와 z 방향에 대해서도 비슷한 성분을 갖는다. 전류 밀도 $\vec{j}$는 3-벡터이다.

$$j_x = \frac{\Delta Q}{\Delta A_x \Delta t}$$

$$j_y = \frac{\Delta Q}{\Delta A_y \Delta t}$$

$$j_z = \frac{\Delta Q}{\Delta A_z \Delta t}. \qquad (8.14)$$

ΔA_x, ΔA_y, ΔA_z 라는 양들은 각각 x, y, z 축에 수직인 면적 요소를 나타낸다. (그림 8.6을 보라.) 즉 식 8.14에 나타나는 ΔA들은

$$\Delta A_x = \Delta y \Delta z$$

$$\Delta A_y = \Delta z \Delta x$$

$$\Delta A_z = \Delta x \Delta y$$

이고 따라서 식 8.14는

$$j_x = \frac{\Delta Q}{\Delta y \Delta z \Delta t}$$

$$j_y = \frac{\Delta Q}{\Delta z \Delta x \Delta t}$$

$$j_z = \frac{\Delta Q}{\Delta x \Delta y \Delta t} \qquad (8.15)$$

의 형태로 쓸 수 있다. 우리는 ρ 자체를 시간 방향에서의 전하의 흐름, $\vec{j}$ 의 x 성분은 x 방향으로의 흐름 등으로 생각할 수 있다. 또한 공간 부피를 t 축에 수직인 일종의 창문으로 생각할 수 있다. 곧 우리는 (ρ, j_x, j_y, j_z)라는 양이 사실상 4-벡터의 반변 성분임을 알게 될 것이다. 이들은 다른 2개의 맥스웰 방정식에 들어간다. 그 둘은 다음 강의에서 작용 원리로부터 유도할 것이다.

8.2.6 전하량 보존

전하량 보존이 실제로 의미하는 바는 무엇인가? 그것이 의미하는 한 가지는 전하의 총량이 결코 변하지 않는다는 것이다. 전하의 총량을 Q라 하면

$$\frac{dQ}{dt} = 0 \qquad (8.16)$$

이다. 하지만 이것이 전부가 아니다. Q가 갑자기 지구 위의 우리 실험실에서 사라지고 즉시 달에서 다시 나타날 수 있다고 해 보자. (그림 8.5) 지구에 있는 물리학자는 Q가 보존되지 않는다고 결론지을 것이다. 전하량 보존은 "Q의 총량이 변하지 않는다."보다

도 더 강력한 무언가를 의미한다. 전하량 보존이 정말로 의미하는 바는 Q가 실험실의 벽 안에서 줄어들 때마다(또는 늘어날 때마다) 그 벽의 바로 바깥에서 똑같은 양만큼 늘어난다(또는 줄어든다)는 것이다. 훨씬 더 좋게 말하자면, Q의 변화는 그 벽을 **관통해** 지나가는 Q의 선속(flux)을 동반한다. 우리가 **보존**(conservation)을 말할 때 정말로 뜻하는 것은 **국소 보존**(local conservation)이다. 이 중요한 아이디어는 단지 전하뿐만 아니라 다른 보존량에도 또한 적용된다.

국소 보존이라는 개념을 수학적으로 포착하려면 선속, 즉 경계를 가로지르는 흐름에 대한 기호를 정의할 필요가 있다. 어떤 양의 **선속**, **유동**, **흐름**이라는 용어들은 비슷한 말로서 작은 면적 요소를 단위 면적·단위 시간당 관통해 흘러가는 양을 말한다. 공간의 한 영역에서 Q라는 양의 변화는 반드시 그 영역의 경계를 관통하는 Q의 선속으로 설명해야만 한다.

그림 8.6은 전하 Q를 담고 있는 3차원 부피 요소를 보여 준다. 상자의 벽은 작은 창문들이다. 상자 안에 있는 전하량의 어떤 변화는 반드시 그 경계를 통과하는 흐름을 동반해야 한다. 편의상 상자의 부피가 작은 부피는 그냥 단위 부피인 어떤 단위에서 1의 값을 갖는다고 가정하자. 마찬가지로 우리는 상자의 모서리 (Δx, Δy, Δz)가 단위 길이를 갖도록 정한다.

상자 안의 전하에 대한 시간 도함수는 무엇인가? 상자는 단위 부피를 갖고 있으므로 상자 안의 전하는 전하 밀도 ρ와 똑같다. 따라서 전하의 시간 도함수는 그냥 $\frac{\partial \rho}{\partial t}$, 즉 ρ의 시간 도함수이다. 국소 전하 보존은 $\frac{\partial \rho}{\partial t}$가 상자 경계를 통해 상자 속으로 흘러들어오는 전하량과 똑같아야 함을 말한다. 예를 들어, 전하 Q가 증가한다고 가정하자. 이는 전체적으로 전하의 어떤 유입이 있어야 함을 뜻한다.

전하의 전체 유입은 6개 각각의 창문(정육면체의 여섯 면)을 통해 들어오는 전하의 합과 같아야 한다. 오른쪽으로 면한 창문을 통해 들어오는 전하를 생각해 보자. 도표에서는 $-j_{x+}$로 표지했다. 첨자 $x+$는 상자의 오른쪽 면 또는 $+$ 창문으로 들어가는 전류의 x 성분을 뜻한다. 이 표기법은 까다로워 보이지만, 조금 있으면 왜 필요한지 알게 될 것이다. 그 창을 통해 들어오는 전하는 j_x, 즉 전류 밀도의 x 성분에 비례한다.

그림 8.5 전하의 국소 보존. 이 그림에 있는 과정은 일어날 수 없다. 전하는 한 곳에서 사라졌다가 어떤 멀리 떨어진 곳에 즉각적으로 다시 나타날 수 없다.

전류 밀도 j_x는 x의 더 작은 값에서 더 큰 값으로의 흐름에 대응하는 방식으로 정의된다. 때문에 오른쪽으로 면한 창문을 통해 단위 시간당 들어오는 전하는 사실상 음의 j_x이고 따라서 왼쪽을 가리키는 화살표는 $-j_{x+}$로 표지된다. 마찬가지로 우리는 아래 첨자 '$x-$'를 왼쪽 끝 또는 음의 면에 대해 사용한다. 혼란을 피하기 위해 $-j_{z+}$와 j_{z-}의 화살표는 그리지 않았다.

그림 8.6에서 x 방향으로 흐르는 전류 모두를 (j_{x-}와 $-j_{x+}$) 자세히 살펴보자. 오른쪽에서 상자 안으로 얼마나 많은 전하가 흘러갈까? 식 8.15는 Δt의 시간 동안 오른쪽에서 상자로 들어가는 전하량이

$$\Delta Q_{right} = -(j_{x-})\Delta y \Delta z \Delta t$$

임을 명확히 보여 준다. 마찬가지로 왼쪽에서 들어가는 양은

$$\Delta Q_{left} = (j_{x+})\Delta y \Delta z \Delta t$$

이다. 이 두 전하는 일반적으로 같지 않다. 왜냐하면 두 전류가 같지 않기 때문이다. 이들은 x 축을 따라 약간 떨어져 있는 두 위치에서 발생한다. 이 두 전하의 합은 양 또는 음의 x 방향으로 흐르는 전류에 의한 상자 속 전하의 총 증가이다. 기호로는

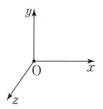

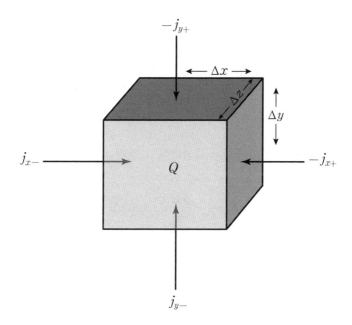

그림 8.6 국소 전하 보존. 편의상 어떤 작은 단위에서 $\Delta x = \Delta y = \Delta z = 1$이라 가정한다. 부피 요소는 $\Delta V = \Delta x \Delta y \Delta z = 1$이다.

$$\Delta Q_{total} = -(j_{x+})\Delta y \Delta z \Delta t + (j_{x-})\Delta y \Delta z \Delta t \,,$$

즉

$$\Delta Q_{total} = -(j_{x+} - j_{x-})\Delta y \Delta z \Delta t \qquad (8.17)$$

이다. 괄호 속의 항은 작은 간격 Δx에 대한 전류의 변화이고 x에 대한 j_x의 도함수와 밀접하게 관련돼 있다. 사실 이는

$$-(j_{x+} - j_{x-}) = -\frac{\partial j_x}{\partial x}\Delta x$$

이다. 이를 식 8.17에 다시 대입하면 그 결과는

$$\Delta Q_{total} = -\frac{\partial j_x}{\partial x}\Delta x \Delta y \Delta z \Delta t \qquad (8.18)$$

이다. $\Delta x \Delta y \Delta z$는 상자의 부피임을 쉽게 확인할 수 있다. 양변을 부피로 나누면

$$\frac{\Delta Q_{total}}{\Delta x \Delta y \Delta z} = -\frac{\partial j_x}{\partial x}\Delta t \qquad (8.19)$$

를 얻는다. 식 8.19의 좌변은 단위 부피당 전하의 변화이다. 즉 이는 전하 밀도 ρ의 변화이므로 우리는

$$\Delta\rho_{\text{total}} = -\frac{\partial j_x}{\partial x}\Delta t \tag{8.20}$$

으로 쓸 수 있다. 양변을 Δt로 나누고 작은 양들이 0으로 가는 극한을 취하면

$$\frac{\partial \rho_{total}}{\partial t} = -\frac{\partial j_x}{\partial x} \tag{8.21}$$

이 된다. 여기 식 8.21이 정말로 옳은 것은 아니다. 이는 x 축에 수직인 두 벽을 통해 상자 밖에서 안으로 들어가는 전하만 계산했을 뿐이다. 달리 말하자면, 이 방정식의 아래 첨자 '$total$'은 오도하는 말이다. 왜냐하면 이는 오직 한쪽 방향에서의 전류 밀도만 설명하기 때문이다. 전체 그림을 얻기 위해서는 y와 z 방향으로 똑같은 분석을 해서 모든 세 방향에서의 전류 밀도가 주는 기여를 더해야 할 것이다. 그 결과는

$$\frac{\partial \rho}{\partial t} = -\left(\frac{\partial j_x}{\partial x} + \frac{\partial j_y}{\partial y} + \frac{\partial j_z}{\partial z}\right) \tag{8.22}$$

이다. 우변은 $\vec{j}$의 발산이며, 벡터 표기법으로 쓰면 식 8.22는

$$\frac{\partial \rho}{\partial t} = -\vec{\nabla} \cdot \vec{j},$$

즉

$$\frac{\partial \rho}{\partial t} + \vec{\nabla} \cdot \vec{j} = 0 \qquad (8.23)$$

이 된다. 이 방정식은 국소적인 근방마다 전하량 보존을 표현한 것이다. 이 식은 임의의 작은 영역 속의 전하는 오직 그 영역의 벽을 통한 전하의 흐름 때문에 변할 것임을 말하고 있다. 식 8.23은 너무나 중요해서 이름이 있다. 바로 **연속 방정식**(continuity equation)이다. 나는 이 이름을 좋아하지 않는다. 왜냐하면 **연속**이라는 단어가 전하 분포는 연속적일 필요가 있다는 인상을 주기 때문이다. 사실은 그렇지 않다. 나는 **국소 보존**(local conservation)이라 부르길 더 좋아한다. 이 식은 두 지점 사이에 전하의 흐름(전류)이 없다면 전하가 한 곳에서 사라지고 다른 곳에서 다시 나타나는 것을 허용하지 않는 강력한 형태의 보존을 기술한다.

우리는 이 새로운 방정식을 맥스웰 방정식에 보탤 수도 있을 것이다. 그러나 사실 그럴 필요가 없다. 식 8.23은 실제로는 맥스웰 방정식의 결과이다. 증명은 어렵지 않다. 유쾌한 연습 문제가 될 테니 여러분을 위해 남겨 둔다.

연습 문제 8.4: 표 8.1에서 맥스웰 방정식의 두 번째 그룹과 8.2.1절의 벡터 항등식 2개를 이용해 연속 방정식을 유도하라.

8.2.7 맥스웰 방정식: 텐서형

지금까지 우리는 3-벡터 형태의 모든 맥스웰 방정식 4개(표 8.1)를 살펴보았다. 아직은 작용 원리로부터 이 방정식들의 두 번째 그룹을 유도하지는 않았지만, 10강에서 유도할 것이다. 그 전에 위 첨자와 아래 첨자가 있는 텐서 표기법을 써서 방정식의 첫 번째 그룹을 (연속 방정식과 함께) 어떻게 쓸 수 있는지를 보여 주고자 한다. 이는 방정식들이 로런츠 변환 하에서 불변임을 명확히 해 줄 것이다. 이 절에서 우리는 첨자법의 규칙을 따르는 4-벡터 표기법으로 다시 돌아갈 것이다. 예컨대 나는 시작부터 전하 밀도의 공간 성분을 (J^x, J^y, J^z) 또는 (J^1, J^2, J^3)로 쓰려 한다.

연속 방정식인 식 8.23으로 시작하자. 우리는 이를

$$\frac{\partial \rho}{\partial t} + \frac{\partial J^x}{\partial x} + \frac{\partial J^y}{\partial y} + \frac{\partial J^z}{\partial z} = 0$$

으로 쓸 수 있다. 이제 ρ를 J의 시간 성분으로 정의하자.

$$\rho = J^0.$$

즉 ρ와 함께 (J^x, J^y, J^z)를 모두 한데 모아 네 숫자의 복합체로 만든다. 이를 우리는 새로운 개체인 J^μ라 부를 것이다.

$$J^\mu = (\rho, J^x, J^y, J^z).$$

이 표기법을 이용하면 우리는 연속 방정식을

$$\frac{\partial J^{\mu}}{\partial X^{\mu}} = 0 \qquad\qquad (8.24)$$

처럼 다시 쓸 수 있다. X^{μ}에 대해 미분한다는 것은 두 가지 일을 하는 것임에 주목하라. 첫째, 공변 첨자가 추가된다. 둘째, 새로운 공변 첨자가 J^{μ}의 반변 첨자와 똑같기 때문에 합 관례를 작동시킨다. 연속 방정식을 이런 식으로 쓰면 4차원 스칼라 방정식처럼 보인다. J^{μ}의 성분들이 정말로 4-벡터의 성분처럼 변환한다는 것을 어렵지 않게 증명할 수 있다. 지금 증명해 보자.

먼저, 전기 전하가 로런츠 불변임은 실험적으로 잘 확인된 사실이다. 만약 어떤 틀에서 우리가 전하를 Q로 측정한다면 그 값은 모든 틀에서 Q일 것이다. 이제 우리의 작은 단위 부피 상자 속의 작은 전하 ρ를 다시 논의해 보자. 실험실 틀에서 이 상자와 거기 둘러싸인 전하가 v의 속도로 오른쪽으로 움직이고 있다고 가정하자.[9] **상자의 정지틀**에서 전류 밀도의 네 성분은 무엇인가? 이 틀에서는 전하가 가만히 정지해 있으므로 이 성분들은 분명히

$$(J')^{\mu} = (\rho, 0, 0, 0)$$

---

9) 여느 때처럼 움직이는 틀은 프라임이 붙은 좌표들이고 실험실 틀은 프라임이 없다.

이어야 한다. 실험실 틀에서의 J^μ의 성분은 무엇인가? 그 성분들은

$$J^\mu = \left(\frac{\rho}{\sqrt{1-v^2}} , \frac{\rho v}{\sqrt{1-v^2}} , 0 , 0 \right),$$

또는 똑같지만

$$J^\mu = \rho \left(\frac{1}{\sqrt{1-v^2}} , \frac{v}{\sqrt{1-v^2}} , 0 , 0 \right) \qquad (8.25)$$

이다. 이를 살펴보기 위해, 전하 밀도는 두 요소로 결정됨을 기억하라. 즉 전하량과 전하를 담고 있는 영역의 크기이다. 이미 우리는 전하량은 두 틀에서 모두 똑같음을 알고 있다. 전하를 둘러싸고 있는 영역, 즉 상자의 부피는 어떻게 될까? 실험실 틀에서는 움직이는 상자가 $\sqrt{1-v^2}$만큼의 표준적인 로런츠 수축을 겪게된다. 상자는 오직 x방향으로만 줄어들므로 그 부피는 똑같은 인수만큼 줄어든다. 그런데 밀도와 부피는 역수로 연관돼 있으므로 부피가 줄어들면 그 역으로 밀도가 증가한다. 때문에 식 8.25의 우변 성분들이 올바른 값이다. 마지막으로 이 성분들은 사실상 4-벡터인 4-속도의 성분이다. 즉 J^μ는 불변의 스칼라 양 ρ와 4-벡터의 곱이다. 따라서 J^μ 자체는 또한 4-벡터여야만 한다.

8.2.8 비앙키 항등식

우리가 아는 것들을 점검해 보자. $\vec{E}$ 와 $\vec{B}$ 는 두 첨자를 가진 반대칭 텐서 $F_{\mu\nu}$ 를 형성한다. 전류 밀도인 3-벡터 $\vec{j}$ 는 ρ 와 함께 4-벡터, 즉 하나의 첨자를 가진 텐서를 형성한다. 우리는 또한 표 8.1에서 맥스웰 방정식의 첫 번째 그룹을 갖고 있다.

$$\vec{\nabla} \cdot \vec{B} = 0 \qquad (8.26)$$

$$\vec{\nabla} \times \vec{E} + \frac{\partial}{\partial t}\vec{B} = 0. \qquad (8.27)$$

이 방정식들은 벡터 퍼텐셜을 써서 $\vec{B}$ 와 $\vec{E}$ 를 정의한 결과이다. 각각 $F_{\mu\nu}$ 의 성분에 작용하는 도함수의 형태를 갖고 있으며 그 결과는 0이다. 즉 이들은

$$\partial F = 0$$

의 형태를 갖고 있다. 여기서 나는 '도함수들의 어떤 조합'을 뜻하기 위해 기호 ∂ 을 느슨하게 사용하고 있다. 식 8.26과 식 8.27은 모두 4개의 방정식을 나타낸다. 하나는 식 8.26에 해당하는데 왜냐하면 이 식은 2개의 스칼라를 같다고 놓기 때문이다. 그리고 3개의 방정식은 식 8.27에 해당하는데 왜냐하면 이 식은 2개의 3-벡터를 같다고 놓기 때문이다. 이 방정식들을 어떻게 로런츠 불변인 형태로 쓸 수 있을까? 가장 쉬운 접근법은 그냥 답을 쓰

고 왜 그것이 잘 작동하는지 설명하는 것이다. 여기 답이 있다.

$$\partial_\sigma F_{\nu\tau} + \partial_\nu F_{\tau\sigma} + \partial_\tau F_{\sigma\nu} = 0. \qquad (8.28)$$

식 8.28을 우리는 비앙키 항등식이라 부른다.[10] 첨자 σ, ν, τ는 $(0,1,2,3)$ 또는 (t,x,y,z)의 네 값들 중 임의의 값을 취할 수 있다. 이 값들 중 어떤 것을 σ, ν, τ에 배당한다 하더라도 식 8.28은 0이라는 결과를 준다.

비앙키 항등식이 2개의 동차 맥스웰 방정식과 동등함을 확인해 보자. 먼저, 3개의 첨자 σ, ν, τ 전부가 공간 성분을 나타내는 경우를 생각해 보자. 특히 이 첨자들이

$$\sigma = y$$
$$\nu = x$$
$$\tau = z$$

이 되도록 골라 보자. 이 첨자들을 식 8.28에 대입하고 약간 계산을 하면

$$\partial_x F_{yz} + \partial_y F_{zx} + \partial_z F_{xy} = 0$$

---

10) 실제로는 비앙키 항등식의 특별한 경우이다.

을 얻는다. ($F_{\mu\nu}$가 반대칭임을 떠올려라.) 그런데 F_{yx}같이 F의 순수한 공간 성분은 자기장 성분에 해당한다. 식 6.41을 떠올려 보면

$$F_{yz} = B_x$$
$$F_{zx} = B_y$$
$$F_{xy} = B_z$$

이다. 이 값을 대입하면

$$\partial_x B_x + \partial_y B_y + \partial_z B_z = 0$$

으로 쓸 수 있다. 좌변은 그냥 $\vec{B}$의 발산이다. 따라서 이 식은 식 8.26과 동등하다. 그리스 첨자에 우리가 다른 식으로 x, y, z를 할당하더라도 똑같은 결과가 나오는 것으로 드러난다. 어서 시도해 보기 바란다.

만약 첨자들 중 하나가 시간 성분이면 어떻게 될까? 다음과 같이 할당하면

$$\sigma = y$$
$$\nu = x$$
$$\tau = t.$$

그 결과는

$$\partial_y F_{xt} + \partial_x F_{ty} + \partial_t F_{yx} = 0$$

이다. 세 항들 중 둘에는 공간과 시간 성분이 섞여 있어서 한쪽 다리는 시간에, 한쪽 다리는 공간에 걸치고 있다. 이는 이 항들이 전기장 성분임을 뜻한다. 식 6.41에서

$$F_{xt} = E_x$$
$$F_{ty} = -E_y$$
$$F_{yx} = -B_z$$

임을 떠올려 보자. 이를 대입한 결과는

$$\partial_y E_x - \partial_x E_y - \partial_t B_z = 0$$

이다. 부호를 뒤집으면(-1을 곱하면) 이는

$$\partial_x E_y - \partial_y E_x + \partial_t B_z = 0$$

이 된다. 이는 정확히 식 8.27의 z 성분으로, $\vec{E}$ 의 회전 더하기 $\vec{B}$ 의 도함수는 0임을 말한다. 만약 하나의 시간 성분과 2개의

공간 성분으로 다른 조합을 시도했다면 식 8.27의 x와 y 성분을 얻었을 것이다.

첨자 σ, ν, τ에 값을 할당하는 방법이 얼마나 많을까? 3개의 첨자가 있고 각 첨자는 네 값 t, x, y, z 중 하나를 할당받을 수 있다. 이는 값을 할당하는 데에 $4 \times 4 \times 4 = 64$개의 다른 방법이 있음을 뜻한다. 어떻게 비앙키 항등식의 64개 방정식이 4개의 동차 맥스웰 방정식과 동등할 수 있을까? 간단하다. 비앙키 항등식은 과도하게 많은 방정식을 포함하고 있다. 예를 들어, 두 첨자가 같도록 할당하면 그 결과는 자명한 방정식인 $0 = 0$이 될 것이다. 또한 첨자를 할당하는 많은 방법도 과잉이다. 이들은 똑같은 방정식을 내놓는다. 비자명 방정식들은 모두 식 8.26이나 식 8.27의 성분 중의 하나와 동등하다.

비앙키 항등식을 점검하는 또 다른 방법이 있다. $F_{\mu\nu}$가

$$F_{\mu\nu} = \partial_\mu A_\nu - \partial_\nu A_\mu,$$

또는 동등하지만

$$F_{\mu\nu} = \frac{\partial A_\nu}{\partial X^\mu} - \frac{\partial A_\mu}{\partial X^\nu}$$

로 정의됨을 기억하자. 식 8.28에 적절하게 대입하면

$$\partial_\sigma \left(\frac{\partial A_\tau}{\partial X^\nu} - \frac{\partial A_\nu}{\partial X^\tau} \right) + \partial_\nu \left(\frac{\partial A_\sigma}{\partial X^\tau} - \frac{\partial A_\tau}{\partial X^\sigma} \right)$$

$$+ \partial_\tau \left(\frac{\partial A_\nu}{\partial X^\sigma} - \frac{\partial A_\sigma}{\partial X^\nu} \right) = 0$$

으로 쓸 수 있다. 이 도함수들을 전개하면 항별로 모두 상쇄돼 그 결과가 0임을 알게 될 것이다. 식 8.28은 완전히 로런츠 불변이다. 어떻게 변환하는지를 살펴보면 이를 검증할 수 있다.

맥스웰 방정식의 물리적 결과[1]

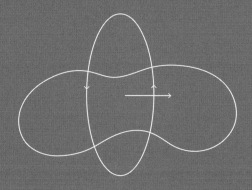

아트: 레니, 저기 창문 옆에 앉아 있는 사람이 패러데이야?

레니: 그래, 그런 것 같군. 그의 탁자가 현란한 방정식들로 어지럽지 않으니까

그렇게 말할 수 있겠네. 패러데이의 결과(아주 많지.)들은

---

1) 어찌 된 일인지 이 중요한 강의가 유튜브 강좌 사이트에 오르지 못했다. 이 강의는 이 주제에 대한 레니의 접근법과 전통적인 접근법이 만나는 중요한 지점이다. 이 책에서는 강의가 삽입되어, 이 책의 10강은 유튜브 영상에서 9강에 해당하고 이 책의 11강은 유튜브 영상에서 10강에 해당한다.

실험실에서 곧바로 온 것들이야.

아트: 글쎄, 난 방정식이 좋아. 어렵더라도 말이지.

하지만 우리가 생각하는 만큼 필요한지도 또한 궁금하기는 해.

방정식들의 도움 없이 패러데이가 성취한 것들을 살펴보자고.

바로 그때 패러데이는 방을 가로질러 가는 맥스웰을 알아챘다.

그들은 친근하게 서로 손을 흔들었다.

9.1 수학적 간주

미적분의 기본 정리(fundamental theorem of calculus)는 미분과 적분을 연결한다. 이게 무슨 말인지 가물가물한 사람들을 위해 기억을 되살려 주겠다. 함수 $F(x)$와 그 도함수 dF/dx가 있다고 하자. 미적분의 기본 정리는 간단하게

$$\int_a^b \frac{dF}{dx} dx = F(b) - F(a) \qquad (9.1)$$

로 말할 수 있다. 식 9.1의 형태에 주목하라. 좌변에는 피적분 함수가 $F(x)$의 도함수인 적분이 있다. 적분은 a에서 b까지의 구간에서 행해진다. 우변은 그 구간의 경계점에서의 F의 값과 관련이 있다. 식 9.1은 훨씬 더 일반적인 형태의 관계 중 가장 간단한 경우이다. 더 일반적인 형태의 두 가지 유명한 사례는 **가우스 정리**(Gauss's theorem)와 **스토크스 정리**(Stokes's theorem)이다. 이 정리들은 전자기 이론에서 중요하다. 그래서 여기서 소개하고 설명할 것이다. 이들을 증명하지는 않겠지만, 인터넷을 포함해 많은 다른 곳에서 그 증명을 찾을 수 있다.

9.1.1 가우스 정리

1차원 구간 $a < x < b$ 대신 3차원 공간의 영역을 생각해 보자. 구나 정육면체의 내부가 그 예이다. 다만 그 영역이 규칙적일 필요는 없다. 공간의 어떤 뭉치라도 좋다. 그 **뭉치**를 영역 B라 하자.

뭉치에는 경계 또는 표면이 있어서 그 **표면**을 S라 부를 것이다. 표면의 각 점마다 뭉치의 바깥쪽을 가리키는 단위 벡터 $\hat{n}$을 만들 수 있다. 이 모든 것을 그림 9.1이 보여 주고 있다. 1차원적인 비유(식 9.1)와 비교해 보자면, 뭉치는 a와 b 사이의 구간을 대체하고 경계면 S는 두 점 a와 b를 대체한다.

간단한 함수 F와 그 도함수 dF/dx 대신 우리는 벡터장 $\vec{V}(x, y, z)$와 그 발산 $\vec{\nabla} \cdot \vec{V}$를 생각할 것이다. 식 9.1과 비슷하게 가우스 정리는 공간 B의 3차원 뭉치에서의 $\vec{\nabla} \cdot \vec{V}$ 적분과 그 뭉치의 2차원 경계 S에서의 벡터장의 값 사이의 관계를 역설한다. 이 정리를 먼저 써 놓고 설명하겠다.

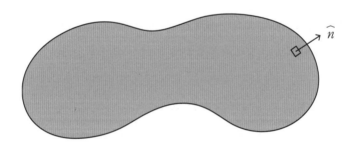

그림 9.1 가우스 정리 도해. $\hat{n}$은 바깥을 향하는 단위 수직 벡터이다.

$$\int_B \vec{\nabla} \cdot \vec{V} d^3x = \int_S \vec{V} \cdot \hat{n} dS. \qquad (9.2)$$

이 공식을 탐구해 보자. 좌변에는 뭉치의 내부에 대한 부피 적분이 있다. 피적분 함수는 $\vec{V}$ 의 발산으로 정의된 스칼라 함수이다.

우변에도 또한 적분이 있어서 뭉치의 바깥 표면 S에 대해 적분이 행해진다. 이를 우리는 S를 구성하는 작은 표면 요소 모두에 대한 합으로 생각할 수 있다. 각각의 작은 표면 요소는 바깥쪽을 가리키는 단위 벡터 $\hat{n}$을 갖고 있으며 면적분의 피적분 함수는 $\vec{V}$ 와 $\hat{n}$의 내적이다. 다른 식으로 말하자면 피적분 함수는 $\vec{V}$ 의 수직(S와 직교하는) 성분이다.

한 가지 중요하고도 특별한 경우는 벡터장 $\vec{V}$ 가 구면 대칭일 때이다. 이는 두 가지를 의미한다. 첫째, 벡터장은 모든 곳에서 방사 방향을 가리킨다는 뜻이다. 게다가 구면 대칭이란 $\vec{V}$ 의 크기가 그 각도 위치에는 의존하지 않고 원점에서의 거리에만 의존한다는 뜻이다. 공간의 모든 점에서 원점으로부터 바깥을 가리키는 단위 벡터 $\hat{r}$을 정의하면 구면 대칭인 장은

$$\vec{V} = V(r)(\hat{r})$$

의 형태를 갖는다. 여기서 $V(r)$은 원점으로부터 거리의 어떤 함수이다. 원점을 중심으로 반지름이 r인 구를 생각해 보자.

$$x^2 + y^2 + z^2 = r^2.$$

구라는 말은 이 2차원 껍데기를 말한다. 껍데기 속에 담겨 있는 부피는 **공**(ball)이라고 부른다. 이제 공 전체에 대해 $\vec{\nabla} \cdot \vec{V}$를 적분해서 가우스 정리를 적용해 보자. 식 9.2의 좌변은 부피 적분

$$\int_B \vec{\nabla} \cdot \vec{V} d^3x$$

가 된다. 여기서 B는 이제 공을 뜻한다. 우변은 공의 **경계**, 즉 구면에 대한 적분이다. 벡터장이 구면 대칭이므로 $V(r)$은 구면 경계에서 상수이며 계산은 쉽다. 적분

$$\int_S \vec{V} \cdot \hat{n} dS$$

는

$$\int_S V(r)\hat{r} \cdot \hat{r} dS,$$

즉

$$V(r)\int_S dS$$

가 된다. 그런데 구 표면에 대한 dS의 적분은 그냥 구면의 넓이 인 $4\pi r^2$이다. 구면 대칭인 장 $\vec{V}$에 대한 가우스 정리의 최종적 인 결과는 다음과 같다.

$$\int_B \vec{\nabla} \cdot \vec{V} d^3 x = 4\pi r^2 V(r). \qquad (9.3)$$

9.1.2 스토크스 정리

스토크스 정리 또한 어떤 영역에 대한 적분을 그 경계에 대한 적 분과 연결시킨다. 이번에는 그 영역이 3차원 부피가 아니라 곡선 C로 둘러쳐진 2차원 표면인 S이다. 공간 속에서 가는 철사로 만 든 닫힌 곡선을 생각해 보자. 2차원 표면은 그 철사에 들러붙은 비누 거품 박막과도 같다. 그림 9.2는 그런 한정된 표면을 곡선으 로 둘러친 음영 영역으로 묘사하고 있다.

그 표면에 단위 수직 벡터 $\hat{n}$을 장착시켜 일종의 지향성을 부여하는 것이 또한 중요하다. 표면의 모든 점에서 표면의 한쪽 면과 다른 쪽 면을 구분하는 벡터 $\hat{n}$을 생각한다.

스토크스 정리의 좌변은 음영 표면에 대한 적분이다. 이 적 분은 $\vec{V}$의 회전을 수반한다. 조금 더 엄밀하게는 피적분 함수가 $\vec{\nabla} \times \vec{V}$의 $\hat{n}$ 방향 성분이다. 그 적분은

$$\int_S (\vec{\nabla} \times \vec{V}) \cdot \hat{n} dS$$

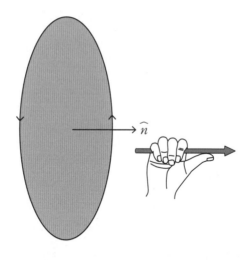

그림 9.2 스토크스 정리와 오른손 법칙. 회색 영역은 반드시 평평할 필요는 없다. 비누 거품이나 고무 막처럼 왼쪽이나 오른쪽으로 부풀어 오를 수 있다.

로 쓴다. 이 적분을 검토해 보자. 이 표면 S를 무한소 표면 요소 dS로 나눈다고 생각한다. 모든 점에서 $\vec{V}$의 회전을 만들고 그 점에서 단위 수직 벡터 $\hat{n}$과의 내적을 취한다. 그 결과에 면적 요소 dS를 곱해서 모두를 더하면 면적분 $\int_S (\vec{\nabla} \times \vec{V}) \cdot \hat{n} dS$를 정의하게 된다. 이것이 스토크스 정리의 좌변이다.

우변은 S의 굽은 경계선에 대한 적분을 수반한다. 그 곡선을 따라 지향성을 정의할 필요가 있는데 여기서 이른바 오른손 법칙이 들어온다. 이 수학 규칙은 인체 해부학에 의존하지 않는다. 그럼에도 이를 설명하는 가장 쉬운 방법은 여러분의 오른손을 이용하는 것이다. 엄지를 벡터 $\hat{n}$을 따라 가리키게 한다. 나머지 손가락들은 특별한 방향으로 경계 곡선 C 주위를 감쌀 것이다. 그 방향이 곡선 C의 지향을 정의한다. 이를 오른손 법칙이라고 부른다.

우리는 곡선을 무한소 벡터 $\vec{dl}$의 집합체로 생각할 수 있다. 각각의 무한소 벡터는 곡선을 따라 오른손 법칙이 정해 주는 방향을 가리킨다. 그러면 스토크스 정리는 곡선 C 주변의 선적분

$$\oint_C \vec{V} \cdot \vec{dl}$$

를 면적분

$$\int_S (\vec{\nabla} \times \vec{V}) \cdot \hat{n} dS$$

와 연결한다. 즉 스토크스 정리는

$$\int_S (\vec{\nabla} \times \vec{V}) \cdot \hat{n} dS = \oint_C \vec{V} \cdot \vec{dl} \qquad (9.4)$$

를 말한다.

9.1.3 무명 정리

내가 알기로는 아직 이름이 없는 무명(無名) 정리가 하나 있는데, 나중에 우리에게 필요할 것이다. 이름이 없는 정리는 많다. 여기 유명한 사례가 있다.

$$1 + 1 = 2 . \qquad (9.5)$$

확실히 이름이 있는 정리보다는 이름이 없는 정리가 훨씬 더 많다. 앞으로 소개할 정리도 그중 하나이다. 먼저 표기법이 필요하다. $F(x, y, z)$를 공간의 스칼라 함수라 하자. $\vec{\nabla} F$의 경사는 3개의 성분

$$\frac{\partial F}{\partial x}, \quad \frac{\partial F}{\partial y}, \quad \frac{\partial F}{\partial z}$$

을 가진 하나의 장 $\vec{\nabla} F$이다. 이제 $\vec{\nabla} F$의 발산을 생각해 보자. 이를 $\vec{\nabla} \cdot \vec{\nabla} F$, 또는 더 간단하게 $\nabla^2 F$라 하자. 여기서 구체적인 형태로 표현하면

$$\nabla^2 F = \frac{\partial^2 F}{\partial x^2} + \frac{\partial^2 F}{\partial y^2} + \frac{\partial^2 F}{\partial z^2} \qquad (9.6)$$

이다. 기호 ∇^2은 프랑스 수학자 피에르시몽 라플라스(Pierre-Simon Laplace)의 이름을 따서 라플라시안이라 부른다. 라플라시

안은 x, y, z에 대한 2차 도함수의 합을 나타낸다.

새로운 정리는 벡터장 $\vec{V}$ 와 관련이 있다. 이는 부록 B에 기술되어 있는 라플라시안의 벡터 버전을 이용한다. 먼저 벡터의 회전인 $\vec{\nabla} \times \vec{V}$ 를 만드는 것으로 시작하자. 이 또한 벡터이다. 그래서 우리는 또한 이것의 회전을 취할 수 있다.

$$\vec{\nabla} \times (\vec{\nabla} \times \vec{V}).$$

이 이중 회전은 어떤 종류의 양인가? 임의의 벡터장의 회전을 취하면 또 다른 벡터장이 나온다. 따라서 $\vec{\nabla} \times (\vec{\nabla} \times \vec{V})$ 또한 하나의 벡터장이다. 이제 무명 정리를 소개하겠다.[2]

$$\vec{\nabla} \times (\vec{\nabla} \times \vec{V}) = \vec{\nabla}(\vec{\nabla} \cdot \vec{V}) - \vec{\nabla}^2\, \vec{V}. \qquad (9.7)$$

말로 이야기해 보자. $\vec{V}$ 의 회전의 회전은 $\vec{V}$ 의 발산의 경사 빼기 $\vec{V}$ 의 라플라시안이다. 다시, 괄호를 좀 써서 이를 되풀이하면

($\vec{V}$ 의 회전)의 회전은 ($\vec{V}$ 의 발산)의 경사 빼기 $\vec{V}$ 의 라플라시안이다.

---

2) 책을 검토해 준 사람 중 한 명은 '이중곱'정리라 부르기를 권했다.

식 9.7을 어떻게 증명할까? 가능한 가장 지루한 방법은 모든 항을 명시적으로 써서 양변을 비교하는 것이다. 나는 이를 여러분이 계산해 보도록 연습 문제로 남겨 두려 한다.

이 강의 나중에 우리는 무명 정리를 이용할 것이다. 다행히 우리는 $\vec{V}$ 의 발산이 0인 특별한 경우만 필요하다. 이 경우 식 9.7은 더 간단한 형태,

$$\vec{\nabla} \times (\vec{\nabla} \times \vec{V}) = -\vec{\nabla^2}\, \vec{V} \qquad (9.8)$$

를 갖는다.

9.2 전기 동역학 법칙

아트: 아이고, 아이고! 가우스, 스토크스, 발산, 회전이라니. 레니, 레니, 내 머리가 폭발하고 있어!

레니: 오, 그거 훌륭하군, 아트. 가우스 정리의 좋은 예가 되겠는걸. 뇌수의 움직임을 밀도 ρ 와 흐름 $\vec{j}$ 로 기술해 보자고. 자네 머리가 폭발할 때 뇌수의 보존이 연속 방정식으로 기술되겠지, 안 그래? 아트? 아트? 괜찮은 거야?

9.2.1 전기 전하의 보존

전기 동역학의 핵심에는 전기 전하의 국소 보존 법칙이 있다. 8강에서 나는 이것이 전하 밀도 및 전류가 연속 방정식(식 8.23)

$$\dot{\rho} = - \; \vec{\nabla} \cdot \vec{j}$$

을 만족함을 뜻한다고 설명했다. 연속 방정식은 공간과 시간의 모든 점에서 적용되는 국소 방정식이다. 이는 "총 전하가 결코 변하지 않는다."보다 더 많은 것을 말한다. 이는 만약 전하가 변한다면(내가 이 강의를 하고 있는 강의실 안에서라고 하자.) 그것은 오직 이 방의 벽을 관통해 지나감으로써만 가능함을 뜻한다. 이 지점에서 확장해 보자.

연속 방정식을 취하고 표면 S로 경계가 설정된, 공간의 뭉치 같은 영역 B에 대해 적분을 한다. 좌변은

$$\frac{d}{dt} \int_B \rho d^3 x = \frac{dQ}{dt}$$

이다. 여기서 Q는 영역 B 속의 전하량이다. 즉 좌변은 B 속의 전하량의 변화율이다. 우변은

$$- \int_B \vec{\nabla} \cdot \vec{j} d^3 x$$

이다. 여기서 우리는 가우스 법칙을 사용한다. 가우스 법칙은

$$\int_B \vec{\nabla} \cdot \vec{j} d^3 x = \int_S \vec{j} \cdot \hat{n} dS$$

를 말한다. 이제 $\vec{j} \cdot \hat{n}$은 단위 시간 · 단위 면적당 표면을 넘어가는 전하의 비율임을 떠올려 보자. 이를 적분하면 단위 시간당 경계면을 넘어가는 총 전하량이 된다. 연속 방정식의 적분 형태는

$$\frac{dQ}{dt} = - \int_S \vec{j} \cdot \hat{n} dS \qquad (9.9)$$

이다. 이는 B 내부의 전하 변화를 표면 S를 관통하는 전하의 흐름으로 설명할 수 있다는 말이다. B 내부의 전하가 줄어들면 그 전하는 반드시 B의 경계를 뚫고 흘러 나가야만 한다.

9.2.2 맥스웰 방정식에서 전기 동역학의 법칙까지

맥스웰 방정식은 맥스웰이 상대성 원리, 최소 작용, 게이지 불변으로부터 유도한 것이 아니다. 방정식들은 실험 결과들로부터 유도되었다. 맥스웰은 운이 좋았다. 자신이 실험을 할 필요가 없었기 때문이다. 많은 사람이 기여했다. 벤저민 프랭클린, 샤를드 쿨롱(Charles de Coulomb), 한스 크리스티안 외르스테드(Hans Christian Ørsted), 앙드레마리 앙페르(André-Marie Ampère), 패러데이, 그리고 다른 사람들이 있다. 기본 원리들은 맥스웰의 시대 이전에, 특히 패러데이에 의해 집대성되었다. 전기와 자기를 교육할 때 많은 교수가 창시자들부터 맥스웰까지 역사적인 경로를 택한다. 그러나 역사적인 교육 과정은 논리적으로는 명확하지 않다. 이 강의에서 내가 하려는 바는 맥스웰에서 쿨롱, 패러데이,

앙페르, 외르스테드까지 거꾸로 가는 것이며, 그러고 나서 맥스웰이 거둔 최상의 업적으로 끝낼 것이다.

맥스웰의 시대에 몇몇 상수들, 엄밀하게 필요한 것보다 더 많은 상수들이 전자기 이론에 등장했다. 그중 두 가지가 ϵ_0 와 μ_0 라 불렸다. 대부분의 경우 방정식에는 오직 그 곱인 $\epsilon_0\mu_0$ 만 나타난다. 사실 그 곱은 다름 아닌 상수 $1/c^2$ 이다. 여기서 c 는 아인슈타인의 $E = mc^2$ 에 나오는 것과 똑같은 c 이다. 물론 창시자들이 자신들의 일을 했을 때는 이 상수들이 광속과 어떤 관계가 있으리라는 점을 알지 못했다. 이 상수들은 단지 전하, 전류, 힘에 대한 실험들로부터 유도된 것이었다. 그러니까 c 가 광속임은 잊고, 그냥 초기 물리학자들이 정초하고 맥스웰이 정제한 법칙들에서 쓰이는 상수라 여기자. 여기 표 8.1에서 나왔던 방정식들이 있다. c 의 적절한 인수를 포함하도록 수정되었다.[3]

$$\vec{\nabla} \cdot \vec{B} = 0$$

$$\vec{\nabla} \times \vec{E} + \frac{\partial B}{\partial t} = 0$$

$$\vec{\nabla} \cdot \vec{E} = \rho$$

---

3) 많은 교과서가 채택하는 국제 단위계에서는 ρ 와 $\vec{j}$ 대신 ρ/ϵ_0 와 $\vec{j}/\epsilon_0$ 를 보게 될 것이다.

$$c^2 \, \vec{\nabla} \times \vec{B} - \frac{\partial \vec{E}}{\partial t} = \vec{j} \, . \qquad (9.10)$$

9.2.3 쿨롱 법칙

쿨롱 법칙은 뉴턴 중력 법칙의 전자기적 유사물이다. 이 법칙은 임의의 두 입자들 사이에 이들의 전기 전하의 곱에 비례하고 이들 사이의 거리의 제곱에 반비례하는 힘이 존재함을 말한다. 쿨롱 법칙은 보통 전기 동역학 과정의 출발점이다. 그러나 여기서는 이미 3권의 중반부를 넘어섰음에도 여태껏 거의 언급한 적이 없다. 왜냐하면 우리는 이 법칙을 가정하지 않고 유도하려 했기 때문이다.

원점 $x = y = z = 0$에 있는 점전하 Q를 생각해 보자. 전하 밀도는 한 점에 집중돼 있어서 우리는 이를 3차원 델타 함수로 기술할 수 있다.

$$\rho = Q\delta^3(x) \, . \qquad (9.11)$$

우리는 5강에서 점전하를 표현하기 위해 델타 함수를 사용했다. 5강에서와 마찬가지로 기호 $\delta^3(x)$는 $\delta(x)\delta(y)\delta(z)$의 약식 표기이다. 델타 함수의 특별한 성질 때문에 ρ를 공간에 대해 적분하면 총 전하 Q를 얻는다.

이제 식 9.10에서 세 번째 맥스웰 방정식을 살펴보자.

$$\vec{\nabla} \cdot \vec{E} = \rho .$$

이 방정식을 반지름 r 인 구에 대해 적분하면 좌변은 어떻게 될까? 이 상황의 대칭성으로부터 점전하의 장이 구대칭이라 기대되며 따라서 우리는 식 9.3을 이용할 수 있다. $\vec{E}$ 를 대입하면 식 9.3의 좌변은

$$\int \vec{\nabla} \cdot \vec{E} \, d^3 x$$

가 된다. 그런데 세 번째 맥스웰 방정식 $\vec{\nabla} \cdot \vec{E} = \rho$ 에 따르면 우리는 이를

$$\int \rho d^3 x$$

로 다시 쓸 수 있다. 이는 물론 전하 Q 이다. 식 9.3의 우변은

$$4\pi r^2 E(r)$$

이다. 여기서 $E(r)$ 은 전하로부터 r 인 거리에서의 전기장이다. 따라서 식 9.3은

$$Q = 4\pi r^2 E(r)$$

이 된다. 또는, 달리 말하자면 원점에 있는 점전하 Q가 만들어내는 방사형 전기장은

$$E(r) = \frac{Q}{4\pi r^2} \qquad (9.12)$$

이다. 이제 Q로부터 거리 r에 있는 두 번째 전하 q를 생각해 보자. 로런츠 힘 법칙(식 6.1)으로부터 전하 q는 Q의 전기장 때문에 $q\vec{E}$의 힘을 느낀다. q에 작용하는 그 힘의 세기는

$$F = \frac{qQ}{4\pi r^2} \qquad (9.13)$$

이다. 이는 물론 두 전하 사이의 힘에 대한 쿨롱 법칙이다. 우리는 이를 가정하지 않고 유도했다.

9.2.4 패러데이 법칙

하전 입자를 전기장 속에서 점 a부터 점 b까지 움직일 때 그 입자에 해 준 일을 생각해 보자. 입자를 무한소 거리 $\vec{dl}$만큼 움직일 때 해 준 일의 양은

$$dW = \vec{F} \cdot \vec{dl}$$

이다. 여기서 F는 입자에 작용하는 힘이다. 입자를 a에서 b까

지 움직이려면 힘 F 는

$$\int_a^b \vec{F} \cdot \vec{dl}$$

의 일을 한다. 만약 그 힘이 전기장에 의한 것이라면 일은

$$W = q \int_a^b \vec{E} \cdot \vec{dl} \qquad (9.14)$$

이다. 일반적으로 일은 끝점들뿐만 아니라 입자를 이동시킨 경로에도 의존한다. 그 경로가 점 a 에서 시작하고 끝나는 공간의 닫힌 고리라 하더라도 일은 0이 아닐 수 있다. 우리는 이 상황을 공간에서 닫힌 고리 주변을 따라가는 선적분으로 기술할 수 있다.

$$W = q \oint_C \vec{E} \cdot \vec{dl} . \qquad (9.15)$$

닫힌 경로 주변으로 입자를 움직여서, 예를 들어 닫힌 고리형 도선을 따라 입자를 움직여서 실제로 그 입자에 일을 할 수 있을까? 어떤 상황에서는 가능하다. 적분 $\oint_C \vec{E} \cdot \vec{dl}$ 은 도선 고리로 만들어진 회로에 대한 기전력(EMF)이라 부른다.

스토크스 정리(식 9.4)를 이용해 이 기전력을 탐구해 보자. 전기장에 정리를 적용하면

$$\int (\vec{\nabla} \times \vec{E}) \cdot \hat{n} dS = \oint_C \vec{E} \cdot \vec{dl} \qquad (9.16)$$

이다. 이로부터 우리는 닫힌 도선 고리에 대한 기전력을

$$EMF = \int (\vec{\nabla} \times \vec{E}) \cdot \hat{n} dS \qquad (9.17)$$

의 형태로 쓸 수 있다. 여기서 적분은 폐곡선 C를 경계로 삼는 임의의 표면에 대한 것이다.

이제 맥스웰 방정식이 무언가 말할 때가 되었다. 식 9.10으로 부터 두 번째 맥스웰 방정식을 떠올려 보면

$$\vec{\nabla} \times \vec{E} = -\frac{\partial B}{\partial t}$$

이다. 만약 자기장이 시간에 따라 변하지 않는다면 전기장의 회전은 0이고 식 9.17로부터 닫힌 경로에 대한 기전력 또한 0이다. 장이 시간에 따라 변하지 않는 상황에서는 닫힌 경로 주변으로 전하를 옮길 때 어떤 일도 행해지지 않는다. 이것이 종종 기초 과정에서의 논의 골격이다.

그러나 자기장은 이따금 시간에 따라 변한다. 예를 들어, 그냥 자석을 공간에서 이리저리 흔들어 보라. 식 9.17에 두 번째 맥스웰 방정식을 적용하면

$$EMF = -\int \frac{\partial \vec{B}}{\partial t} \cdot \hat{n} dS,$$

즉

$$EMF = -\frac{d}{dt}\int \vec{B} \cdot \hat{n} dS$$

이다. 따라서 기전력은 어떤 양 $\int \vec{B} \cdot \hat{n} dS$ 의 음의 시간 변화율이다. 닫힌 도선으로 경계가 그어진 표면에 대한 자기장을 적분한 양을 그 회로를 관통하는 자속이라 부르며 Φ 로 나타낸다. 기전력에 대한 우리의 방정식은 간명하게

$$EMF = -\frac{d\Phi}{dt} \qquad (9.18)$$

로 쓸 수 있다. 기전력은 하전 입자를 닫힌 고리 모양의 도선 주변으로 밀어 넣는 (단위 전하당)힘이다. 만약 도선이 도체라면 이는 그 도선에 전류가 흐르게 할 것이다.

회로를 관통하는 선속을 변화시켜서 회로의 기전력을 만들어 낼 수 있다는 놀라운 사실은 마이클 패러데이가 발견했고 그래서 패러데이 법칙이라 부른다. 그림 9.3에서 닫힌 고리 모양의 도선이 막대자석 옆에 보인다. 자석을 고리에 더 가깝게 또는 더 멀어지게 움직이면 고리를 통과하는 선속이 변할 수 있고 따라서 고리에 기전력이 생성된다. 기전력을 만들어 내는 전기장은 도선

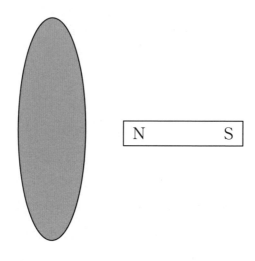

그림 9.3 패러데이 법칙.

을 통해 전류를 구동한다. 자석을 도선 고리로부터 멀리 끌어내면 전류가 한쪽 방향으로 흐른다. 자석을 고리에 가까이 밀어 넣으면 전류는 다른 방향으로 흐른다. 이런 방식으로 패러데이는 그 효과를 발견했다.

9.2.5 앙페르 법칙

다른 맥스웰 방정식은 어떤가? 그 식들을 적분해서 어떤 다른 기본적인 전자기 법칙들을 알아볼 수 있을까? 식 9.10의 네 번째 맥스웰 방정식

$$c^2 \vec{\nabla} \times \vec{B} - \frac{\partial \vec{E}}{\partial t} = \vec{j}$$

으로 시도해 보자. 지금은 어떤 것도 시간에 따라 변하지 않는다고 가정할 것이다. 전류 $\vec{j}$ 는 일정하고 모든 장은 정적이다. 이 경우 방정식은 더 간단한 형태

$$\vec{\nabla} \times \vec{B} = \frac{\vec{j}}{c^2} \tag{9.19}$$

를 취한다. 이 방정식으로부터 우리가 알 수 있는 한 가지는 도선으로 엄청난 전류가 흐르지 않는 한 자기장이 아주 작을 것이라는 점이다. 보통의 실험실 단위에서는 $1/c^2$ 의 인수가 아주 작은 숫자이다. 이 사실은 5강 뒤에 나오는, 이상한 단위를 이야기하는 '막간'에서 중요한 역할을 했다.

아주 길고 가느다란 도선에서 흐르는 전류를 생각해 보자. 아주 길어서 우리가 무한하다고 생각해도 될 정도다. 우리는 도선이 x 축 위에 놓이고 전류가 오른쪽으로 흐르도록 좌표축들의 방향을 잡을 수 있다. 전류가 가느다란 도선에 속박돼 있으므로 우리는 이를 y와 z 방향으로의 델타 함수로 표현할 수 있다.

$$j_x = j\delta(y)\delta(z)$$
$$j_y = 0$$
$$j_z = 0. \tag{9.20}$$

이제 그림 9.4에 보이는 대로 도선을 둘러싼 반지름 r인 원을 상상해 보자. 이번에는 이 원이 물리적인 도선이 아니라 가상의 수학적인 원이다. 우리는 그림으로부터 명확한 방식으로 스토크스 정리를 다시 사용할 것이다. 우리가 할 일은 그림 9.4에서 원반 모양의 음영 영역에 대해 식 9.19를 적분하는 것이다. 좌변은 $\vec{\nabla} \times \vec{B}$ 의 적분인데, 이는 스토크스 정리에 따라 원에 대한 B 의 선적분이다. 우변은 그냥 $1/c^2$ 곱하기 도선을 통해 흘러가는 전류의 수치 j이다. 그러므로

$$\oint \vec{B} \cdot \vec{dl} = \frac{j}{c^2} \qquad (9.21)$$

이다. 따라서 도선을 통해 흐르는 전류는 그 도선 주변을 선회하는 자기장을 생성한다. 내가 뜻하는 바는 자기장이 x 축을 따라 또는 도선으로부터 멀어지는 방향을 가리키지 않고 각도 방향을 따라 가리킨다는 말이다.

고리를 따라 모든 점에서 $\vec{B}$ 가 $\vec{dl}$ 에 평행하기 때문에 자기장 적분은 그냥 거리 r에서의 장의 크기 곱하기 원주이다. 그 결과는

$$2\pi r B(r) = \frac{j}{c^2}$$

이다. $B(r)$에 대해서 풀면, 우리는 전류가 흐르는 도선이 그로부

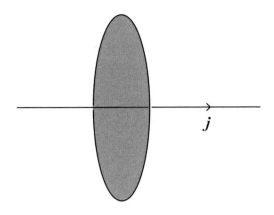

9.4 앙페르 법칙.

터 r 만큼 떨어진 거리에서 생성하는 자기장이

$$B(r) = \frac{j}{2\pi r c^2} \qquad (9.22)$$

의 값을 가짐을 알 수 있다. 이 결과를 보면 $1/c^2$ 의 인수가 너무나 압도적으로 작아서 보통의 전류로는 어떤 자기장도 감지되지 않을 것이라고 생각할 수도 있다. 실제로 보통의 미터법 체계에서는

$$\frac{1}{c^2} \approx 10^{-17}$$

이다. 이 미세한 숫자를 상쇄하는 것은 기전력이 만들어졌을 때

도선을 통해 움직이는 엄청난 숫자의 전자이다.

식 9.22는 덴마크 물리학자인 한스 크리스티안 외르스테드의 이름을 따서 외르스테드 법칙이라 부른다. 외르스테드는 도선의 전류가 나침반의 자화된 바늘이 도선에 수직인 방향을 따라, 그리고 도선 주변의 각도 방향을 따라 정렬되도록 한다는 사실을 알아차렸다. 얼마 지나지 않아 프랑스의 물리학자 앙드레마리 앙페르가 더 일반적인 전류의 흐름까지 외르스테드 법칙을 일반화했다. 외르스테드-앙페르 법칙은 패러데이 법칙과 함께 맥스웰 연구의 기초로서 결국 맥스웰 방정식에 이르게 되었다.

9.2.6 맥스웰 법칙

내가 말하는 맥스웰 법칙(제임스 클러크 맥스웰이 1862년에 발견한 법칙)이란 빛이 전자기파, 즉 전기장과 자기장의 파도 같은 파동이라는 사실이다. 이 발견은 연구실 실험에 기초하지 않은, 수학적인 발견이었다. 맥스웰 방정식이 어떤 속도로 전파하는 파동 같은 풀이를 갖고 있음을 보임으로써 발견한 것으로, 맥스웰은 그 전파 속도를 계산했다. 당시에는 광속이 거의 200년 전부터 알려져 있었고 맥스웰은 자신의 전자기파의 속력이 광속과 일치함을 알아냈다. 이제 9강에서 나는 맥스웰 방정식이 의미하는 것이 '전기장 및 자기장이 파동 방정식을 만족한다는 사실'임을 보이려 한다.

우리는 그 어떤 원천도 없는, 즉 전류나 전하 밀도가 없는 공간 영역에서의 맥스웰 방정식을 생각할 것이다.

$$\vec{\nabla} \cdot \vec{B} = 0$$

$$\vec{\nabla} \cdot \vec{E} = 0$$

$$\vec{\nabla} \times \vec{E} + \frac{\partial \vec{B}}{\partial t} = 0$$

$$c^2 \, \vec{\nabla} \times \vec{B} - \frac{\partial \vec{E}}{\partial t} = 0. \qquad (9.23)$$

우리 목표는 전기장과 자기장이 우리가 4강에서 공부했던 것과 똑같은 종류의 파동 방정식을 만족함을 보이는 것이다. 단순화된 파동 방정식(식 4.26)을 골라잡고 모든 공간 도함수를 우변으로 넘기자.

$$\frac{1}{c^2} \frac{\partial^2 \phi}{\partial t^2} = \frac{\partial^2 \phi}{\partial x^2} + \frac{\partial^2 \phi}{\partial y^2} + \frac{\partial^2 \phi}{\partial z^2}.$$

전체 우변을 기술하기에 편리한 약식 표기는 라플라시안이다. 우리는 파동 방정식을

$$\frac{1}{c^2} \frac{\partial^2 \phi}{\partial t^2} = \nabla^2 \phi \qquad (9.24)$$

로 다시 쓸 수 있다. 4강에서 설명했듯이 이 방정식은 속도 c 로

움직이는 파동을 기술한다.

이제 맥스웰의 입장에서 생각해 보자. 맥스웰은 자신의 방정식(식 9.23)을 가졌지만 이 방정식들은 식 9.24와 닮은 구석이 하나도 없었다. 사실 그는 상수 c를 광속은 고사하고 어떤 속도와 연결할 명확한 이유가 없었다. 나는 그가 던졌을 질문이 다음과 같다고 생각한다.

내게 $\vec{E}$와 $\vec{B}$가 결합된 몇몇 방정식이 있다. ($\vec{E}$든 $\vec{B}$든) 이중 하나를 소거해서 방정식들을 간단히 해 그냥 다른 하나에 대한 방정식을 얻는 어떤 방법이 없을까?

물론 나는 거기 없었지만, 맥스웰이 이런 질문을 던지는 모습을 쉽게 상상할 수 있다. 우리가 그를 도울 수 있을지 살펴보자. 식 9.23의 마지막 방정식을 골라 양변을 시간에 대해 미분한다. 그러면 우리는

$$c^2 \, \vec{\nabla} \times \frac{\partial \vec{B}}{\partial t} - \frac{\partial^2 \vec{E}}{\partial t^2} = 0$$

을 얻을 수 있다. 이제 세 번째 맥스웰 방정식을 이용해 $\frac{\partial \vec{B}}{\partial t}$를 $-\vec{\nabla} \times \vec{E}$로 대체하자. 그러면 정말로 전기장에 대한 방정식

$$\frac{\partial^2 \vec{E}}{\partial t^2} + \vec{\nabla} \times (\vec{\nabla} \times \vec{E}) = 0$$

을 얻는다. 이제 조금 더 파동 방정식과 비슷해 보이기 시작한다. 하지만 아직 한참 멀었다. 마지막 단계는 무명 정리(식 9.7)를 이용하는 것이다. 다행히도 우리에게 필요한 모든 것은 단순화된 형태인 식 9.8이다. 두 번째 맥스웰 방정식인 $\vec{\nabla} \cdot \vec{E} = 0$이 정확히 이 단순화를 허용하는 조건이기 때문이다. 그 결과는 정확히 우리가 원하는 것이다.

$$\frac{1}{c^2} \frac{\partial^2 \vec{E}}{\partial t^2} = \vec{\nabla}^2 \vec{E} . \qquad (9.25)$$

전기장의 각 성분은 파동 방정식을 만족한다.

레니: 나는 거기 없었네, 아트, 하지만 흥분한 맥스웰은 잘 상상할 수 있지. 그가 자신한테 말하는 걸 들을 수 있었어.

이 파동들은 뭐지? 방정식의 형태로부터 파동의 속도는 웃기게도 내 모든 방정식에 등장하는 상수 c잖아. 내가 실수하는 게 아니라면, 미터 단위로 이것은 약 3×10^8이야. 그래! 초속 3×10^8 미터! 바로 광속이지!

이로써 제임스 클러크 맥스웰이 빛의 전자기적 성질을 발견했다.

라그랑주로부터 온 맥스웰

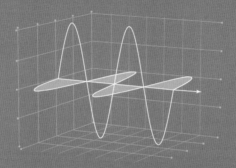

아트: 맥스웰이 걱정이야. 계속 혼잣말하고 있어.

레니: 걱정 말게, 아트, 해법에 가까워진 것 같아. (레니는 앞문을 향해 몸짓을 한다.)
게다가 도와줄 사람이 방금 도착했어.

두 신사가 은신처로 걸어 들어온다. 이중 한 사람은 나이가 들었고
거의 앞을 보지 못하지만 길을 찾는 데에 어려움은 없다.
이들은 맥스웰의 양쪽에 앉는다.

맥스웰은 곧바로 이들을 알아본다.

맥스웰: 오일러! 라그랑주! 여러분이 나타나길 희망하고 있었어요!

완벽한 타이밍입니다!

이번 강의에서 우리는 두 가지 일을 할 것이다. 첫 번째는 9강을 끝까지 밀고 나가 전자기 평면파의 세부 사항을 계산하는 것이다. 그러고는 강의의 후반부에서 우리는 전자기장에 대한 작용 원리를 도입해서 항등식이 아닌 2개의 맥스웰 방정식들을 유도할 것이다. 우리가 어디에 있고 어디로 가는지 그 여정을 유지하는 데에 도움이 되기 위해 표 10.1에 맥스웰 방정식 전체 집합을 요약해 두었다.

형태	방정식
3-벡터:	$\vec{\nabla} \cdot \vec{B} = 0$ $\vec{\nabla} \times \vec{E} + \dfrac{\partial}{\partial t}\vec{B} = 0$
4-벡터:	$\partial_\mu F_{\nu\sigma} + \partial_\nu F_{\sigma\mu} + \partial_\sigma F_{\mu\nu} = 0$
3-벡터:	$\vec{\nabla} \cdot \vec{E} = \rho$ $\vec{\nabla} \times \vec{B} + \dfrac{\partial}{\partial t}\vec{E} = \vec{j}$
4-벡터:	$\partial_\mu F^{\mu\nu} = J^\mu$

표 10.1 3-벡터와 4-벡터 형태의 맥스웰 방정식. 위 칸의 방정식들은 항등식에서 유도된다. 아래 칸의 방정식들은 작용 원리로부터 유도된다.

10.1 전자기파

4강과 5강에서 우리는 파동과 파동 방정식을 논의했고, 9강에서 맥스웰이 어떻게 전기장과 자기장의 성분에 대한 파동 방정식을 유도했는지 알아보았다.

원천이 없는 맥스웰 방정식(식 9.23)으로 시작해 보자. 편의상 여기에 적어 보면

$$\overrightarrow{\nabla} \cdot \overrightarrow{B} = 0$$

$$\overrightarrow{\nabla} \cdot \overrightarrow{E} = 0$$

$$\overrightarrow{\nabla} \times \overrightarrow{E} + \frac{\partial \overrightarrow{B}}{\partial t} = 0$$

$$c^2 \overrightarrow{\nabla} \times \overrightarrow{B} - \frac{\partial \overrightarrow{E}}{\partial t} = 0$$

이다. 이제 파장이

$$\lambda = \frac{2\pi}{k}$$

이고 z 축을 따라 움직이는 파동을 생각해 보자. 여기서 k는 이른바 파수이다. 우리가 원하는 임의의 파장을 고를 수 있다. 일반적인 평면파는

$$Field\ Value = C\sin(kz - \omega t)$$

의 함수 형태를 갖는다. 여기서 C 는 임의의 상수이다. 전기장에 작용하면 각 성분은

$$E_x(t, z) = \varepsilon_x \sin(kz - \omega t) \qquad (10.1)$$

$$E_y(t, z) = \varepsilon_y \sin(kz - \omega t) \qquad (10.2)$$

$$E_z(t, z) = \varepsilon_z \sin(kz - \omega t) \qquad (10.3)$$

의 형태를 갖는다. 여기서 ε_x, ε_y, ε_z 는 숫자 상수들이다. 우리는 이들을 그 파동의 **편광** 방향을 정의하는 고정된 벡터의 성분들로 생각할 수 있다.

우리는 파동이 z 축을 따라 전파한다고 가정했다. 분명히 이는 아주 일반적이지는 않다. 파동은 어떤 방향으로든 전파할 수 있다. 그러나 우리는 언제나 파동의 운동이 z 를 따라가도록 자유롭게 축을 재설정할 수 있다. 우리가 갖고 있는 또 다른 자유도는 코사인 의존성을 더하는 것이다. 하지만 이는 단지 파동을 z 축을 따라 이동시킬 뿐이다. 원점을 옮기면 우리는 코사인을 없앨 수 있다.

이제 방정식 $\vec{\nabla} \cdot \vec{E} = 0$ 을 이용하자. 전기장 성분이 의존하는 유일한 공간 좌표는 z 이므로 이 방정식은 특별히 간단한 형태

$$\frac{\partial E_z}{\partial z} = 0 \qquad (10.4)$$

을 갖는다. 이를 식 10.3과 결합하면

$$\varepsilon_z = 0$$

을 얻는다. 즉 전파 방향 쪽으로의 전기장의 성분은 0이어야만
한다. 이런 성질을 가진 파동을 **횡파**(transverse wave)라 부른다.

마지막으로, 우리는 언제나 x와 y 축을 정렬해서 편광 벡
터 $\vec{\varepsilon}$ 가 x 축을 따라 놓이도록 할 수 있다. 따라서 전기장은

$$E_z = 0$$
$$E_y = 0$$
$$E_x = \varepsilon_x \sin(kz - \omega t) \qquad (10.5)$$

의 형태를 갖는다. 다음으로 자기장을 생각해 보자. 자기장이 전
기장과는 다른 방향으로 전파하도록 허용하고 싶을지도 모르지
만, 그렇게 되면 전기장과 자기장을 모두 수반하는 맥스웰 방정
식을 어기게 된다. 자기장 또한 z 축을 따라 전파해야만 하며

$$B_x(t, z) = \mathcal{B}_x \sin(kz - \omega t) \qquad (10.6)$$
$$B_y(t, z) = \mathcal{B}_y \sin(kz - \omega t) \qquad (10.7)$$

$$B_z(t,z) = \mathcal{B}_z \sin(kz - \omega t) \qquad (10.8)$$

의 형태를 갖는다. 전기장에서 썼던 똑같은 논증에 따라 방정식 $\vec{\nabla} \cdot \vec{B} = 0$은 자기장의 z 성분이 0임을 뜻한다. 따라서 자기장 또한 x, y 평면에 놓여 있어야 한다. 다만 반드시 전기장과 똑같은 방향일 필요는 없다. 사실 자기장은 전기장과 수직이어야 하고 따라서 y 축을 따라 놓여 있어야 한다. 이 성질을 확인하기 위해 맥스웰 방정식

$$\vec{\nabla} \times \vec{E} + \frac{\partial \vec{B}}{\partial t} = 0$$

을 이용한다. 성분 형태로 쓰면 이 방정식은

$$\dot{B}_x = -\left(\frac{\partial E_z}{\partial y} - \frac{\partial E_y}{\partial z} \right)$$

$$\dot{B}_y = -\left(\frac{\partial E_x}{\partial z} - \frac{\partial E_z}{\partial x} \right)$$

$$\dot{B}_z = -\left(\frac{\partial E_y}{\partial x} - \frac{\partial E_x}{\partial y} \right) \qquad (10.9)$$

가 된다. 이제 E_z와 E_y가 0이고 전기장이 오직 z에 대해서만 변한다는 점을 명심하면 오직 자기장의 y 성분만 시간에 따라 변함을 알게 된다. 우리가 진동하는 파동을 논의하고 있으므로

오직 $\vec{B}$ 의 y 성분만 0이 아닐 수 있다.

식 10.9로부터 한 가지 사실이 더 도출된다. 우리가 $E_x = \varepsilon_x \sin(kz - \omega t)$와 $B_y = \mathcal{B}_y \sin(kz - \omega t)$를 대입하면 $\mathcal{B}_y$는

$$\mathcal{B}_y = \frac{k}{\omega} \varepsilon_x \qquad (10.10)$$

으로 제한됨을 알게 된다. 우리가 사용하지 않은 맥스웰 방정식이 아직도 하나 더 있다. 즉

$$c^2 \, \vec{\nabla} \times \vec{B} - \frac{\partial \vec{E}}{\partial t} = 0$$

이다. 이 마지막 맥스웰 방정식의 x 성분을 취하고 이미 알게 된 사실을 사용하면 이 식은

$$\frac{1}{c^2} \frac{\partial E_x}{\partial t} = -\frac{\partial B_y}{\partial t}$$

로 바뀐다. E_x와 B_y의 형태를 대입하면 진동수 ω와 파수 k 사이의 간단한 관계가 나온다.

$$\omega = ck.$$

이제 파동 형태 $\sin(kz - \omega t)$는

$$\sin k(z - ct) \qquad (10.11)$$

이 된다. 이는 정확하게 속도 c로 z 축을 따라 전파되는 파동의 형태이다. 전자기 평면파의 성질을 요약해 보자.

- 하나의 축을 따라 광속으로 전파한다.
- 전자기파는 횡파이다. 이는 장이 전파하는 축에 대해 수직인 평면 속에 놓인다는 뜻이다.
- 전기장과 자기장은 서로 수직이다.
- 전기장과 자기장의 비율은

$$\frac{\mathcal{B}_y}{\mathcal{E}_x} = \frac{1}{c}$$

이다. 상대론적 단위($c=1$)에서는 전기장과 자기장의 크기가 같다.

여러분에게 익숙할지도 모를(특히 고급 선글라스를 산다면 더더욱 익숙할) 그런 광파의 성질 하나를 일깨워 주려 한다. 빛은 편광돼 있다. 사실 모든 전자기파는 편광돼 있다. 편광의 방향은 전기장의 방향이며 따라서 우리의 예에서 전자기파는 x 축을 따라 편광되었다고 말할 것이다. 평면 전자기파의 성질은 그림 10.1로 시각화할 수 있다.

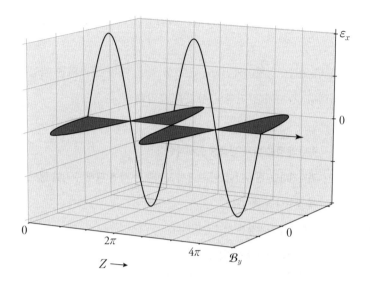

그림 10.1 오른쪽 그리고 지면 바깥으로(양의 z 방향으로) 전파되는 전자기 평면파의 순간 장면. $\vec{E}$ 와 $\vec{B}$ 는 서로, 그리고 전파 방향에 대해서도 수직이다. $\vec{B}$ 장은 음영 처리되어 있다.

10.2 전기 동역학의 라그랑지안 정식화

이 점을 너무나 많이 언급했지만 아주 중요한 문제이므로 반복의 위험을 무릅쓰고 다시 한번 강조해야겠다. 에너지 보존, 운동량 보존, 그리고 보존 법칙과 대칭성 법칙 사이의 관계에 관한 근본적인 아이디어는 **오직** 최소 작용의 원리로 시작해야만 도출할 수 있다. 여러분 뜻대로 모든 미분 방정식을 쓸 수 있고 그 방정식들이 수학적으로 일관될 수도 있다. 그렇더라도 그 방정식들이 라그랑지안과 작용 원리에서 유도되지 않는다면 에너지 보존은 없을 것이다. (보존될 에너지조차 없을 것이다.) 우리는 기꺼이 에너지 보존을 깊이 믿고 있으므로 맥스웰 방정식에 대한 라그랑지안 정식화를 찾아봐야 한다.

이제 근본적인 원리들로 들어가서 라그랑지안에 관한 최선의 추론을 해 보자. 두 방정식

$$\vec{\nabla} \cdot \vec{B} = 0$$
$$\vec{\nabla} \times \vec{E} + \frac{\partial \vec{B}}{\partial t} = 0$$

은 (벡터 퍼텐셜의 측면에서) $\vec{E}$ 와 $\vec{B}$ 의 정의로부터 도출되는 수학적 항등식이다. 이들을 작용 원리로부터 유도할 필요가 없는 것은 $1+1=2$ 를 유도할 필요가 없는 것과도 같다.

이제 우리 목표는 방정식의 두 번째 집합을 유도하는 것이다. 이 방정식들은 3-벡터 표기법으로

$$\vec{\nabla} \cdot \vec{E} = \rho \qquad (10.12)$$

$$\vec{\nabla} \times \vec{B} - \frac{\partial \vec{E}}{\partial t} = \vec{j} \qquad (10.13)$$

이다. 우리는 전하 밀도 ρ 를 4-벡터 전류 J^ν 의 시간 성분으로 삼았다.

$$\rho = J^0.$$

마찬가지로 $\vec{j}$ 의 세 성분은 J^ν 의 세 공간 성분에 해당한다.

$$\vec{j} = (J^1, J^2, J^3),$$

즉

$$\vec{j} = J^m$$

이다. 이 모든 관계는 공변 형태의 하나의 방정식으로 요약된다.

$$\partial_\mu F^{\mu\nu} = -J^\nu. \qquad (10.14)$$

이 방정식의 시간 성분은 식 10.12와 동등하고 세 공간 성분은 복잡한 과정을 거쳐 식 10.13의 결과를 내놓는다. 이 방정식들을 어떻게 라그랑지안으로부터 유도할 것인가? 시도라도 해 보기 전에 우리는 올바른 라그랑지안이 무엇인지를 알아내야 한다. 근본적인 원리들이 탐색 범위를 좁히는 데에 도움이 될 것이다.

이미 우리는 작용 원리의 필요성을 논의했다. 또한 작용 원리의 수학이 장의 경우에는 입자의 경우와 약간 다르게 작동함을 알아보았다. 맥스웰 방정식은 장 방정식이므로 여기서 우리는 장에 집중할 것이다. 이제 다른 원리들로부터 무엇을 배울 수 있을지 알아보자.

10.2.1 국소성

특정한 시간과 장소에서 일어나는 일은 무엇이든지 이웃한 시간과 장소에서 일어나는 일하고만 관련이 있을 수 있다. 이를 어떻게 보증할 것인가? 작용 적분 속의 라그랑지안 밀도는 오직 장 그 자체와 좌표 X^μ에 대한 이들의 1차 도함수에만 의존함을 명확히 하자.

일반적으로 라그랑지안 밀도는 그 이론의 각 장에 의존한다. 여러 개가 있을 수 있지만 나는 그냥 단일 변수 ϕ를 이용해 존재하는 모든 장을 표현할 것이다.[1] 라그랑지안은 또한 공간과 시간에 대한 ϕ의 도함수에 의존한다. 이미 우리는 $\partial_\mu \phi$라는 표기법에 익숙해져 있다. 우리는 이와 함께, 훨씬 더 압축된 표기법인 $\phi_{,\mu}$도 사용할 것이다. 이 의미는 똑같다.

$$\frac{\partial \phi}{\partial X^\mu} = \partial_\mu \phi = \phi_{,\mu}.$$

이 표기법은 표준이다. 기호 $\phi_{,\mu}$에서 쉼표는 **도함수**(derivative)를

---

[1] 전자기학에서 그 장은 벡터 퍼텐셜의 성분들인 것으로 드러나는데, 너무 앞서 나가지는 말자.

뜻하며 μ는 X^μ에 대하여를 뜻한다. 국소성은 라그랑지안 밀도
가 오직 ϕ와 $\phi_{,\mu}$에만 의존해야 함을 요구한다. 즉 작용 적분은

$$작용 = \int d^4 x \mathcal{L}(\phi, \phi_{,\mu})$$

의 형태를 가져야만 한다. 기호 $\phi_{,\mu}$는 하나의 특별한 도함수를
의미하진 않는다. 이는 모든 시간과 공간의 성분에 대한 도함수
를 가리키는 일반적인 기호이다. 작용 적분이 이 형태를 취하도
록 요구하면 그 결과로 나오는 운동 방정식은 개체들을 국소적으
로 관련짓는 미분 방정식일 것임을 보증할 수 있다.

10.2.2 로런츠 불변성

로런츠 불변성은 간단한 요구 조건이다. 라그랑지안 밀도가 스칼
라여야 한다는 것이다. 라그랑지안은 모든 기준틀에서 똑같은 값
을 가져야 한다. 이건 그냥 그대로 남겨 두고 다음 원리로 넘어갈
수도 있다. 다만 나는 스칼라장에 대한 이전의 결과들을 빨리 복
습해서 몇 가지 맥락을 제시하려고 한다. 맥스웰 방정식은 스칼
라장이 아니라 벡터장에 기초를 둔 방정식이다. 그래서 이 둘을
어떻게 비교할지 살펴보는 것이 좋겠다.

스칼라장 ϕ에 대해서는 라그랑지안이 ϕ 자체 또는 ϕ의 임
의의 함수를 포함할 수 있다. 이 함수를 $U(\phi)$라 하자. 라그랑지

안은 또한 도함수를 포함할 수 있다.[2] 한편 라그랑지안이 포함할 수 없는 어떤 것들이 있다. 예를 들면 $\partial_x \phi$는 이 자체로 포함할 수 없다. $\partial_x \phi$는 스칼라가 아니기 때문에 이는 의미가 없다. 이 항은 벡터의 x 성분이다. 우리가 임의의 벡터 성분을 그냥 던져 넣을 수는 없지만, 이들을 조심스럽게 포장해서 스칼라를 만들 수는 있다. 다음과 같은 양

$$\partial_\mu \phi \, \partial^\mu \phi = \phi_{,\mu} \phi^\mu$$

은 완전히 훌륭한 스칼라이며 분명히 라그랑지안에 그 모습을 드러낼 수 있다. μ는 더하는 첨자이므로 우리는 이를

$$\partial_\mu \phi \partial^\mu \phi = -(\partial_t \phi)^2 + (\partial_x \phi)^2 + (\partial_y \phi)^2 + (\partial_z \phi)^2$$

로, 또는 '쉼표' 표기법에서는

$$\phi_{,\mu} \phi^{,\mu} = -(\partial_t \phi)^2 + (\partial_x \phi)^2 + (\partial_y \phi)^2 + (\partial_z \phi)^2$$

로 전개할 수 있다. 4강에서 우리는 간단한 라그랑지안(식 4.7)을

---

2) 도함수를 **반드시** 포함해야 한다고 말해도 지나치지는 않을 것이다. 도함수가 없으면 라그랑지안은 흥미롭지 못하다.

쓰기 위해 이와 비슷한 항들을 사용했다. 새로운 표기법에서는 그 라그랑지안을

$$\mathcal{L} = -\frac{1}{2}\,\partial_\mu \phi\,\partial^\mu \phi - U(\phi),$$

즉

$$\mathcal{L} = -\frac{1}{2}\phi_{,\mu}\phi^{,\mu} - U(\phi) \qquad (10.15)$$

로 쓸 수 있다. 이 라그랑지안에 기초해서 우리는 오일러-라그랑주 방정식을 사용해 운동 방정식을 유도했다. 나는 이 예에서 오직 하나의 장만 썼으나 여러 개도 있을 수 있다. 일반적으로 여러 개의 장에 대한 라그랑지안을 더하면 된다. 심지어 더 복잡한 방식으로 이들을 결합할 수도 있다.

각각의 독립적인 장(우리의 예에서는 오직 하나뿐이다.)에 대해 우리는 먼저 $\phi_{,\mu}$에 대한 라그랑지안의 편미분을 취한다. 그 편미분은

$$\frac{\partial \mathcal{L}}{\partial \phi_{,\mu}}$$

이다. 그러고는 이 항을 X^μ에 대해 미분해서

$$\frac{\partial}{\partial X^{\mu}} \frac{\partial \mathcal{L}}{\partial \phi_{,\mu}}$$

를 얻는다. 이것이 오일러-라그랑주 방정식의 좌변이다. 우변은
그저 ϕ에 대한 $\mathcal{L}$의 도함수이다. 완전한 방정식은

$$\frac{\partial}{\partial X^{\mu}} \frac{\partial \mathcal{L}}{\partial \phi_{,\mu}} = \frac{\partial \mathcal{L}}{\partial \phi} \qquad (10.16)$$

이다. 이것이 장에 대한 오일러-라그랑주 방정식이다. 이는 입자
의 운동에 대한 라그랑주 방정식의 직접적인 상응물이다. 돌이켜
보면, 입자의 운동에 대한 방정식은

$$\frac{d}{dt} \frac{\partial \mathcal{L}}{\partial \dot{q}} = \frac{\partial \mathcal{L}}{\partial q}$$

이다. 운동 방정식을 유도하려면 오일러-라그랑주 방정식(식
10.16)을 이용해 라그랑지안(식 10.15)을 계산해야 한다. 4.3.3절에
서 우리는 이 작업을 했고 운동 방정식이

$$\frac{\partial^2 \phi}{\partial t^2} - \frac{\partial^2 \phi}{\partial x^2} - \frac{\partial^2 \phi}{\partial y^2} - \frac{\partial^2 \phi}{\partial z^2} = -\frac{\partial U}{\partial \phi}$$

임을 알아냈다. 이는 간단한 파동 방정식이다.

우리는 벡터 퍼텐셜에서 시작해 정확히 똑같은 과정을 따라
맥스웰 방정식에 이를 것이다. 쫓아가야 할 첨자가 더 많으므로

복잡하다. 그러나 이것이 아름다운 하나의 작품임에 여러분도 결국에는 동의하리라 생각한다. 그리로 뛰어들기 전에 복습해야 할 원리가 하나 더 있다. 게이지 불변성이다. 전기 동역학에서는 언제나 필요하다.

10.2.3 게이지 불변성

라그랑지안이 게이지 불변임을 확실히 하기 위해, 우리는 그 자체가 게이지 불변인 양으로부터 라그랑지안을 구축하면 된다. 명확한 선택지는 $F_{\mu\nu}$의 성분, 즉 전기장과 자기장이다. 스칼라의 도함수를 A_μ에 더하더라도 이 장들은 변하지 않는다. 즉 다음과 같이 대체하더라도

$$A_\mu \Rightarrow A_\mu + \frac{\partial S}{\partial X^\mu}$$

이 장들은 변하지 않는다. 따라서 F의 성분들로부터 구축한 임의의 라그랑지안은 게이지 불변일 것이다. 스칼라장의 경우에서 봤듯이 우리가 **사용할 수 없는** 어떤 양들이 또한 존재한다. 예를 들어 $A_\mu A^\mu$는 포함할 수 없다. 이는 직관에 어긋나 보인다. 결국 $A_\mu A^\mu$는 완벽하게 훌륭한 로런츠 불변 스칼라이다.[3] 그

---

3) 이 표현식의 μ들은 도함수를 의미하지 않음을 기억하라. 이들은 단지 A의 성분을 나타낼 뿐이다. 미분을 지시하기 위해서는 쉼표를 사용할 것이다.

러나 이는 게이지 불변이 아니다. 스칼라의 경사를 A에 더하면 $A_\mu A^\mu$는 정말로 변할 것이며 따라서 적절하지 않다. 이 항은 라그랑지안의 부분이 될 수 없다.

10.2.4 원천이 없는 라그랑지안

우리는 라그랑지안을 두 단계에 걸쳐 구축하려 한다. 먼저 전하나 전류가 없는 전자기장이 있는 경우를 생각할 것이다. 즉 전류 4-벡터가 0인 경우인

$$J^\mu = 0$$

부터 고려할 것이다. 나중에 우리는 0이 아닌 전류 벡터 또한 포괄하도록 라그랑지안을 수정하려 한다.

우리는 게이지 불변성을 걱정할 필요도 없이 우리가 원하는 어떤 방식으로든 $F_{\mu\nu}$의 성분을 사용할 수 있다. 그러나 로런츠 불변성은 더 조심해야 한다. 어떻게든 이들을 조합해서 첨자들을 축약해 스칼라를 만들어야만 한다.

2개의 첨자가 있는 어떤 일반적인 텐서 $T_{\mu\nu}$를 생각해 보자. 첨자를 하나 올리고 축약하면 간단히 스칼라를 만들 수 있다. 즉 우리는

$$T_\mu{}^\mu$$

의 표현식으로 만들 수 있다. 여기서 μ는 더하는 첨자이다. 이는 텐서로부터 스칼라를 만드는 일반적인 기법이다. $F_{\mu\nu}$에 이를 시도하면 어떻게 될까? 그 결과가

$$F_\mu{}^\mu = 0$$

임은 어렵지 않게 알 수 있다. 왜냐하면 모든 대각 성분(똑같은 첨자를 가진 성분)은 0이기 때문이다. 즉

$$F_{00} = 0$$
$$F_{11} = 0$$
$$F_{22} = 0$$
$$F_{33} = 0$$

이다. $F_\mu{}^\mu$의 표현식은 이 네 항을 모두 더하라고 한다. 물론 그 결과는 0이다. 이는 라그랑지안에 그다지 좋은 선택이 아니다. 사실 $F_{\mu\nu}$의 임의의 선형항은 좋은 선택이 아닌 것 같다. 선형항이 좋지 않다면 선형적이지 않은 무언가를 시도해 볼 수 있다. 가장 단순한 항은 2차항일 것이다.

$$F_{\mu\nu}F^{\mu\nu}.$$

이 표현식은 자명하지 않다. 이 항은 확실히 0과 같지 않다. 이것이 어떤 의미인지 알아보자. 먼저, 시간-공간이 뒤섞인 성분을 생각해 보자.

$$F_{0n} F^{0n}.$$

이들은 μ가 0인 성분들이므로 시간을 나타낸다. 라틴 첨자 n은 ν의 공간 성분을 나타낸다. 전체 표현식은 무엇을 나타내는가? 이는 전기장의 제곱과 거의 동일하다. 앞서 봤듯이 $F_{\mu\nu}$의 혼합 성분은 전기장 성분들이다. $F_{0n} F^{0n}$이 **정확하게** 전기장의 제곱이 아닌 이유는 하나의 시간 성분을 올리면 부호가 바뀌기 때문이다. 각 항은 하나의 위쪽 시간 첨자와 하나의 아래쪽 시간 첨자를 포함하고 있으므로 그 결과는 $\vec{E}$ 제곱의 **음수**이다.

$$F_{0n} F^{0n} = - E^2.$$

조금만 생각해 보면 이 항은 합에서 두 번 나타난다. 왜냐하면 μ와 ν의 역할을 바꿀 수 있기 때문이다. 즉 우리는 또한

$$F_{n0} F^{n0} = - E^2$$

의 형태를 가진 항들도 고려해야만 한다. $F_{\mu\nu}$가 반대칭이므로

이 항들 또한 더하면 $-E^2$이 된다. 이 두 번째 형태에서 첫째 첨자는 공간 성분을 나타내고 둘째 첨자는 시간을 나타낸다. 이 모든 제곱과 합의 전체적인 결과는 $-2E^2$이다. 즉

$$F_{0n}F^{0n} + F_{n0}F^{n0} = -2E^2$$

$F_{\mu\nu}$가 반대칭이라서 이 두 세트의 항이 상쇄되리라 생각했을지도 모르겠다. 그러나 각 성분이 제곱되기 때문에 상쇄되지 않는다.

이제 $F_{\mu\nu}$의 공간-공간 성분을 처리할 필요가 있다. 이들은 그 어떤 첨자도 0이 아닌 항들이다. 예컨대, 이런 항들 중 하나는

$$F_{12}F^{12}$$

이다. 공간 첨자를 내리거나 올리더라도 아무런 일이 발생하지 않는다. 부호의 변화도 없다. 전기장과 자기장의 용어를 쓰면 F_{12}는 B_3과 똑같다. 이는 자기장의 z 성분인 B_z의 별칭이다. 따라서 $F_{12}F^{12}$는 $(B_z)^2$과 똑같다. 이 항의 반대칭 상응물인 $F_{21}F^{21}$을 생각하면 $(B_z)^2$은 그 합에 두 번 들어간다.

이제 우리는 두 첨자가 서로 똑같은 대각 원소를 제외하고 $F_{\mu\nu}F^{\mu\nu}$ 합의 모든 항을 설명했다. 하지만 이미 알고 있듯이 대각 성분들은 0이므로 우리가 할 일은 끝났다. 공간-공간 성분들과 공간-시간 성분들을 결합하면 그 결과는

$$F_{\mu\nu}F^{\mu\nu} = -2E^2 + 2B^2,$$

또는

$$-F_{\mu\nu}F^{\mu\nu} = 2(E^2 - B^2)$$

이다. 관례에 따라 이 방정식은 약간 다른 형태로 쓴다. **"관례에 따라."**라고 말할 때, 이는 우리가 관례를 무시하더라도 아무런 영향을 미치지 않을 것임을 뜻한다. 운동 방정식은 똑같을 것이다. 한 가지 관례는 E^2 항이 양수이고 B^2 항이 음수인 것이다. 두 번째 관례는 $\frac{1}{4}$의 인수를 포함하는 것이다. 그 결과 라그랑지안은 대개

$$\mathcal{L} = -\frac{1}{4}F_{\mu\nu}F^{\mu\nu}, \qquad (10.17)$$

또는

$$\mathcal{L} = \frac{1}{2}(E^2 - B^2) \qquad (10.18)$$

로 쓴다. $\frac{1}{4}$ 인수에는 물리적인 내용이 없다. 유일한 목적은 오래된 습관을 일관되게 유지하기 위해서이다.

10.3 맥스웰 방정식 유도하기

식 10.18은 로런츠 불변이고 국소적이며 게이지 불변이다. 우리가 써낼 수 있는 가장 단순한 라그랑지안일 뿐만 아니라 전기 동역학에 대해 올바른 라그랑지안이다. 이 절에서 우리는 어떻게 이 라그랑지안이 맥스웰 방정식을 유도해 내는지 볼 것이다. 유도 과정은 약간 기교적이지만, 여러분의 생각만큼 어렵지는 않다. 우리는 작고 단순한 단계들을 밟아 나갈 것이다. 우선 우리는 J^μ 항을 무시하고 빈 공간에서 작업을 수행할 것이다. 그러고 나서 J^μ를 다시 이 구상 속으로 가져올 것이다.

다시 한번, 장에 대한 오일러-라그랑주 방정식이 여기 있다.

$$\frac{\partial}{\partial X^\nu} \frac{\partial \mathcal{L}}{\partial \phi_{,\nu}} = \frac{\partial \mathcal{L}}{\partial \phi}. \tag{10.19}$$

각각의 장에 대해 우리는 이런 종류의 분리된 방정식을 쓸 것이다. 이 장들은 무엇인가? 바로 벡터 퍼텐셜의 성분

$$A_0, \ A_1, \ A_2, \ A_3,$$

즉

$$A_t, \ A_x, \ A_y, \ A_z$$

이다. 이는 별개의 독립적인 네 장이다. 이들의 도함수는 어떤가? 작업에 도움을 주기 위해 우리는 쉼표 표기법을 확장해 4-벡터를 포함시킬 것이다.[4] 이 표기법에서 기호 $A_{\mu,\nu}$, 즉 'A 아래 μ 쉼표 ν'는 X^ν에 대한 A_μ의 도함수를 나타낸다. 즉 $A_{\mu,\nu}$를

$$A_{\mu,\nu} \equiv \frac{\partial A_\mu}{\partial X^\nu}$$

로 정의한다. 좌변 아래 첨자의 쉼표가 핵심이다. 쉼표는 여러분에게 적절한 도함수를 취하라고 말한다. 쉼표가 없으면 기호 $A_{\mu\nu}$는 전혀 도함수가 아니다. 그저 첨자가 둘인 어떤 텐서의 성분일 뿐이다. 이 표기법에서 장 텐서는 어떻게 보일까? 알다시피장 텐서는

$$F_{\mu\nu} = \frac{\partial A_\nu}{\partial X^\mu} - \frac{\partial A_\mu}{\partial X^\nu}$$

로 정의된다. 이는 쉼표 표기법으로 쉽게 바꿀 수 있다. 그 결과는

$$F_{\mu\nu} = A_{\nu,\mu} - A_{\mu,\nu} \qquad (10.20)$$

이다. 편미분 표기법을 축약하는 일에 왜 그렇게 큰 노력을 쏟아

---

4) 지금까지 우리는 쉼표 표기법을 오직 스칼라 도함수에만 사용했다.

붓는 것일까? 나는 여러분이 몇 문단 뒤에 이 기법의 가치를 알아보리라고 생각한다. 물론 이 표기법은 필기량도 많이 줄이지만, 훨씬 더 많은 일을 한다. 이 표기법은 책 속에 숨어 있던 우리 방정식의 대칭성을 곧바로 드러내 보인다. 훨씬 더 중요하게는, 오일러-라그랑주 방정식으로 작업할 때의 단순함을 드러내 준다.

우리는 A_μ의 네 성분을 개별적이고 독립적인 장으로 여길 것이다. 이들 각각에 대해 장 방정식이 존재한다. 라그랑지안(식 10.17)을 축약 표기법으로 바꾸려면 식 10.20으로부터 $F_{\mu\nu}$에 간단히 대입하면 된다.

$$\mathcal{L} = -\frac{1}{4}(A_{\nu,\mu} - A_{\mu,\nu})(A^{\nu,\mu} - A^{\mu,\nu}). \quad (10.21)$$

이것이 라그랑지안이다. 원한다면 도함수를 써서 세세하게 쓸 수도 있다. A_μ 성분과 A_ν 성분은 식 10.19에서 ϕ에 해당하는 것들이다. A의 각 성분에 대해 오일러-라그랑주 방정식이 존재한다. 우선 작업용으로 하나의 성분 A_x를 고를 것이다. 처음으로 할 일은 $A_{x,\mu}$에 대해 $\mathcal{L}$의 편미분, 즉

$$\frac{\partial \mathcal{L}}{\partial A_{x,\mu}}$$

를 계산하는 것이다. 이 계산을 작은 단계로 쪼개 보자.

우리는 A의 특정 성분의 특정한 도함수에 대해 $\mathcal{L}$의 도함

수를 계산해야 한다. 이게 무슨 뜻인지를 알아보기 위해, 한 가지 경우, 즉 $A_{x,y}$에 대한 $\mathcal{L}$의 도함수를 생각해 보자. 식 10.21에 따르면 $\mathcal{L}$은 μ와 ν의 네 값에 대한 합이다. 우리는 이를 전개해서 모든 16개 항을 풀어 쓰고 $A_{x,y}$를 포함하는 항을 찾아볼 수도 있다. 만약 그렇게 했다면

$$(A_{x,y} - A_{y,x})(A^{x,y} - A^{y,x})$$

의 형태를 가진 오직 두 항에서만 모습을 드러냄을 알게 될 것이다. 여기서 우리는 잠시 $-\frac{1}{4}$의 인수를 무시했다. x와 y 모두 공간 첨자이므로 어떤 첨자를 내리더라도 차이가 없다. 그래서 이 항을 조금 더 간단하게

$$(A_{x,y} - A_{y,x})(A_{x,y} - A_{y,x})$$

로 다시 쓸 수 있다. 이 결과를 더 간단히 하고 숫자 인수를 복원하면

$$-\frac{1}{2}(A_{x,y} - A_{y,x})^2$$

이 된다. 왜 $\frac{1}{4}$ 대신 $\frac{1}{2}$을 썼을까? 라그랑지안을 전개하면 이런 항이 2개 있기 때문이다. 하나는 $\mu = x$이고 $\nu = y$일 때 생기는

항이고 다른 하나는 $\mu = y$ 이고 $\nu = x$ 일 때이다.

이 지점에서는 $A_{x,y}$에 대해 어떻게 $\mathcal{L}$을 미분할 것인지에 대한 의문이 전혀 없을 것이다. 다른 항들 중 어떤 것도 $A_{x,y}$를 포함하지 않기 때문에 이들은 모두 미분했을 때 0이 되며, 따라서 우리는 이를 무시할 수 있다. 즉 이제 우리는

$$\frac{\partial \mathcal{L}}{\partial A_{x,y}} = \frac{\partial}{\partial A_{x,y}}\left[-\frac{1}{2}(A_{x,y} - A_{y,x})^2 \right]$$

로 쓸 수 있다. $A_{x,y}$와 $A_{y,x}$가 2개의 다른 개체임을 기억하는 한 이 도함수는 단순하다. 우리는 오직 $A_{x,y}$의 의존성에만 관심이 있으므로 이 편미분에 대해 $A_{y,x}$는 상수로 간주한다. 그 결과는

$$\frac{\partial \mathcal{L}}{\partial A_{x,y}} = -(A_{x,y} - A_{y,x})$$

이다. 이제 우리는 우변을 장 텐서의 원소, 즉 $-F_{yx}$로 알아볼 수 있다. 이 모든 작업의 결과는

$$\frac{\partial \mathcal{L}}{\partial A_{x,y}} = -F_{yx} = -F^{yx}$$

이며, 또는 F의 반대칭성을 이용하면

$$\frac{\partial \mathcal{L}}{\partial A_{x,y}} = F_{xy} = F^{xy}$$

이다. 이 방정식의 오른쪽 끝에 있는 F^{xy}는 공짜로 나온 결과이다. 왜냐하면 공간 성분에 대해서는 위 첨자가 아래 첨자와 동등하기 때문이다.

이 지점에 이르기까지 오랜 시간이 걸렸지만, 그 결과는 아주 간단하다. 다른 모든 성분에 대해서 똑같은 연습 문제를 계속 수행하면 그들 각각이 똑같은 양상을 따른다는 사실을 알게 될 것이다. 그 일반적인 공식은

$$\frac{\partial \mathcal{L}}{\partial A_{\mu,\nu}} = F^{\mu\nu} \qquad (10.22)$$

이다. 다음 단계는 식 10.19에 따라 식 10.22를 X^ν에 대해 미분하는 것이다. 식 10.22의 양변에 이를 수행하면

$$\frac{\partial}{\partial X^\nu} \frac{\partial \mathcal{L}}{\partial A_{\mu,\nu}} = \frac{\partial F^{\mu\nu}}{\partial X^\nu},$$

즉

$$\frac{\partial}{\partial X^\nu} \frac{\partial \mathcal{L}}{\partial A_{\mu,\nu}} = \partial_\nu F^{\mu\nu} \qquad (10.23)$$

을 얻는다. 하지만 잠깐! 식 10.23의 우변은 다름 아닌 표 10.1에

서 마지막 맥스웰 방정식의 좌변이다.

정말로 이렇게 쉬워도 될까? 오일러-라그랑주 방정식의 우변을 계산할 때까지 잠시 판단을 미뤄 두자. 그 우변의 계산은 그 장 자체에 대해 $\mathcal{L}$의 도함수를 취하는 것이다. 다시 말해, A_x처럼 미분하지 않은 A의 성분에 대해 $\mathcal{L}$의 도함수를 취하는 것이다. 그러나 미분하지 않은 A의 성분은 $\mathcal{L}$에 전혀 나타나지 않는다. 따라서 그 결과는 0이다. 이것으로 모두 끝이다. 오일러-라그랑주 방정식의 우변은 0이다. 따라서 (전하도 전류도 없는) 빈 공간에 대한 운동 방정식은 맥스웰 방정식과 완전히 들어맞는다.

$$\frac{\partial}{\partial X^\nu}\frac{\partial \mathcal{L}}{\partial A_{\mu,\nu}} = \frac{\partial F^{\mu\nu}}{\partial X^\nu} = 0.$$

10.4 0이 아닌 전류 밀도를 가진 라그랑지안

어떻게 하면 전류 밀도 J^μ를 포함하도록 라그랑지안을 수정할 수 있을까?[5] 우리는 J^μ의 모든 것을 포함하는 무언가를 $\mathcal{L}$에 더해야 한다. 전류 밀도 J^μ는 4개의 성분을 갖고 있다. 시간 성분은 ρ이고 공간 성분은 $\vec{j}$의 세 성분이다. m번째 공간 성분은 m축을 따라 방향을 잡고 있는 작은 창문을 단위 면적·단위 시

---

5) 식 10.17은 $F_{\mu\nu}$로 쓴 라그랑지안이다. 식 10.21은 똑같은 라그랑지안을 벡터 퍼텐셜로 쓴 것이다.

간당 관통해 지나가는 전하량이다. 기호로는

$$J^\mu = \left(\rho,\ j^m \right)$$

으로 쓸 수 있다. 공간 속의 작은 상자 같은 방을 생각하면 그 방 안의 전하는 ρ 곱하기 그 방의 부피이다. 즉 ρ 곱하기 $dx\, dy\, dz$ 이다. 그 방 안의 전하의 변화율은 그냥 그 양의 시간 도함수이다. 국소 전하량 보존의 원리에 따르면 이 전하가 변할 수 있는 유일한 방법은 전하들이 그 방의 벽을 관통해 지나가는 것이다. 이 원리에서 우리가 8강에서 유도했던 연속 방정식

$$\frac{\partial \rho}{\partial t} + \vec{\nabla} \cdot \vec{j} = 0 \qquad (10.24)$$

이 나온다. 기호 $\vec{\nabla} \cdot \vec{j}$ ($\vec{j}$ 의 발산)은

$$\vec{\nabla} \cdot \vec{j} = \frac{\partial j_x}{\partial x} + \frac{\partial j_y}{\partial y} + \frac{\partial j_z}{\partial z}$$

로 정의된다. 우변의 첫 번째 항(x에 대한 j_x의 편미분)은 x 쪽으로 방향을 잡은 그 방의 두 창문을 통해 전하가 흘러가는 비율 사이의 차이를 나타낸다. 나머지 두 항은 y와 z 방향의 창문을 통해 흘러가는 비율에 해당한다. 이 세 항의 합은 그 상자의 모든 경계를 관통해서 전하가 흘러가는 전체 비율이다. 상대론적 표기

법에서는 연속 방정식(식 10.24)이

$$\partial_\mu J^\mu = 0 \qquad (10.25)$$

이 된다. 그런데 어떻게 이 식이 맥스웰 방정식을 유도하는 데 도움을 줄 수 있을까? 여기 그 방법이 있다. 연속 방정식이 주어졌을 때 우리는 J^μ와 A_μ를 모두 수반하는 게이지 불변의 스칼라를 만들 수 있다. 그 새로운 스칼라는 $J^\mu A_\mu$로서 이 두 양을 결합할 가장 간단한 방법일 것이다. 이 양은 게이지 불변으로 **보이진** 않지만, 실제로는 그러함을 알게 될 것이다. 우리는 이 양 각각을 위치의 함수로 여긴다. 3개의 공간 성분 모두를 나타내기 위해 단일 변수 x를 사용할 것이다.

이제 이 새로운 스칼라를 라그랑지안에 더했을 때의 효과를 생각해 보자. 작용은 추가적인 항

$$\text{작용}_J = -\int d^4 x J^\mu(x) A_\mu(x)$$

을 포함할 것이다. 음의 부호는 관례로서, 궁극적으로는 벤저민 프랭클린 탓이다. $J^\mu(x) A_\mu(x)$는 하나의 4-벡터와 또 다른 4-벡터의 축약이므로 스칼라이다. 이 항은 전류 밀도와 벡터 퍼텐셜 모두를 수반한다. 이것이 게이지 불변임을 어떻게 알 수 있을까? 간단하다. 그냥 게이지 변환을 해서 작용에 무슨 일이 벌어

지는지 알아보면 된다. 게이지 변환을 한다는 말은 A_μ에 어떤 스칼라의 경사를 더한다는 뜻이다. 게이지 변환된 작용 적분은

$$\text{작용}_J = -\int d^4x J^\mu(x)\left(A_\mu(x) + \frac{\partial S}{\partial X^\mu}\right)$$

이다. 여기서 우리가 정말로 관심 있는 것은 추가적인 항에 의한 작용의 변화이다. 그 변화는

$$\text{작용의 변화} = -\int d^4x J^\mu(x)\frac{\partial S}{\partial X^\mu}$$

이다. 그다지 0이 될 것처럼 보이진 않는다. 만약 0이 아니라면, 작용은 게이지 불변이 아니다. 하지만 이는 0이다. 왜 그런지 알아보자.

d^4x가 $dt\,dx\,dy\,dz$의 약식 표기임을 기억하면 도움이 된다. μ에 대한 합을 전개해 보자. 이 시점에서 좌변을 계속 쓰는 것은 필요하지 않으므로 그만둘 것이다. 적분을 전개하면

$$-\int d^4x\left(J^0\frac{\partial S}{\partial X^0} + J^1\frac{\partial S}{\partial X^1} + J^2\frac{\partial S}{\partial X^2} + J^3\frac{\partial S}{\partial X^3}\right) \quad (10.26)$$

이다. 한 가지 중요한 가정을 하려고 한다. 만약 우리가 충분히 멀리 떠나간다면 전류는 없을 것이다. 문제 속의 모든 전류는 큰 연구실 속에 포함돼 있어서 J의 모든 성분은 먼 거리에서 0으로

간다. 만약 무한대에서 전류가 0이 아닌 상황과 마주치게 된다면 우리는 그것을 특별한 경우로 취급해야 한다. 그러나 임의의 보통 실험에 대해 우리는 실험실이 고립되어 봉쇄돼 있고 그 밖에는 전류가 존재하지 않는다고 상상할 수 있다.

전개한 적분에서 특별한 항 하나를 살펴보자. 그 항은

$$-\int J^1 \frac{\partial S}{\partial X^1} d^4 x$$

로서 이제

$$-\int J^1 \frac{\partial S}{\partial x} d^4 x$$

로 쓸 것이다. 「물리의 정석」 시리즈의 앞 권을 읽었다면 여러분은 이미 이 항이 어디로 가고 있는지 알아챘을 것이다. 우리는 부분 적분이라 부르는 중요한 기법을 사용하려고 한다. 지금으로서는 오직 x 성분만 고려하고 있으므로 우리는 이 항을 x에 대한 적분으로 다루고 $d^4 x$의 $dy \, dz \, dt$ 부분은 무시할 수 있다. 부분 적분을 하기 위해 도함수를 다른 인수로 옮기고 전체 부호를 바꾼다.[6] 즉 이 적분을

---

6) 일반적으로 부분 적분은 **경계항(boundary term)**이라 불리는 추가적인 항을 수반한다. 우리는 아주 먼 거리에서 J가 0으로 간다고 가정했기 때문에 그 경계항을 무시할 수 있다.

$$\int \frac{\partial J^1}{\partial x} S d^4 x$$

로 다시 쓸 수 있다. 식 10.26에서 그다음으로 오는 항에 똑같은 작업을 수행하면 어떻게 될까? 그 항은

$$J^2 \frac{\partial S}{\partial X^2}$$

이다. 이 항은 J^1 항과 수학적으로 똑같은 형태이므로 비슷한 결과를 얻는다. 사실 식 10.26의 모든 네 항이 이런 양상을 따른다. 그래서 우리는 합 관례를 이용해 이 결과를 훌륭하게 잡아낼 수 있다. 식 10.26은

$$\int \frac{\partial J^\mu}{\partial X^\mu} S d^4 x,$$

즉

$$\int \partial_\mu J^\mu S d^4 x$$

로 다시 정식화할 수 있다. 이 적분의 합 $\partial_\mu J^\mu$ 가 낯이 익은가? 그래야만 한다. 이는 정확히 연속 방정식(식 10.25)의 좌변이다. 만약 연속 방정식이 옳다면 이 항, 그리고 사실상 전체 적분은 0이어야만 한다. 만약 전류가 연속 방정식을 만족한다면(그리고 전류가 연속 방정식을 만족하는 **오직** 그때에만) 독특하게 생긴 항

$$\text{라그랑지안의 변화} = J^{\mu}(x)A_{\mu}(x) \qquad (10.27)$$

을 라그랑지안에 더하더라도 게이지 불변이다.

이 새로운 항은 어떻게 운동 방정식에 영향을 줄까? 빈 공간에 대한 유도 과정을 재빨리 복습해 보자. 우리는 오일러-라그랑주 방정식

$$\frac{\partial}{\partial X^{\mu}}\frac{\partial \mathcal{L}}{\partial A_{\nu,\mu}} = \frac{\partial \mathcal{L}}{\partial A_{\nu}}$$

에서 시작했다. 그러고는 장 A의 각각의 성분에 대해 이 방정식의 세세한 사항들을 적어 넣었다. 좌변의 결과는

$$\frac{\partial F^{\mu\nu}}{\partial X^{\nu}}$$

였다. 우변은 물론 0이었다. 이는 빈 공간에 대한 원래 라그랑지안인 식 10.17에 기초를 둔 결과이다.

새로운 항(식 10.27)은 A 자체를 수반하지만, A의 어떤 도함수도 수반하지 않는다. 따라서 오일러-라그랑주 방정식의 좌변에는 어떤 영향도 주지 않는다. 우변은 어떤가? 식 10.27을 A_{μ}에 대해 미분하면 우리는 그냥 J^{μ}를 얻는다. 따라서 운동 방정식은

$$\frac{\partial F^{\mu\nu}}{\partial X^{\nu}} = J^{\mu} \qquad (10.28)$$

이 된다. 이것이 우리가 찾아 헤맸던 맥스웰 방정식이다. 이들은 물론 맥스웰 방정식의 두 번째 집합을 구성하는 4개의 방정식

$$\vec{\nabla} \cdot \vec{E} = \rho$$

$$c^2 \vec{\nabla} \times \vec{B} - \frac{\partial}{\partial \vec{E}} = j$$

이다. 요약하자. 우리는 맥스웰 방정식이 정말로 작용 또는 라그랑지안 정식화로부터 도출됨을 알아냈다. 게다가 라그랑지안은 게이지 불변이다. 다만 전류 4-벡터가 연속 방정식을 만족할 때만 그렇다. 만약 전류가 연속성을 만족하는 데에 실패한다면 어떻게 될까? 답은 이렇다. 방정식들이 단순히 일관되지 못할 것이다. 이런 비일관성을 식 10.28에서 볼 수 있다. 양변을 미분하면

$$\frac{\partial^2 F^{\mu\nu}}{\partial X^\mu \, \partial X^\nu} = \frac{\partial J^\mu}{\partial X^\mu}$$

이다. 우변은 바로 연속 방정식에 등장하는 표현식이고, 좌변은 $F^{\mu\nu}$가 반대칭이므로 자동으로 0이다. 만약 연속 방정식을 만족하지 않는다면 이 방정식은 모순이다.

장과 고전 역학

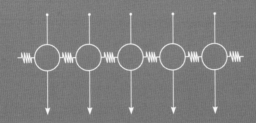

"난 짜증이 나, 레니. 자네는 언제나 우리 방정식들이 어떻게 작용 원리로부터

와야 하는지를 계속해서 말할 뿐이지. 좋아, 자네는 작용이 우아한 아이디어라는

확신을 내게 주었지만, 누가 말했듯이 우아함이란 재단사를 위한 거야.

솔직히 난 왜 그런 게 필요한지 모르겠어."

"언짢아하지 말게, 아트. 정말로 이유가 있어. 만약 내가 자네더러 자네만의

방정식을 만들라고 하면 에너지가 보존되지 않을 거라는 쪽에 내기를 걸지.

에너지가 보존되지 않는 세상은 아주 이상할 거야. 태양이 갑자기 사라져 버릴 수도

있고, 또는 자동차가 아무런 이유 없이 스스로 움직일 수도 있으니까."

"좋아, 알겠네. '라그랑지안이 보존 법칙으로 안내한다.' 고전 역학에서 그것은 기억하고 있어. 뇌터 정리, 맞나? 하지만 우린 에너지와 운동량 보존을 거의 언급하지 않았어. 전자기장이 정말로 운동량을 갖고 있는 거야?"

"그럼. 에미 뇌터(Emmy Noether)가 증명해 줄 거야."

11.1 장 에너지와 운동량

전자기장은 분명히 에너지를 갖고 있다. 태양 아래 몇 분 동안 서 있어 보라. 여러분이 느끼는 따뜻함은 여러분의 피부가 흡수하고 있는 햇빛의 에너지이다. 그 에너지가 분자 운동을 들뜨게 해서 열이 된다. 에너지는 보존되는 양이며 전자기파가 실어 나른다.

감지하기가 쉽진 않지만, 전자기장은 또한 운동량도 갖고 있다. 여러분의 피부가 햇빛을 흡수하면 얼마간의 운동량이 전달되고 여러분에게 힘 또는 압력을 가한다. 다행히도 그 힘은 너무나 미약해서 햇빛 아래 서 있어 봤자 많이 밀쳐내지도 못한다. 그러나 운동량은 존재한다. 미래의 우주 여행은 우주선을 가속하기 위해 커다란 돛에 작용하는 햇빛(또는 심지어 별빛)의 압력을 이용할지도 모른다. (그림 11.1) 이것이 실용적이든 그렇지 않든 그 효과는 사실이다. 빛은 운동량을 가지고 있으며, 흡수되면 힘을 발휘한다.[1]

에너지와 운동량은 장론과 고전 역학을 연결하는 핵심 개념이다. 우리는 **에너지**와 **운동량**이라는 단어가 실제로 무엇을 뜻하

---

[1] 이 개념에 기초를 둔 실험적인 우주선, IKAROS를 설명한 https://en.wikipedia.org/wiki/IKAROS를 보라.

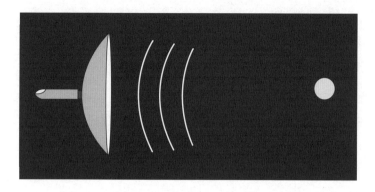

그림 11.1 태양돛. 광파는 운동량을 지닌다. 광파는 물질로 된 물체에 압력을 가해 가속할 수 있다.

는지 더 자세히 살펴보면서 논의를 시작할 것이다.

이 강의에서 나는 여러분이 『물리의 정석』 1권에서 제시된 고전 역학의 개념들에 익숙하다고 가정한다.

11.2 세 종류의 운동량

우리는 세 가지 다른 개념의 운동량을 마주했다. 이들은 똑같은 것에 대한 세 가지 사고 방식이 아니라, (일반적으로 다른 수치를 갖는) 세 가지 다른 것에 대한 세 가지 사고 방식이다. 첫 번째로 가장 간단한 개념은 역학적 운동량이다.

11.2.1 역학적 운동량

비상대론적 물리학에서는 $\vec{p}$ 라 불리는 역학적 운동량이 단지 질량 곱하기 속도이다.

더 엄밀하게, 이것은 어떤 계의 총 질량 곱하기 질량 중심의 속도이다. 역학적 운동량은 3개의 공간 성분 p_x, p_y, p_z를 갖는 벡터 양이다. 단일 입자에 대해 그 성분은

$$p_x = m\dot{x}$$
$$p_y = m\dot{y}$$
$$p_z = m\dot{z} \qquad (11.1)$$

이다. i로 표지된 입자들의 군집에 대해서는 운동량의 성분들이

$$p_x = \sum_i m_i \dot{x}_i \qquad (11.2)$$

이며 y와 z 성분들에 대해서도 마찬가지이다. 상대론적 입자들 또한 역학적 운동량을 가지며

$$p_x = \frac{m\dot{x}}{\sqrt{1 - v^2/c^2}} \qquad (11.3)$$

으로 주어진다.

11.2.2 정규 운동량

정규 운동량은 임의의 종류의 자유도에 적용할 수 있는 추상적인

양이다. 라그랑지안에 나타나는 임의의 좌표에 대해[2] 정규 운동량이 존재한다. 라그랑지안이 일군의 추상적인 좌표 q_i에 의존한다고 하자. 이 좌표들은 입자의 공간 좌표, 또는 회전하는 바퀴의 각도일 수도 있다. 심지어 장론의 자유도를 나타내는 장들일 수도 있다. 각각의 좌표는 **켤레 정규 운동량**(conjugate canonical momentum)을 갖고 있다. 이는 종종 Π_i로 표시한다. Π_i는 $\dot{q}_i$에 대한 라그랑지안의 도함수로 정의된다.

$$\Pi_i = \frac{\partial L(q_i, \dot{q}_i)}{\partial \dot{q}_i}.$$

만약 q_i가 마침 x로 불린다면, 그리고 그 라그랑지안이 마침

$$L = \frac{1}{2}m\dot{x}^2 - V(x)$$

이고 $V(x)$가 퍼텐셜 에너지 함수라면 정규 운동량은 역학적 운동량과 똑같다.

문제 속의 좌표가 설령 입자의 위치를 나타낸다고 하더라도, 정규 운동량은 역학적 운동량이 아닐 수도 있다. 사실 우리는 이

---

2) 지금은 라그랑지안에 대해 $\mathcal{L}$ 대신 기호 L을 사용할 것이다.

미 6강에서 그 예를 보았다. 6.3.2절과 6.3.3절은 전자기장 속 하전 입자의 운동을 기술하고 있다. (식 6.18로부터 도출되는) 그 라그랑지안은

$$L = -m\sqrt{1 - \dot{x}^2} + eA_0(x) + e\dot{X}^p A_p(x)$$

이다. 속도가 하나 이상의 항에서 나타남을 알 수 있다. (식 6.20으로부터 도출되는) 정규 운동량은 다음과 같다.

$$\frac{\partial L}{\partial \dot{X}_p} = m\frac{\dot{X}_p}{\sqrt{1 - \dot{x}^2}} + eA_p(x).$$

우리는 이 양을 Π_p 라 부를 수 있다. 우변의 첫 번째 항은 (상대론적) 역학적 운동량과 똑같다. 그러나 두 번째 항은 역학적 운동량과 아무런 상관이 없다. 이는 벡터 퍼텐셜과 관련이 있으며 새로운 것이다. 우리가 해밀토니안의 형태로 고전 역학을 전개하면 언제나 정규 운동량을 사용한다.

　많은 경우 계를 기술하는 좌표는 입자의 위치와는 아무런 상관이 없다. 장론은 공간의 각 점에서 일군의 장들로 기술된다. 예를 들어 한 가지 간단한 장론의 라그랑지안 밀도는

$$L = \frac{1}{2}\{(\partial_t \phi)^2 - (\partial_x \phi)^2\}$$

이다. 이 이론에서 $\phi(x)$와 켤레가 되는 정규 운동량은

$$\Pi(x) = \frac{\partial L}{\partial \dot{\phi}} = \dot{\phi} \qquad (11.4)$$

이다. 이 '장 운동량'은 보통의 운동량 개념과 멀게만 관련이 있을 뿐이다.

11.2.3 뇌터 운동량[3]

뇌터 운동량은 대칭성과 관계가 있다. 어떤 계가 일군의 좌표 또는 자유도 q_i로 기술된다고 하자. 이제 좌표를 미세하게 약간 이동시켜 계의 상대적인 배치를 바꿔 보자. 우리는 이를

$$q_i \rightarrow q_i + \delta_i \qquad (11.5)$$

의 형태로 쓸 수 있다. 작은 변화 δ_i는 좌표에 의존할 수도 있다. 이를 기술하는 일반적이고도 훌륭한 방법은

---

3) 나는 이 양에 대한 표준 용어를 모르기 때문에 **뇌터 운동량**이라는 말을 사용한다.

$$\delta_i = \epsilon f_i(q) \qquad (11.6)$$

이다. 여기서 ϵ은 무한소 상수이고 $f_i(q)$는 좌표의 함수이다.

가장 간단한 예는 공간 속에서 계를 이동하는 것이다. (n으로 표지된) 입자들의 계가 x 축을 따라 ϵ의 양만큼 균일하게 옮겨질 수 있다. 우리는 이를 방정식

$$\delta X_n = \epsilon$$
$$\delta Y_n = 0$$
$$\delta Z_n = 0$$

으로 표현한다. 각 입자는 x 축을 따라 ϵ의 양만큼 옮겨지며, 반면 y와 z에 대해서는 똑같은 값에 머물러 있다. 만약 계의 퍼텐셜 에너지가 오직 입자들 사이의 거리에만 의존한다면 라그랑지안의 값은 계가 이런 식으로 이동하더라도 변하지 않는다. 이 경우 우리는 병진 대칭성이 있다고 말한다.

또 다른 예는 2차원 원점 주변으로의 회전이다. X, Y 좌표를 가진 입자는 $X + \delta X$, $Y + \delta Y$로 이동할 것이다. 여기서

$$\delta X = -\epsilon Y$$
$$\delta Y = \epsilon X \qquad (11.7)$$

이다. 이는 입자가 원점 주변으로 ϵ의 각도만큼 회전한 것에 해당함을 알 수 있다. 만약 라그랑지안이 변하지 않는다면 우리는 그 계가 회전 불변성을 갖는다고 말한다.

라그랑지안의 값을 바꾸지 않는 좌표 변환을 대칭 연산이라 부른다.[4] 뇌터 정리에 따라, 만약 라그랑지안이 대칭 연산 하에 변하지 않으면 보존되는 양이 존재한다. 그 양을 Q라 하자.[5] 이 양이 운동량의 세 번째 개념이다. 이는 역학적 또는 정규 운동량과 같을 수도, 같지 않을 수도 있다. 이게 무엇인지 기억을 되살려 보자.

우리는 좌표의 이동을 방정식

$$q'_i = q_i + \delta q_i = q_i + \epsilon f_i(q) \qquad (11.8)$$

로 표현할 수 있다. 여기서 δq_i는 좌표 q_i의 무한소 변화를 나타내며 함수 $f_i(q)$는 단지 q_i뿐만 아니라 **모든** q에 의존한다. 만약 식 11.8이 하나의 대칭이라면 뇌터 정리에 따라 다음과 같은 양

---

4) 이런 맥락에서 우리는 **능동** 변환에 대해 말하고 있다. 이는 우리가 모든 장과 모든 전하를 포함해서 전체 실험실을 공간의 다른 위치로 옮긴다는 뜻이다. 이는 단지 좌표의 이름만 바꾸는 수동 변환과는 다르다.

5) 『물리의 정석: 고전 역학 편』에 뇌터 정리가 설명되어 있다. 뇌터의 공헌에 대해 더 많이 알고 싶으면 위키피디아의 뇌터 항목(https://en.wikipedia.org/wiki/Emmy_Noether)을 보라.

$$Q = \sum_i \Pi_i f_i(q) \qquad (11.9)$$

이 보존된다. Q는 모든 좌표에 대해 더해진다. 각각의 정규 운동량 Π_i가 여기에 기여한다.

q가 마침 단일 입자의 위치 x인 간단한 예를 생각해 보자. 좌표를 이동하면 x는 x와는 독립적인 작은 양만큼 변한다. 이 경우 δq (또는 δx)는 그냥 상수이다. 이 값은 여러분이 이동시킨 양이다. 그에 상응하는 f는 단순히 그냥 1이다. 보존량 Q는 하나의 항만 포함하고 있다. 이를 우리는

$$Q = \Pi f(q) \qquad (11.10)$$

으로 쓸 수 있다. $f(q) = 1$이므로 Q는 그냥 계의 정규 운동량임을 알 수 있다. 간단한 비상대론적 입자의 경우에 이는 그냥 보통의 운동량이다.

11.3 에너지

운동량과 에너지는 가까운 친척들이다. 사실 이들은 4-벡터의 공간과 시간 성분들이다. 상대성 이론에서 운동량 보존 법칙이 모든 네 성분의 보존을 뜻함은 놀라운 일이 아니다.

고전 역학에서 에너지의 개념을 되살려 보자. 라그랑지안이 시간 좌표 t의 이동 하에 불변이면 에너지 개념이 중요해진다.

시간 좌표의 이동이 에너지에 대해 하는 역할은 공간 좌표의 이동이 운동량에 대해 하는 역할과 똑같다. 시간 좌표를 이동한다고 함은 't'가 't 더하기 상수'가 됨을 뜻한다. 시간 이동 하의 라그랑지안 불변성은 실험에 관한 질문에 대한 답이 언제 실험이 시작되느냐에 의존하지 않음을 뜻한다.

q_i와 $\dot{q}_i$의 함수인 라그랑지안 $L(q_i, \dot{q}_i)$가 주어졌을 때 해밀토니안이라 불리는 양이 존재하며

$$H = \sum_i p_i \dot{q}_i - L \qquad (11.11)$$

로 정의된다. 해밀토니안은 에너지이며 고립계에서 보존된다. q가 단일 입자의 위치 x이며 라그랑지안이

$$L = \frac{1}{2} m \dot{x}^2 - V(x) \qquad (11.12)$$

인 간단한 예로 돌아가 보자. 이 계의 해밀토니안은 무엇인가? 정규 운동량은 속도에 대한 운동량의 도함수이다. 이 예에서 속도 $\dot{x}$는 오직 첫 번째 항에서만 나타나며 정규 운동량 p_i는

$$p_i = m\dot{x}$$

이다. p_i에 $\dot{q}_i$ (이 예에서는 $\dot{x}$가 된다.)를 곱하면 그 결과는 $m\dot{x}^2$이

다. 다음으로 라그랑지안을 빼면 그 결과는

$$H = m\dot{x}^2 - \left[\frac{1}{2}m\dot{x}^2 - V(x)\right],$$

즉

$$H = \frac{1}{2}m\dot{x}^2 + V(x)$$

이다. 우리는 이를 운동 에너지와 퍼텐셜 에너지의 합으로 인식한다. 항상 이렇게 쉬울까?

식 11.12의 간단한 라그랑지안은 $\dot{x}^2$에 의존하는 하나의 항과 $\dot{x}$를 전혀 포함하지 않는 다른 항을 갖고 있다. 이런 식으로 라그랑지안이 근사하게 분리돼 있으면 언제나 $\dot{x}^2$ 항을 가진 운동 에너지와 다른 항들을 가진 퍼텐셜 에너지를 확인하기 쉽다. 라그랑지안이 이렇게 간단한 형태(속도의 제곱 빼기 속도에 의존하지 않는 무언가)를 가질 때는 다른 부가적인 작업을 하지 않고도 재빨리 해밀토니안을 읽어 낼 수 있다. 그냥 속도를 포함하지 않는 항의 부호만 뒤집으면 된다.

만약 라그랑주 방정식이 식 11.11 우변의 모든 항에 적용되면 해밀토니안은 보존된다. 즉 시간에 따라 변하지 않는다.[6] 라

----

6) 완전한 설명을 원한다면 『물리의 정석: 고전 역학 편』을 보라.

그랑지안이 그렇게 간단한 형태를 갖든 그렇지 않든 계의 총 에너지는 그 해밀토니안으로 정의된다.

11.4 장론

장론은 보통 고전 역학의 특별한 경우이다. 이들의 가까운 연관성은 모든 것을 상대론적인 형식으로 쓰려고 할 때 약간 애매해진다. 로런츠 변환 하에 모든 방정식이 명시적으로 불변이도록 하겠다는 생각을 포기하고 시작하는 것이 최선이다. 대신 우리는 특정한 시간 좌표를 가진 특정한 기준틀을 골라 그 틀 안에서 작업할 것이다. 나중에 우리는 하나의 틀에서 다른 틀로 전환하는 주제를 다룰 것이다.

고전 역학에서는 시간축과 $q_i(t)$라 불리는 좌표 집합체가 있다. 또한 정지 작용의 원리가 있다. 여기서 작용은 라그랑지안의 시간 적분으로 정의된다.

$$\text{작용} = \int L(q_i, \dot{q}_i)dt.$$

라그랑지안 그 자체는 모든 좌표와 이들의 시간 도함수에 의존한다. 이게 전부다. 시간축, 일군의 시간 의존 좌표들, 작용 적분, 그리고 정지 작용의 원리.

11.4.1 장의 라그랑지안

장론에서도 시간축과 시간에 의존하는 좌표 또는 자유도가 있다. 그런데 그 좌표들이란 무엇인가?

단일 장에 대해 우리는 장 변수 ϕ를 좌표들의 **집합**으로 볼 수 있다. 이는 이상해 보이지만, 장 변수 ϕ가 시간뿐만 아니라 위치에도 의존함을 기억하라. 위치에 대한 의존성이라는 **본성** 때문에 장은 고전 역학에서 입자를 특징짓는 변수 q_i와 구분된다.

ϕ의 위치 의존성이 연속적이지 않고 불연속적이라 가정해 보자. 그림 11.2가 이런 생각을 도식적으로 보여 준다. 각각의 수직선은 ϕ_1, ϕ_2 등과 같은 단일 자유도를 나타낸다. 우리는 이를 집단적으로 ϕ_i라 부른다. 이런 작명법은 고전 역학의 (q_i 같은) 좌표 표지법을 흉내 낸 것이다. 이렇게 한 것은 두 가지 착상을 강조하기 위함이다.

1. 각각의 ϕ_i는 개별적이고 독립적인 자유도이다.
2. 첨자 i는 단지 특별한 자유도를 식별하는 표지일 뿐이다.

실제로 장 변수 ϕ는 불연속적인 첨자 i가 아니라 연속적인 변수 x로 표지되며 우리는 $\phi(t, x)$의 표기법을 사용한다. 그러나 우리는 계속해서 x를 계의 좌표가 아니라 독립적인 자유도에 대한 표지로 생각할 것이다. 장 변수 $\phi(t, x)$는 각각의 x 값에 대한 독립적인 자유도를 나타낸다.

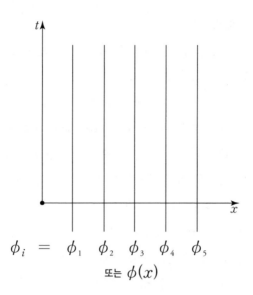

$$\phi_i \;=\; \phi_1 \;\; \phi_2 \;\; \phi_3 \;\; \phi_4 \;\; \phi_5$$

또는 $\phi(x)$

그림 11.2 장론의 요소들. ϕ 가 불연속적인 체하면 우리는 고전 역학에서 q_i 를 생각하는 것과 똑같은 방식으로 ϕ_i 를 생각할 수 있다. 첨자 i 는 독립적인 자유도의 표지이다.

우리는 이 사실을 물리 모형에서 훨씬 더 구체적으로 확인할 수 있다. 그림 11.3을 보면 용수철로 연결된 질량들이 선형으로 배열돼 있다. 질량들은 오직 수평 방향으로만 움직일 수 있고 각 질량의 운동은 불연속적인 첨자인 i 로 표시된 개별적인 자유도 q_i 이다. 똑같은 공간에 조그만 질량과 용수철을 점점 더 많이 채워 넣으면 이 계는 연속적인 질량 분포를 닮아 가기 시작한다. 그 극한에서 우리는 자유도를 불연속적인 첨자들 i 의 집합보다는 연속적인 변수 x 로 표시할 것이다. 고전 장은 연속적이기 때

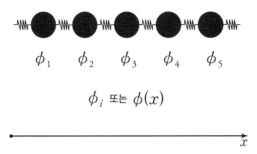

ϕ_i 또는 $\phi(x)$

그림 11.3 장 비유. 이 질량들이 용수철로 연결된 것과 같은 불연속적인 자유도의 집합을 생각해 보자. 각각의 자유도는 아래 첨자 ϕ_i로 표시한다. 이제 질량들이 점점 더 작아지고 점점 더 밀집해서 자리 잡고 있다고 가정하자. 이 극한에서는 무한소로 가까이 자리 잡은 무한히 많은 작은 질량들이 존재한다. 이 극한에서는 이들이 (장과 꼭 마찬가지로) 불연속적이라기보다는 연속적이며, 따라서 자유도를 ϕ_i 보다는 $\phi(x)$로 표시하는 편이 더 의미가 있다.

문에 이런 기획은 고전 장에 잘 먹힌다.

도함수는 어떤가? 우리 예상과 꼭 마찬가지로 장 라그랑지안은 장변수의 시간 도함수 $\dot{\phi}$에 의존한다. 그러나 라그랑지안은 또한 공간에 대한 ϕ의 도함수에도 의존한다. 즉 라그랑지안은

$$\frac{\partial \phi}{\partial x}$$

와 같은 양에 의존한다. 이는 고전적인 입자 역학과는 다르다. 거기서는 라그랑지안에 있는 도함수라고는 $\dot{q}_i$ 같은 시간 도함수뿐이다. 장론에서의 라그랑지안은 일반적으로

$$\phi(t\,,x),$$
$$\dot{\phi}(t\,,x),$$

그리고

$$\frac{\partial \phi(t\,,x)}{\partial x}$$

와 같은 것들에 의존한다. 그런데 x에 대한 ϕ의 도함수는 무엇일까? 이는 어떤 작은 값인 ϵ에 대해

$$\frac{\phi(x+\epsilon)-\phi(x)}{\epsilon}$$

로 정의된다. 이런 의미에서 공간 도함수는 ϕ 그 자체의 함수이다. 더 중요하게는, 공간 도함수는 $\dot{\phi}$와 관련이 없다. 라그랑지안이 공간 도함수에 의존한다는 점은 라그랑지안이 ϕ 자체에 의존한다는 점을 반영한다. 이 경우 라그랑지안은 동시에 2개의 이웃한 ϕ에 의존한다.

11.4.2 장에 대한 작용

작용이 무슨 뜻인지 생각해 보자. 고전 역학에서의 작용은 언제나 시간에 대한 적분이다.

$$\text{작용} = \int dt L\left(\phi, \dot{\phi}, \frac{\partial \phi}{\partial x}\right).$$

그러나 장에 대해서는 라그랑지안 자체가 공간에 대한 적분이다. 이미 우리는 이를 앞선 예에서 살펴보았다. 적분의 시간 부분을 공간 부분과 분리하면 우리는 작용을

$$\text{작용} = \int dt L\left(\phi, \dot{\phi}, \frac{\partial \phi}{\partial x}\right)$$
$$= \int dt \int d^3 x \mathcal{L}\left(\phi, \dot{\phi}, \frac{\partial \phi}{\partial x}\right) \qquad (11.13)$$

으로 다시 쓸 수 있다. 나는 라그랑지안에 대해서는 기호 L을, 라그랑지안 **밀도**에 대해서는 기호 $\mathcal{L}$을 사용하고 있다. 공간에 대한 $\mathcal{L}$의 적분은 L과 똑같다. 이 표기법의 요점은 시간 도함수와 공간 도함수가 뒤섞이는 일을 피하는 것이다.

11.4.3 장에 대한 해밀토니안

장의 에너지는 시간 병진과 결부된 보편적인 보존 에너지의 일부이다. 장의 에너지를 이해하려면 해밀토니안을 구축해야 한다. 이를 위해 우리는 일반화된 좌표(q), 그에 대응하는 속도 및 정규 운동량($\dot{q}$와 p), 그리고 라그랑지안을 확인해야 한다. 이미 우리는 좌표가 $\phi(t, x)$임을 살펴보았다. 그에 대응하는 속도는 그냥 $\dot{\phi}(t, x)$이다. 이는 공간에서의 속도가 아니라, 공간의 특정한

점에서 그 장이 얼마나 빨리 변하는가를 말해 주는 양이다. ϕ에 켤레인 정규 운동량은 $\dot\phi$에 대한 라그랑지안의 도함수이다. 우리는 이를

$$\Pi_\phi(x) = \frac{\partial \mathcal{L}}{\partial \dot\phi}(x)$$

로 쓸 수 있다. 여기서 $\Pi_\phi(x)$는 ϕ에 켤레인 정규 운동량이고, 방정식의 양변은 위치의 함수이다. 문제 속에 (ϕ_1, ϕ_2, ϕ_3 같은) 많은 장이 있다면 각각과 결부된 다른 $\Pi(x)$가 존재할 것이다. 이런 준비물들을 챙겨서 우리는 해밀토니안을 쓸 수 있다. 식 11.11로 정의된 해밀토니안

$$H = \sum_i p_i \dot{q}_i - L$$

은 i에 대한 합이다. 그런데 이 문제에서는 i가 무엇을 나타내는가? 바로 자유도를 표지한다. 장은 연속적이기 때문에 이들의 자유도는 그 대신 실변수 x로 표지되며 i에 대한 합은 x에 대한 적분이 된다. p_i를 $\Pi_\phi(x)$로, $\dot{q}_i$를 $\dot\phi(x)$로 대체하면 우리는 다음의 대응 관계

$$\sum_i p_i \dot{q}_i \Rightarrow \int d^3 x \, \Pi_\phi(x) \dot\phi(x)$$

를 얻는다. 이 적분을 해밀토니안으로 바꾸려면 총 라그랑지안 L을 빼야 한다. 그런데 식 11.13으로부터 우리는 라그랑지안이

$$L = \int d^3x \mathcal{L}\left(\phi, \dot{\phi}, \frac{\partial \phi}{\partial x}\right)$$

임을 알고 있다. 이 또한 공간에 대한 적분이다. 따라서 해밀토니안의 두 항을 모두 똑같은 적분 안으로 넣을 수 있다. 따라서 해밀토니안은

$$H = \int d^3x \left[\Pi_\phi(x)\dot{\phi}(x) - \mathcal{L}\right]$$

가 된다. 이 방정식은 흥미롭다. 이는 공간에 대한 적분으로서 에너지를 표현한다. 따라서 피적분 함수 자체는 **에너지 밀도**이다. 이는 모든 장론의 특징적인 성질이다. 에너지처럼 보존되는 양, 그리고 운동량 또한 공간에 대한 밀도의 적분이다.

우리가 여러 경우에 사용했던 라그랑지안인 식 4.7로 돌아가 보자. 여기서 우리는 이를 라그랑지안 밀도로 바라볼 것이다. 공간에 오직 한 차원만 있는 단순화된 버전을 생각하면

$$\mathcal{L} = \frac{1}{2}\dot{\phi}^2 - \frac{1}{2}\left(\frac{\partial \phi}{\partial X}\right)^2 - V(\phi) \qquad (11.14)$$

이다. 첫 번째 항은 운동 에너지이다.[7] Π_ϕ는 무엇인가? 이는 $\dot{\phi}$에 대한 L의 도함수이며, 그 결과는 그냥 $\dot{\phi}$이다. 즉

$$\Pi_\phi = \dot{\phi}$$

이며 해밀토니안(에너지)은

$$H = \int dx \left[\Pi_\phi \dot{\phi} - \mathcal{L} \right]$$

이다. Π_ϕ를 $\dot{\phi}$로 대체하면 이는

$$H = \int dx \left[\left(\dot{\phi} \right)^2 - \mathcal{L} \right]$$

가 된다. $\mathcal{L}$에 대한 표현식을 대입하면

$$H = \int dx \left[\left(\dot{\phi} \right)^2 - \left\{ \frac{1}{2} \left(\dot{\phi} \right)^2 - \frac{1}{2} \left(\frac{\partial \phi}{\partial x} \right)^2 - V(\phi) \right\} \right],$$

---

7) 상대성 이론에 관해 생각하던 시절로 돌아가면 우리는 우변의 처음 두 항을 스칼라로 인식할 것이며, 이들을 $\frac{1}{2} \partial_\mu \phi \, \partial^\mu \phi$와 같은 단일 항으로 결합할 것이다. 이는 아름다운 상대론적 표현이지만, 지금으로서는 이 형태를 사용하길 원하지 않는다. 대신 우리는 시간 도함수와 공간 도함수를 분리한 채로 따라갈 것이다.

즉

$$H = \int dx \left[\frac{1}{2} (\dot{\phi})^2 + \frac{1}{2} \left(\frac{\partial \phi}{\partial x} \right)^2 + V(\phi) \right] \qquad (11.15)$$

가 된다. 식 11.14(라그랑지안 밀도)에는 시간 도함수 $\dot{\phi}^2$ 을 포함하는 운동 에너지 항이 있다. $V(\phi)$와 ϕ의 공간 도함수를 포함하고 있는 두 번째 두 항은 퍼텐셜 에너지, 즉 시간 도함수를 포함하지 않는 에너지 부분의 역할을 한다.[8] 이 예에서 해밀토니안은 운동 에너지 **더하기** 퍼텐셜 에너지로 구성되어 있으며 계의 총에너지를 나타낸다. 이와 대조적으로 라그랑지안은 운동 에너지 **빼기** 퍼텐셜 에너지이다.

$V(\phi)$ 항은 잠깐 제쳐 두고, 시간 및 공간 도함수와 관계있는 항들을 생각해 보자. 이 항들 모두는 제곱이기 때문에 양수(또는 0)이다. 라그랑지안은 양의 항과 음의 항을 모두 갖고 있어서 반드시 양일 필요는 없다. 그러나 에너지는 오직 음이 아닌 항들만 갖고 있다. 물론 이 항들이 0일 수도 있다. 그러나 그런 일이 벌어지는 유일한 방법은 ϕ가 상수이어야 한다. 만약 ϕ가 상수라면 그 도함수는 반드시 0이다. 에너지가 일반적으로 음이 될 수

---

8) 때로는 $V(\phi)$를 장 퍼텐셜 에너지라 부르지만, 두 항의 조합을 퍼텐셜 에너지라 생각하는 편이 더 정확하다. 퍼텐셜 에너지는 시간 도함수를 포함하지 않는 임의의 항들을 포함해야 한다.

없음은 놀라운 일이 아니다.

$V(\phi)$는 어떤가? 이 항은 양수이거나 음수일 수 있다. 그러나 $V(\phi)$가 아래로 한계가 있다면, 상수를 더해서 $V(\phi)$가 양이 되게끔 쉽게 정리할 수 있다. $V(\phi)$에 상수를 더한다고 해서 운동 방정식의 그 어떤 것도 바뀌지 않는다. 그러나 만약 $V(\phi)$가 아래로 제한돼 있지 않다면 그 이론은 안정적이지 않으며 모든 것이 지옥행 특급 열차에 탑승하게 된다. 그 따위 이론은 누구도 원하지 않을 것이다. 따라서 우리는 $V(\phi)$, 그리고 그 결과로 총 에너지가 0이거나 양수라고 가정할 수 있다.

11.4.4 유한한 에너지의 결과

만약 x가 단지 표지일 뿐이고 $\phi(t,x)$가 각각의 x 값에 대한 독립적인 자유도라 하면, ϕ가 점들마다 심하게 변하지 않을 수 있을까? $\phi(t,x)$가 부드럽게 변하도록 하는 어떤 요구 조건이 있을까? 가상적으로 그 반대가 사실이라고 해 보자. 즉 ϕ의 값이 그림 11.2의 이웃한 점들 사이에서 날카롭게 널뛰기할 수도 있다고 가정하자. 이 경우 ϕ의 경사(즉 공간 도함수)는 점들 사이의 분리된 간격이 점점 작아짐에 따라 엄청나게 커질 것이다.[9]

---

9) 도함수가 무엇인지 떠올려 보라. 도함수는 두 이웃한 점들 사이의 ϕ의 변화량 나누기 작은 분리된 간격이다. ϕ의 변화량이 주어졌을 때 분리 간격이 점점 더 작아질수록 도함수는 점점 더 커진다.

이는 분리 간격이 줄어듦에 따라 에너지 밀도가 무한대가 됨을 뜻한다. 에너지가 무한대로 발산하지 않는 상황에 관심이 있다면 이 도함수들은 유한해야만 한다. 유한한 도함수는 $\phi(t, x)$가 부드러워야 함을 뜻한다. 이는 ϕ가 점마다 얼마나 심하게 변할 수 있는지에 제동을 걸고 있다.

11.4.5 게이지 불변성을 이용한 전자기장

에너지와 운동량에 대한 이런 아이디어를 어떻게 전자기장에 적용할 수 있을까? 확실히 앞서 봤던 라그랑지안 정식화를 이용할 수 있을 것이다. 이 경우 장은 벡터 퍼텐셜 A_μ의 네 성분이다. 장 텐서 $F^{\mu\nu}$는 이 성분들의 공간과 시간 도함수로 기술된다. 그러고는 $F^{\mu\nu}$의 성분들을 제곱하고 다 더해서 라그랑지안을 얻는다. 단 하나의 장 대신 우리에겐 4개의 장이 있다.[10]

그러나 게이지 불변성에 기초해서 단순화하면 도움이 된다. 이렇게 단순화하면 우리 작업이 더 쉬워질 뿐만 아니라 게이지 불변성에 대한 어떤 중요한 개념들이 드러난다. 벡터 퍼텐셜은 유일하지 않음을 기억하라. 우리가 똑똑하다면 물리에 영향을 주지 않는 방식으로 벡터 퍼텐셜을 바꿀 수 있다. 이는 좌표계를 고르는 자유와 비슷하며, 그 자유를 이용해 방정식을 간단히 할 수

---

10) 우리는 주로 상대론적 단위($c = 1$)에서 작업할 것이다. 이따금 상대적인 척도감이 중요할 때에는 간단히 광속을 복원할 것이다.

있다. 이 경우 게이지 불변성을 이용하면 벡터 퍼텐셜의 모든 네 성분을 걱정하는 대신 오직 세 성분만 다루면 된다.

게이지 변환이 무엇인지 떠올려 보자. 이는 벡터 퍼텐셜 A_μ 에 **임의의** 스칼라 S의 경사를 더하는 변환이다. 이는

$$A_\mu \Rightarrow A_\mu + \frac{\partial S}{\partial X^\mu}$$

로 대체하는 것에 상당한다. 우리는 이 자유를 이용해 A_μ를 간단히 하는 방식으로 S를 고를 수 있다. 이 경우 우리는 시간 성분 A_0을 0이 되게 하는 방식으로 S를 선택할 것이다. A_0가 A_μ의 시간 도함수이므로 S의 시간 도함수에만 주의를 기울이면 된다. 즉 우리는

$$A_0 + \frac{\partial S}{\partial t} = 0,$$

또는

$$\frac{\partial S}{\partial t} = -A_0$$

인 그런 S를 선택하고자 한다. 이게 가능할까? 답은 "그렇다."이다. $\frac{\partial S}{\partial t}$는 공간의 고정된 점에서의 시간에 대한 도함수임을 기억하라. 여러분이 공간의 그 고정된 점으로 가면, 시간 도함수가 미리 특정된 어떤 함수 $-A_0$인 그런 S를 언제나 선택할 수 있

다. 그렇게 하면 새로운 벡터 퍼텐셜

$$(A')_\mu = A_\mu + \frac{\partial S}{\partial t}$$

은 시간 성분이 0일 것이다. 이를 **게이지 고정**이라 부른다. 게이지를 다르게 잡을 때마다 이름이 있다. 로런츠 게이지, 복사 게이지, 쿨롱 게이지 등이 있다. $A_0 = 0$인 게이지에는 우아한 이름이 있다. '$A_0 = 0$ 게이지.' 우리가 다른 선택을 했을 수도 있다. 그 어떤 경우에도 물리에는 영향을 주지 않는다. 다만 $A_0 = 0$ 게이지는 우리의 목적에 특별히 편리하다. 우리의 게이지 선택에 기초해서

$$A_0 = 0$$

이라고 쓰자. 이렇게 되면 벡터 퍼텐셜에서 시간 성분은 완전히 제거된다. 우리에게 남은 것은 공간 성분들

$$A_m(x)$$

뿐이다. 이 게이지에서 전기장과 자기장은 무엇인가? 벡터 퍼텐셜을 쓰면 전기장은 식 8.7

$$\vec{E} = -\frac{\partial \vec{A}}{\partial t} + \vec{\nabla} A_0$$

로 정의된다. 그런데 A_0을 0으로 두면 두 번째 항은 사라지므로 더 간단한 방정식

$$\vec{E} = -\frac{\partial \vec{A}}{\partial t} \qquad (11.16)$$

으로 쓸 수 있다. 전기장은 그냥 벡터 퍼텐셜의 시간 도함수이다. 자기장은 어떤가? 자기장은 오직 벡터 퍼텐셜의 공간 성분에만 의존하므로 우리의 게이지 선택에 영향을 받지 않는다. 따라서

$$\vec{B} = \vec{\nabla} \times \vec{A} \qquad (11.17)$$

은 여전히 사실이다. 이제 우리는 A_μ의 시간 성분을 모두 무시할 수 있으므로 일이 간단해진다. $A_0 = 0$ 게이지에서의 자유도는 단지 벡터 퍼텐셜의 공간 성분뿐이다.

$A_0 = 0$ 게이지에서 라그랑지안의 형태를 생각해 보자. 장 텐서를 쓰면 라그랑지안이 식 10.17처럼

$$\mathcal{L} = -\frac{1}{4} F_{\mu\nu} F^{\mu\nu} \qquad (11.18)$$

임을 떠올려 보자. 이는 (식 10.18에서 봤듯이) 마침 $\frac{1}{2}$ 곱하기 전기장의 제곱 빼기 자기장의 제곱과 같다.

$$\mathcal{L} = \frac{1}{2}(E^2 - B^2).\qquad(11.19)$$

식 11.19의 첫 번째 항은

$$\frac{1}{2}E^2$$

이다. 식 11.16으로부터 이는

$$\frac{1}{2}\left(\frac{\partial \vec{A}}{\partial t}\right)^2$$

과 똑같다. 이를 대입하면 식 11.19는 식 11.14와 비슷해지기 시작한다. 식 11.14는

$$\mathcal{L} = \frac{\dot{\phi}^2}{2} - \frac{(\partial_x \phi)^2}{2} - V(\phi)$$

였다. $\frac{1}{2}\left(\dfrac{\partial \vec{A}}{\partial t}\right)^2$ 은 그냥 단일 항이 아니라 세 항임을 유념하라. 이 항은 A_x, A_y, A_z의 시간 도함수의 제곱을 포함하고 있다. 이는 식 11.19의 $\dfrac{\dot{\phi}^2}{2}$ 항과 정확하게 똑같은 형태의 항(벡터 퍼텐셜의 각 성분에 대한 항)들의 합이다. 이 식을 전개하면

$$\frac{1}{2}\left[\left(\frac{\partial A_x}{\partial t}\right)^2 + \left(\frac{\partial A_y}{\partial t}\right)^2 + \left(\frac{\partial A_z}{\partial t}\right)^2\right]$$

이다. 식 11.19의 두 번째 항은 A의 회전의 제곱이다. 전체 라그랑지안 밀도는

$$\mathcal{L} = \frac{1}{2}\left(\frac{\partial \vec{A}}{\partial t}\right)^2 - \frac{1}{2}\left(\vec{\nabla} \times \vec{A}\right)^2, \qquad (11.20)$$

즉

$$\mathcal{L} = \frac{1}{2}\left[\left(\frac{\partial A_x}{\partial t}\right)^2 + \left(\frac{\partial A_y}{\partial t}\right)^2 + \left(\frac{\partial A_z}{\partial t}\right)^2\right] - \frac{1}{2}\left(\vec{\nabla} \times \vec{A}\right)^2 \quad (11.21)$$

이다. 이제는 식 11.14와 훨씬 더 많이 닮았다. 즉 시간 도함수의 제곱 빼기 공간 도함수의 제곱 형태이다.

벡터 퍼텐셜의 특별한 성분에 켤레인 정규 운동량은 무엇인가? 정의에 따라 정규 운동량은

$$\Pi_A = \frac{\partial \mathcal{L}}{\partial(\partial_t A)}$$

이고 이는 그냥

$$\Pi_A = \frac{\partial A}{\partial t}$$

이다. 각각의 성분으로 쓰면

$$\Pi_x = \frac{\partial A_x}{\partial t}$$

$$\Pi_y = \frac{\partial A_y}{\partial t}$$

$$\Pi_z = \frac{\partial A_z}{\partial t}$$

이다. 그런데 A의 시간 도함수는 음의 전기장이다. 따라서 우리는 무언가 흥미로운 결과를 발견했다. 정규 운동량이 마침 음의 전기장 성분이다. 즉 다음과 같다.

$$\Pi_x = \frac{\partial A_x}{\partial t} = -E_x$$

$$\Pi_y = \frac{\partial A_y}{\partial t} = -E_y$$

$$\Pi_z = \frac{\partial A_z}{\partial t} = -E_z.$$

따라서 벡터 퍼텐셜에 켤레인 정규 운동량의 물리적인 의미는 (음의) 전기장이다.

해밀토니안은 무엇인가?

이제 라그랑지안을 알고 있으므로 우리는 해밀토니안을 써 내려갈 수 있다. 우리는 정식화된 해밀토니안 계산법을 따라갈 수도 있지만, 이 경우에는 그럴 필요가 없다.

왜냐하면 우리의 라그랑지안이 시간 도함수의 제곱에 의존하는 운동 에너지 항 빼기 시간 도함수가 전혀 없는 퍼텐셜 에너지 항의 형태이기 때문이다. 라그랑지안이 이런 형태(운동 에너지 빼기 퍼텐셜 에너지)일 때 우리는 그 답이 무엇인지 **알고** 있다. 해밀토니안은 운동 에너지 더하기 퍼텐셜 에너지이다. 따라서 전자기장 에너지는

$$H = \frac{1}{2}(E^2 + B^2) \qquad (11.22)$$

이다. 다시 한번 말하지만, 라그랑지안은 반드시 양일 필요는 없다. 특히 전기장 없이 자기장만 있다면 라그랑지안은 음수이다. 그러나 에너지, 즉 $\frac{1}{2}(E^2 + B^2)$은 양수이다. 이는 어떤 축을 따라 움직이는 전자기 평면파에 대해 무엇을 말하는가?

10강에서 봤던 사례에서는 한쪽 방향으로 E 성분이 있었고 그에 수직인 방향으로 B 성분이 있었다. B 장은 E 장과 똑같은 크기를 갖고 있으며 위상도 같지만, 수직인 방향으로 편광돼 있다. 이는 전기장과 자기장의 에너지가 똑같음을 말한다. z 축을 따라 움직이는 전자기파는 전기 에너지와 자기 에너지를 모두 갖고 있으며 두 기여도는 결국 똑같다.

운동량 밀도

전자기파는 얼마나 많은 운동량을 지니고 있는가? 11.2.3절의 운동량에 대한 뇌터의 개념으로 돌아가 보자. 뇌터 정리를 이용하는 첫 단계는 대칭성을 확인하는 것이다. 운동량 보존과 관련이 있는 대칭성은 공간 방향을 따라가는 병진 대칭성이다. 예를 들어, 우리는 어떤 계를 x 축을 따라 작은 거리 ϵ 만큼 이동시킬 수 있다. (그림 11.4) 각각의 장 $\phi(x)$는 $\phi(x - \epsilon)$로 대체된다. 따라서 $\phi(x)$의 변화는

$$\delta\phi = \phi(x - \epsilon) - \phi(x)$$

이다. 이는 (만약 ϵ 이 무한소라면)

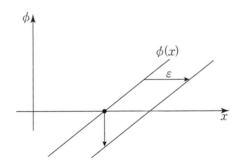

그림 11.4 뇌터 이동. 어떤 형태의 장 $\phi(x)$를 취해 오른쪽으로 (x가 커지는 쪽으로) 무한소 ϵ의 양만큼 이동시킨다. 특정한 점에서의 ϕ의 변화는 $-\epsilon d\phi$ 이다.

$$\delta\phi = -\epsilon\frac{\partial\phi}{\partial x}$$

이 된다.

전자기의 경우 그 장은 벡터 퍼텐셜의 공간 성분들이다. 병진 이동 하의 이 장들의 변화는

$$\delta A_x = -\epsilon\frac{\partial A_x}{\partial x}$$

$$\delta A_y = -\epsilon\frac{\partial A_y}{\partial x}$$
$$\delta A_z = -\epsilon\frac{\partial A_z}{\partial x}. \qquad (11.23)$$

이 된다. 다음으로 식 11.9로부터 이 대칭성과 관련된 보존량은

$$Q = \sum_i \Pi_i f_i(q)$$

의 형태를 가짐을 떠올려 보자. 이 경우 정규 운동량은 음의 전기장

$$\Pi \rightarrow -E$$

이며 f_i는 그저 식 11.23에서 ϵ에 곱해진 표현식

$$f_i \rightarrow -\frac{\partial A_i}{\partial x}$$

이다. 따라서 전자기장이 가지는 운동량의 x 성분은

$$P_x = \int dx E_m \frac{\partial A_m}{\partial x}$$

로 주어진다. 물론 우리는 운동량의 모든 세 성분을 얻기 위해 y 와 z 방향에 대해 똑같은 작업을 할 수 있다. 그 결과는

$$P_n = \int dx E_m \frac{\partial A_m}{\partial X^n} \qquad (11.24)$$

이다. 분명히 에너지와 마찬가지로 전자기장의 운동량은 공간에 대한 적분이다.[11] 따라서 우리는 식 11.24의 피적분 함수를 운동량 밀도

$$(\text{운동량 밀도})_n = E_m \frac{\partial A_m}{\partial X^n}$$

와 동일시할 수 있다. 이 운동량 밀도와 식 11.22의 에너지 밀도 사이에는 흥미로운 대조점이 있다. 에너지 밀도는 전기장과 자기장으로써 직접적으로 표현되지만, 운동량 밀도는 여전히 벡터 퍼

---

11) 이 적분들이 어떤 시간에 하나의 공간 성분을 참조하기 때문에 d^3x 대신 dx를 썼다. 식 11.24의 피적분 함수에 대한 더 엄밀한 표기법은 $dX^n E_m \frac{\partial A_m}{\partial X^n}$ 이다. 우리는 더 간단한 형태를 선택했다. 여기서 dx는 적절한 공간 성분을 참조하는 것으로 이해해야 한다.

텐셜을 수반하고 있다. 이는 당황스럽다. 전기장과 자기장은 게이지 불변이지만, 벡터 퍼텐셜은 그렇지 않다. 에너지 밀도와 운동량 밀도 같은 양은 비슷해야 하며 오직 E와 B에만 의존해야 한다고 생각할지도 모르겠다. 사실 운동량 밀도를 게이지 불변인 양으로 바꾸는 간단한 수리법이 있다. 다음과 같은 양

$$\frac{\partial A_m}{\partial X^n}$$

은 자기장을 표현하는 일부이다. 사실 다음의 항

$$-\frac{\partial A_n}{\partial X^m}$$

을 더하면 우리는 앞선 항을 자기장 성분으로 바꿀 수 있다. 만약 우리가 이 변화를 슬쩍 집어넣을 수 있다면, 적분을 이렇게 다시 쓸 수 있다.

$$P_n = \int dx E_m \left(\frac{\partial A_m}{\partial X^n} - \frac{\partial A_n}{\partial X^m} \right).$$

우리가 이를 피해 갈 수 있을까? 이 추가적인 항을 삽입하면 P_n은 어떻게 바뀔까? 이를 알아보기 위해 삽입하려는 항

$$-\int dx E_m \frac{\partial A_n}{\partial X^m}$$

을 살펴보자. 이를 부분 적분해 보자. 앞서 봤듯이 피적분 함수가 도함수 곱하기 무언가 다른 것인 적분을 할 때마다 우리는 부호를 뒤집는 대가를 치르고서 미분을 다른 항으로 옮길 수 있다.[12]

$$-\int dx E_m \frac{\partial A_n}{\partial X^m} = \int dx \frac{\partial E_m}{\partial X^m} A_n.$$

그런데 더하는 첨자 m 때문에 $\frac{\partial E_m}{\partial X^m}$ 항은 단지 전기장의 발산일 뿐이다. 우리는 빈 공간의 맥스웰 방정식으로부터 $\vec{\nabla} \cdot \vec{E}$ 는 0임을 알고 있다. 이는 추가적인 적분이 아무것도 바꾸지 않음을 뜻한다. 따라서 P_n 은 전기장 그리고 자기장으로써 쓸 수 있다.

$$P_n = \int dx E_m \left(\frac{\partial A_m}{\partial X^n} - \frac{\partial A_n}{\partial X^m} \right). \tag{11.25}$$

약간만 계산해 보면 피적분 함수는 실제로 $\vec{E} \times \vec{B}$ 벡터임을 알수 있다. 즉 $\vec{E} \times \vec{B}$ 는 운동량 밀도라는 뜻이다. 아래 첨자를 떼고 표준 벡터 표기법으로 바꾸면 식 11.25는 이제

$$\vec{P} = \int \vec{E} \times \vec{B} d^3 x$$

가 된다. $\vec{P}$ 는 벡터이고 그 방향은 운동량의 방향이다. 운동량

---

12) 우리는 어떤 거리 너머에서는 장이 0으로 간다고 가정한다. 따라서 경계항들은 없다.

밀도 $\vec{E} \times \vec{B}$ 는 **포인팅(Poynting) 벡터**라 부르며 종종 $\vec{S}$ 로 나타 낸다.

포인팅 벡터는 어떻게 파동이 진행하는지에 대해 무언가 말 해 주고 있다. 그림 10.1로 돌아가 전파하는 파동의 처음 두 반주 기를 살펴보자. 첫 번째 반주기에서는 $\vec{E}$ 는 위를 가리키고 $\vec{B}$ 는 지면 바깥쪽을 가리킨다. 오른손 법칙에 따르면 $\vec{E} \times \vec{B}$ 는 z 축을 따라 오른쪽을 가리킴을 알 수 있다. 이는 운동량(그리고 파 동 그 자체)이 전파하는 방향이다. 다음 반주기는 어떤가? 두 장 벡터 모두 방향이 뒤집혔으므로 포인팅 벡터는 여전히 오른쪽을 '포인팅'하고 있다. 계속 진도를 나가면서 이 벡터에 대해 할 이 야기가 더 있을 것이다.

$\vec{E}$ 와 $\vec{B}$ 가 서로 수직임이 얼마나 중요한지 유념하라. 운동 량(포인팅 벡터)이 하나의 결과이다. 이 모두는 보존되는 운동량과 공간의 병진 불변성 사이의 연관성에 관한 뇌터의 놀라운 정리로 거슬러 올라간다. 모든 것(고전 역학, 장론, 전자기학)이 하나의 큰 조 각 속에서 분명해진다. 이 모두는 최소 작용의 원리로 되돌아간다.

11.5 4차원에서의 에너지와 운동량

우리는 에너지와 운동량이 보존량임을 알고 있다. 4차원 시공간에서 우리는 이 아이디어를 국소 보존의 원리로 표현할 수 있다. 우리가 여기서 제시하는 아이디어는 전하와 전류 밀도에 관한 우리의 이전 작업에서 영감을 얻은 것으로 그 결과들을 끌어다 쓸 것이다.

11.5.1 국소적으로 보존되는 양

8.2.6절에서 우리는 국소 전하량 보존의 개념을 탐구했다. 만약 어떤 영역의 전하가 증가하거나 감소하면 전하는 그 영역의 경계를 넘어 움직임으로써 증가하거나 감소해야만 한다. 전하량 보존은 그 어떤 의미 있는 상대론적 이론에서도 국소적이며 전하 밀도와 전류 밀도, ρ와 $\vec{j}$ 라는 개념을 도출한다. 이 두 양은 함께 4-벡터를 만든다.

$$\rho, \vec{j} \Rightarrow J^{\mu}.$$

전하 밀도는 시간 성분이고 전류 밀도(또는 선속)은 공간 성분이다.

똑같은 개념이 다른 보존량에도 적용된다. 전하를 넘어 더 일반적으로 생각해 보면, 각각의 보존 법칙에 대해 **임의의** 보존량의 밀도와 선속을 나타내는 4개의 양을 상상할 수 있다. 특히 우리는 이 아이디어를 에너지라 불리는 보존량에 적용할 수 있다.

3강에서 우리는 입자의 에너지가 4-벡터의 시간 성분임을 배웠다. 그 4-벡터의 공간 성분은 그 입자의 상대론적 운동량이다. 기호로는

$$E, \vec{p} \Rightarrow P^{\mu}$$

로 쓸 수 있다. 장론에서는 이 양들이 밀도가 되며 에너지 밀도는 4차원 전류의 시간 성분으로 볼 수 있다. 이미 우리는 에너지 밀도에 대한 표현식을 유도한 적이 있다. 식 11.22가 전자기장의 에너지 밀도이다. 이 양에 임시로 T^0이라는 이름을 부여하자.

$$T^0 = \frac{1}{2}(E^2 + B^2). \qquad (11.26)$$

우리가 하려는 일은 전류 J^m과 유사한 에너지의 흐름을 찾는 것이다. J^m과 마찬가지로 에너지 흐름은 3개의 성분을 갖는다. 이를 T^m이라 하자. 우리가 T^m을 올바르게 정의하면 이들은 연속 방정식

$$\frac{\partial T^0}{\partial t} + \vec{\nabla} \cdot \vec{T} = 0$$

을 만족해야만 한다. 에너지의 흐름 T^m을 찾기 위한 전략은 간단하다. T^0을 시간에 대해 미분하고 그 결과가 무언가의 발산인

지를 살펴보는 것이다. 식 11.26에 시간 도함수를 취하면 그 결과는

$$\partial_t T^0 = \partial_t \left[\frac{1}{2} (E^2 + B^2) \right],$$

즉

$$\partial_t T^0 = \vec{E} \cdot \dot{\vec{E}} + \vec{B} \cdot \dot{\vec{B}} \qquad (11.27)$$

이다. 여기서 $\dot{\vec{E}}$ 와 $\dot{\vec{B}}$ 는 시간에 대한 도함수들이다. 언뜻 보기에 식 11.27의 우변은 무언가의 발산처럼 보이지 않는다. 왜냐하면 공간 도함수 대신 시간 도함수와 관련이 있기 때문이다. 비법은 맥스웰 방정식

$$\begin{aligned} \dot{\vec{E}} &= \vec{\nabla} \times \vec{B} \\ \dot{\vec{B}} &= - \vec{\nabla} \times \vec{E} \end{aligned} \qquad (11.28)$$

을 이용해 $\dot{\vec{E}}$ 와 $\dot{\vec{B}}$ 를 대체하는 것이다. 이들을 식 11.27에 대입하면 무언가 약간 더 전망이 있는 결과가 나온다.

$$\partial_t T^0 = - \left[\vec{B} \cdot (\vec{\nabla} \times \vec{E}) - \vec{E} \cdot (\vec{\nabla} \times \vec{B}) \right]. \quad (11.29)$$

이 형태에서는 우변이 공간 도함수를 포함하고 있어서 무언가의 발산일 기회가 좀 있다. 사실 벡터 항등식

$$\vec{\nabla} \cdot (\vec{E} \times \vec{B}) = \vec{B} \cdot (\vec{\nabla} \times \vec{E}) - E \cdot (\vec{\nabla} \times \vec{B})$$

을 이용하면 식 11.29는

$$\partial_t T^0 = - \vec{\nabla} \cdot (\vec{E} \times \vec{B}) \qquad (11.30)$$

이 됨을 알 수 있다. 놀랍게도, 만약 에너지의 흐름을

$$\vec{T} = \vec{E} \times \vec{B} \qquad (11.31)$$

로 정의하면 우리는 에너지에 대한 연속 방정식을

$$\frac{\partial T^0}{\partial t} + \vec{\nabla} \cdot \vec{T} = 0 \qquad (11.32)$$

로 쓸 수 있다. 상대론적인 표기법에서 이는

$$\partial_\mu T^\mu = 0 \qquad (11.33)$$

이 된다. 에너지의 유동을 나타내는 벡터 $\vec{E} \times \vec{B}$ 는 이제 익숙할

것이다. 이는 포인팅 벡터로, 영국 물리학자 존 헨리 포인팅(John Henry Poynting)의 이름을 따서 명명되었다. 그는 아마도 똑같은 논증으로 1884년 이를 발견했다. 이미 우리는 11.4.5절에서 '운동량 밀도'라는 제목으로 이 벡터를 만났다. 포인팅 벡터에는 두 가지 의미가 있다. 우리는 이를 에너지 유동이나 또는 운동량 밀도로도 생각할 수 있다.

요약하자면, 에너지 보존은 국소적이다. 전하와 마찬가지로 공간의 어떤 영역에서의 에너지 변화는 언제나 그 영역의 경계를 관통하는 에너지의 흐름을 동반한다. 에너지가 갑자기 우리 실험실에서 사라지고 달에서 다시 나타날 수는 없다.

11.5.2 에너지, 운동량, 그리고 로런츠 대칭성

에너지와 운동량은 로런츠 불변이 아니다. 이는 쉽게 확인할 수 있다. 여러분 자신의 정지틀에서 정지해 있는 질량 m인 물체를 생각해 보자. 이 물체는 잘 알려진 공식

$$E = mc^2,$$

또는 상대론적 단위에서는

$$E = m$$

으로 주어지는 에너지를 갖고 있다. 이 물체는 정지해 있기 때문에 운동량이 없다.[13] 이제 똑같은 물체를 x 축을 따라 움직이고 있는 또 다른 기준틀에서 살펴보자. 물체의 에너지는 늘어났고, 이제 그 물체는 운동량을 갖는다.

만약 장 에너지와 운동량이 불변이 아니라면 로런츠 변환 하에 어떻게 변할까? 답은 이렇다. 이들은 입자에 대해서와 꼭 마찬가지로 4-벡터를 형성한다. 그 4-벡터의 성분을 P^μ라 하자. 그 시간 성분은 에너지이고 3개의 공간 성분은 x, y, z축을 따르는 보통의 운동량이다. 4개의 모든 성분은 보존된다.

$$\frac{dP^\mu}{dt} = 0. \qquad (11.34)$$

이는 각각의 성분이 밀도를 가지고 있으며 각 성분의 전체 값은 밀도의 적분임을 암시한다. 에너지의 경우 그 밀도는 기호 T^0으로 나타냈다. 이제 우리는 두 번째 첨자를 보태면서 표기법을 바꿔 에너지 밀도를 T^{00}으로 부르고자 한다.

두 첨자는 우리가 새로운 텐서를 구축하고 있음을 뜻한다고 여러분이 이미 추측했으리라 확신한다. 각 첨자는 특정한 의미를 지닌다. 첫 번째 첨자는 이 원소가 4개의 양 중 어떤 것을 지

---

13) 이 두 방정식에서 E는 전기장이 아니라 에너지를 나타낸다.

칭하는지 알려 준다.[14] 에너지는 4-운동량의 시간 성분이며 따라서 첫 첨자는 시간에 대해 0이다. 구체적으로 알아보자. 첫째 첨자가 0의 값이면 우리는 에너지에 대해서 말하는 것이다. 1의 값은 운동량의 x 성분을 가리킨다. 2와 3의 값은 각각 운동량의 y 와 z 성분을 가리킨다.

둘째 첨자는 우리가 밀도를 말하고 있는지, 흐름을 말하고 있는지를 알려 준다. 0의 값은 밀도를 가리킨다. 1의 값은 x 방향의 흐름을 가리킨다. 2와 3의 값은 각각 y 와 z 방향으로의 흐름을 가리킨다.

예를 들어, T^{00} 은 에너지 밀도이다. T^{00} 을 공간에 대해 적분하면 총 에너지를 얻는다.

$$P^0 = \int T^{00} d^3 x. \qquad (11.35)$$

이제 운동량의 x 성분을 생각해 보자. 이 경우 첫째 첨자는 x (또는 숫자 1)로서 보존량이 운동량의 x 성분임을 가리킨다. 둘째 첨자는 다시 밀도와 유동 또는 흐름 사이를 구분한다. 따라서 예를 들어

---

14) 첫째와 둘째 첨자의 역할은 영상에서 기술했듯이 그 역할과 관련해서 뒤집힐 수도 있다. 이 텐서는 대칭적이므로 실제 차이는 없다.

$$P^1 = \int T^{10} d^3 x,$$

또는 더 일반적으로

$$P^m = \int T^{m0} d^3 x \qquad (11.36)$$

이다. 운동량의 **흐름**은 어떤가? 각 성분은 그 자체의 선속을 갖고 있다. 예를 들어, 우리는 y 방향으로 흐르는 x-운동량을 생각할 수 있다.[15] 이는 T^{xy}로 나타낼 것이다. 마찬가지로 T^{zx}는 x 방향으로 흘러가는 z-운동량이다.

$T^{\mu\nu}$를 이해하는 비법은 잠시 둘째 첨자를 가리는 것이다. 첫째 첨자는 어떤 양을 우리가 말하고 있는지, 즉 P^0, P^x, P^y 또는 P^z를 알려 준다. 일단 우리가 어떤 양인지 안다면 첫째 첨자를 가리고 둘째 첨자를 쳐다본다. 이는 우리가 밀도에 대해서 말하고 있는지 또는 흐름의 성분에 대해서 말하고 있는지를 알려 준다.

---

15) 어떤 사람들에게는 **선속**이라는 용어가 혼란스러울 것이다. 만약 이를 y 방향에서의 (운동량의 x 성분) 변화라고 부른다면 더 분명할 것이다. 운동량의 변화는 익숙한 개념이다. 사실 이는 힘을 나타낸다. 하지만 우리는 운동량 **밀도**에 대해 말하고 있기 때문에 $T^{\mu\nu}$의 이 공간-공간 성분을 응력이라고 생각하는 편이 더 낫다. 이 공간-공간 성분들의 음수는 그 자체로 **응력 텐서**(stress tensor)라 알려진 3×3 텐서를 형성한다.

이제 우리는 운동량 P^m의 성분에 대해 연속 방정식을

$$\frac{\partial T^{m0}}{\partial t} + \frac{\partial T^{mn}}{\partial X^n} = 0,$$

즉

$$\frac{\partial T^{m\nu}}{\partial X^\nu} = 0 \qquad (11.37)$$

과 같이 쓸 수 있다. 운동량의 각 성분에 대해 하나씩(즉 m의 각 값에 대해 하나씩) 이런 방정식이 셋 있다. 만약 우리가 이 세 방정식에 에너지 보존을 나타내는 네 번째 방정식을 더한다면 (m을 μ로 바꾸어서) 우리는 4개의 모든 방정식을 하나의 통합된 상대론적 형태로 쓸 수 있다.

$$\frac{\partial T^{\mu\nu}}{\partial X^\nu} = 0. \qquad (11.38)$$

이 모든 것에 익숙해지려면 시간이 좀 걸린다. 진도를 멈추고 논증을 복습하는 시간을 갖는 것이 좋겠다. 진도를 계속 나갈 준비가 되었을 때, 우리는 E장과 B장으로써 운동량과 그 선속에 대한 표현식을 이끌어 낼 것이다.

11.5.3 에너지-운동량 텐서

전기장과 자기장으로 표현했을 때 $T^{\mu\nu}$ 가 무엇인지를 알아내는 데에는 많은 방법이 있다. 어떤 방법은 다른 방법들보다 더 직관적이다. 우리는 다소 덜 직관적이고 더 정형화돼 보이는 유형의 논증을 이용할 것이다. 이는 현대 이론 물리학에서 일반적이며 또한 아주 강력하다. 내가 마음에 두고 있는 것은 대칭성 또는 불변성 논증이다. 불변성 논증은 어떤 계의 다양한 대칭성의 목록을 나열하고 관심 있는 양이 그 대칭성 하에 어떻게 변환하는지를 묻는 것으로 시작한다.

전기 동역학의 가장 중요한 대칭성은 게이지 불변성과 로런츠 불변성이다. 게이지 불변성부터 시작하자. $T^{\mu\nu}$ 의 성분은 게이지 변환 하에서 어떻게 변환하는가? 답은 간단하다. 변환하지 않는다. 에너지와 운동량의 밀도와 선속들은 게이지의 선택에 의존하지 않는 물리적인 양들이다. 이는 이들이 게이지 불변이고 관측 가능한 장인 $\vec{E}$ 와 $\vec{B}$ 에 의존해야 하며 추가적으로 퍼텐셜 A_μ 에 의존해서는 안 됨을 뜻한다.

로런츠 불변성은 더 흥미롭다. $T^{\mu\nu}$ 는 어떤 종류의 개체이며, 하나의 기준틀에서 다른 틀로 옮겨갈 때 그 성분이 어떻게 변하는가? $T^{\mu\nu}$ 는 μ 와 ν 로 표지된 성분을 갖고 있으므로 분명히 스칼라가 아니다. 또한 2개의 첨자와 16개의 성분을 갖고 있으므로 4-벡터일 수가 없다. 답은 명확하다. $T^{\mu\nu}$ 는 텐서, 즉 계수 2인 텐서이다. 이는 2개의 첨자를 갖고 있다는 뜻이다.

이제 우리는 $T^{\mu\nu}$에 적절한 이름을 부여할 수 있게 되었다. 그 이름은 **에너지-운동량 텐서**(energy-momentum tensor)이다.[16] 이는 전기 동역학에서뿐만 아니라 모든 장론에서 너무나 중요한 개체여서 한 번 더 말해야겠다. $T^{\mu\nu}$는 **에너지-운동량** 텐서이다. 그 성분은 에너지와 운동량의 밀도와 흐름이다.

우리는 장 텐서 $F^{\mu\nu}$의 성분들을 결합해 $T^{\mu\nu}$를 만들 수 있다. 일반적으로 이런 식으로 만들 수 있는 텐서가 많지만, 이미 우리는 T^{00}이 무엇인지 정확하게 알고 있다. 그것은 에너지 밀도

$$T^{00} = \frac{1}{2}(E^2 + B^2) \tag{11.39}$$

이다. 이는 $T^{\mu\nu}$가 장 텐서 성분들의 2차임을 말해 준다. 즉 이는 $F^{\mu\nu}$의 두 성분들의 곱으로 형성된다.

그렇다면 이런 질문을 던질 수 있다. 2개의 $F^{\mu\nu}$의 곱으로부터 하나의 텐서를 만드는 데에 얼마나 많은 다른 방법이 있을까? 다행히 너무 많지는 않다. 사실 단 두 가지이다. $F^{\mu\nu}$로부터 2차 곱으로 만들어진 임의의 텐서는 다음과 같은 형태의 두 가지 항의 합이어야만 한다.

$$T^{\mu\nu} = aF^{\mu\sigma}F^{\nu}_{\ \sigma} + b\eta^{\mu\nu}F^{\sigma\tau}F_{\sigma\tau}. \tag{11.40}$$

---

16) 어떤 저자들은 **응력-에너지** 텐서라고도 부른다.

여기서 a와 b는 곧 알게 될 숫자 상수이다.

잠시 멈추고 식 11.40을 살펴보자. 첫 번째로 주목해야 할 사항은 우리가 아인슈타인의 합 관례를 사용했다는 점이다. 첫 번째 항에서는 첨자 σ가 더해지며, 두 번째 항에서는 σ와 τ가 더해진다.

두 번째로 주목할 사항은 계측 텐서 $\eta^{\mu\nu}$의 등장이다. 계측 텐서는 대각이며 $\eta^{00} = -1$, $\eta^{11} = \eta^{22} = \eta^{33} = +1$의 성분을 갖고 있다. 유일한 질문은 숫자 상수 a와 b를 어떻게 정하는가이다.

이때 비결은 우리가 이미 그 성분 중 하나를 알고 있다는 사실을 깨닫는 것이다. T^{00}는 에너지 밀도이다. 우리는 식 11.40을 이용해 T^{00}을 정하고 이를 식 11.39에 대입하기만 하면 된다. 우리가 얻는 결과가 여기 있다.

$$aE^2 - b(2B^2 - 2E^2) = \frac{1}{2}(E^2 + B^2). \qquad (11.41)$$

양변을 비교하면 $a = 1$이고 $b = -1/4$임을 알 수 있다. a와 b의 이 값들을 이용하면 식 11.40은

$$T^{\mu\nu} = F^{\mu\sigma}F^{\nu}{}_{\sigma} - \frac{1}{4}\eta^{\mu\nu}F^{\sigma\tau}F_{\sigma\tau} \qquad (11.42)$$

가 된다. 이 방정식으로부터 우리는 에너지-운동량 텐서의 모든 다양한 성분을 계산할 수 있다.

식 11.39에서 주어진 T^{00}은 제쳐 두고, 가장 흥미로운 성분은 T^{0n}과 T^{n0}이다. 여기서 n은 공간 첨자이다. T^{0n}은 에너지 선속(또는 흐름)의 성분들이며, 이를 계산하면 포인팅 벡터의 성분들임을 (예상대로) 알게 된다.

이제 T^{n0}을 살펴보자. 여기서 우리는 식 11.40의 흥미로운 성질을 이용할 수 있다. 약간만 검토해 보면 $T^{\mu\nu}$가 대칭적임을 확신하게 될 것이다. 즉

$$T^{\mu\nu} = T^{\nu\mu}$$

이다. 따라서 T^{n0}은 T^{0n}과 똑같다. 둘 다 그냥 포인팅 벡터이다. 하지만 T^{n0}이 T^{0n}과 같은 의미를 갖는 것은 아니다. T^{01}은 x 방향으로의 에너지 선속이지만 T^{10}은 완전히 다른 것이다. 즉 이는 운동량의 x 성분의 밀도이다. $T^{\mu\nu}$를 다음과 같이 시각화하면 도움이 된다.

$$T^{\mu\nu} = \begin{pmatrix} \frac{1}{2}(E^2 + B^2) & S_x & S_y & S_z \\ S_x & -\sigma_{xx} & -\sigma_{xy} & -\sigma_{xz} \\ S_y & -\sigma_{yx} & -\sigma_{yy} & -\sigma_{yx} \\ S_z & -\sigma_{zx} & -\sigma_{zy} & -\sigma_{zz} \end{pmatrix}.$$

여기서 (S_x, S_y, S_z)는 포인팅 벡터의 성분들이다. 이 형태에서 우리는 공간-시간의 혼합된 성분(가장 위 행과 가장 왼쪽 열)이 어떻

게 공간-공간 성분(오른쪽 아래의 3×3 부행렬)과 다른지 쉽게 알수 있다. 앞서 지적했듯이 σ_{mn}은 **전자기 응력 텐서**라 불리는 텐서의 성분들이다. 우리가 이를 자세히 논의하지는 않았다.

연습 문제 11.1: T^{0n}이 포인팅 벡터임을 보여라.

연습 문제 11.2: 장 성분 (E_x, E_y, E_z)와 (B_x, B_y, B_z)를 써서 T^{11}과 T^{12}를 계산하라.

앞서 우리가 1로 두었던 광속 인수를 복원했다고 가정하자. 가장 손쉬운 방법은 차원 분석이다. 에너지 선속과 운동량 밀도는 c^2의 인수만큼 다름을 알게 될 것이다. 차원적으로 올바르게 확인해 보면 운동량 밀도는 c의 인수 없이 $\vec{E} \times \vec{B}$이다. 분명히 우리는 어떤 발견을 했고 이는 실험적으로 확증되었다.

전자기파에 대해 운동량의 밀도는 에너지 선속 나누기 광속의 제곱과 같다. 둘 다 포인팅 벡터에 비례한다.

이제 우리는 왜 햇빛을 흡수했을 때 우리가 따뜻해지지만 다른 한편으로는 그렇게 미미한 힘을 미치는지 알 수 있다. 그 이유는 에너지 밀도가 운동량 밀도의 c^2배이고, c^2이 아주 큰 숫자이기 때문이다. 연습 문제 삼아 여러분은 태양으로부터 지구까지의 거리에서 면적이 100만 제곱미터인 태양돛에 미치는 힘을 계산할 수 있을 것이다. 그 결과는 극히 작아서 약 8뉴턴 또는 대략 2파운드힘이다. 다른 한편 만약 똑같은 돛이 그 위로 떨어지는 햇빛을 흡수한다면 (반사하는 대신) 흡수된 일률은 약 100만 킬로와트일 것이다.

전기 전하의 밀도와 전류는 전기 동역학에서 핵심적인 역할을 수행한다. 이들은 전자기장의 원천으로서 맥스웰 방정식에 등장한다. 에너지-운동량 텐서가 비슷한 역할을 수행하는지 궁금할지도 모르겠다. 전기 동역학에서 그 답은 '아니오.'이다. $T^{\mu\nu}$는 $\vec{E}$와 $\vec{B}$의 방정식에 직접적으로 드러나지 않는다. 에너지와 운동량이 원천으로서 정당한 역할을 수행하는 것은 오직 중력 이론에서이다. 이들은 전자기장의 원천이 아니다. 에너지-운동량 텐서는 일반 상대성 이론에서 중력장의 원천으로서 등장한다. 그러나 그것은 또 다른 이야기다.

11.6 작별

고전 장론은 19세기와 20세기 물리학의 위대한 성취 중 하나이다. 이는 작용 원리와 특수 상대성 이론을 접착제로 이용해 전자기학과 고전 역학의 폭넓은 분야들을 서로 묶어 준다. 장론은 고전적인 관점에서 **임의의** 장(예를 들어 중력장)을 연구하기 위한 골격을 제공한다. 이것은 양자 장론과 일반 상대성 이론(다음 책의 주제이다.)을 연구하기 위한 필요 조건이다. 이 주제가 이해하기 쉽고 또 재미있었기를 바란다. 여러분과 이렇게 처음부터 끝까지 해내게 돼서 우리도 기쁘다.

어떤 현자가 한번은 이렇게 말했다.[17]

개의 외부(outside)에서는 (개를 제외하고는) 책이 인간의 최고의 친구이다. 개의 내부(inside)에서는 너무 어두워서 책을 읽을 수가 없다.

여러분이 우연히도 우리 책을 개의 외부에서든 내부에서든 (또는 그 문제에 관한 한 개의 경계에서든) 논평하게 된다면, 아무리 미묘하더라도 여러분의 논평에 그루초에 관한 언급을 포함해 주기 바란다. 우리는 그 정도면 여러분이 책을 실제로 읽었다는 증거로 충분하다고 여길 것이다.

우리의 친구 헤르만이라면 이렇게 외쳤을 것 같다. **"수업 끝!"** 일반 상대성 이론에서 다시 만나자.

---

17) '어떤 현자'는 미국의 희극 배우 줄리어스 헨리 '그루초' 막스(Julius Henry 'Groucho' Marx)이다. —옮긴이.

© Margaret Sloan

농부 레니가 자신의 마당에 나가 서 있다.

한 쌍의 오리가 아트의 바이올린에 맞추어 춤춘다.

부록 A ⏱ 자기 홀극 : 레니가 아트를 속이다

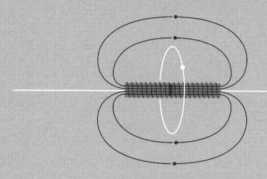

"이봐, 아트, 자네한테 무언가를 보여 줄게. 여기, 이걸 한번 보라고."

"아이쿠 세상에, 레니, 자네가 자기 홀극을 발견한 것 같구만.

하지만 잠깐만! 나한테 홀극은 불가능하다고 말하지 않았나?

이봐, 실토하게. 자네 무언가 숨기고 있지만 그게 뭔지 알 것 같아.

솔레노이드, 맞지? 하하, 좋은 속임수야."

"아냐, 아트, 속임수가 아냐. 이건 훌륭한 홀극이야,

그리고 끈이 붙어 있지도 않다고."

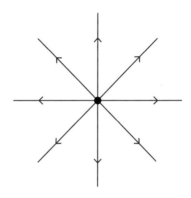

그림 A.1 전기 홀극. 이것은 단지 양전하일 뿐이다.

자기 홀극은 어떤 것일까? 만약 그런 게 존재한다면 말이다. 우선, **홀극**이라는 단어는 무슨 뜻일까? 홀극은 단순히 고립된 전하이다. 전기 홀극이라는 용어는, 만약 일반적으로 사용된다면, 단지 전기적으로 대전된 입자 및 그것의 전기적 쿨롱 장을 뜻할 뿐이다. 관례에 따라(그림 A.1을 보라.) 양성자 같은 양전하에 대해 전기장은 바깥쪽을 가리키며 전자 같은 음전하에 대해 안쪽을 가리킨다. 우리는 전하가 전기장의 원천이라 말한다.

자기 홀극은 전기 홀극과 정확히 똑같을 것이다. 다만 자기 홀극은 자기장으로 둘러싸여 있을 것이다. 자기 홀극 또한 두 종류가 있어서 장이 바깥쪽을 가리키는 홀극과 안쪽을 가리키는 홀극이 있을 것이다.

노련한 선원이 자기 홀극을 가지고 있다면, 그는 홀극이 지구의 북극에 이끌리는지 또는 남극에 이끌리는지에 따라 북자기 홀극 또는 남자기 홀극으로 분류했을 것이다. 수학적 관점에서 보자면 자기장이 바깥을 향하는지 안쪽을 향하는지에 따라 두 형태의 자기 홀극을 양과 음으로 부르는 편이 더 좋다. 그런 물건이 자연에 존재한다면 우리는 이를 자기장의 원천이라 부를 것이다.

전기장과 자기장은 수학적으로 비슷하지만, 한 가지 결정적인 차이점이 있다. 전기장은 원천, 즉 전기 전하를 갖고 있다. 그러나 전자기 표준 이론에 따르면 자기장은 그렇지 않다. 그 이유는 2개의 맥스웰 방정식

$$\vec{\nabla} \cdot \vec{E} = \rho \qquad (\text{A}.1)$$

과

$$\vec{\nabla} \cdot \vec{B} = 0 \qquad (\text{A}.2)$$

에 수학적으로 잘 담겨 있다. 첫 번째 방정식은 전기 전하가 전기장의 원천임을 말한다. 이를 우리가 점 원천에 대해서 풀면 전기 홀극에 대한 훌륭하고도 오래된 쿨롱 장을 얻는다.

두 번째 방정식은 자기장이 원천을 갖지 않으며, 때문에 자기 홀극 같은 것은 없다고 말한다. 그러나 이처럼 설득력 있는 논증에도 불구하고 자기 홀극은 가능할 뿐만 아니라 현대적인 기본 입자 이론에서 거의 보편적인 특성으로 자리 잡고 있다. 어떻게 이럴 수 있을까?

한 가지 가능한 답은 그냥 두 번째 방정식의 우변에 자기 원천을 집어넣어서 방정식을 바꾸는 것이다. 자기 전하 밀도를 σ라 하면 우리는 식 A.2를

$$\vec{\nabla} \cdot \vec{B} = \sigma \qquad (A.3)$$

으로 바꿀 수 있다. 이 방정식을 점 자기 원천에 대해서 풀면 결과적으로 전기 쿨롱 장에 정확하게 대응하는 자기 쿨롱 장을 얻는다.

$$B = \frac{\mu}{4\pi r^2}. \qquad (A.4)$$

상수 μ는 자기 홀극의 자기 전하이다. 정전기력과 유사하게 2개의 자기 홀극이 이들 사이의 자기 쿨롱력을 느낄 것으로 기대된다. 유일한 차이점은 전기 전하의 곱이 자기 전하의 곱으로 대체될 것이라는 사실이다.

하지만 그렇게 간단하지는 않다. 우리는 $\nabla \cdot B = 0$을 땜질식으로 고칠 선택지를 갖고 있지 않다. 전자기학의 밑바닥에 깔린

골격은 맥스웰 방정식이라기보다는 작용 원리, 게이지 불변의 원리, 그리고 벡터 퍼텐셜이다. 자기장은 방정식

$$\vec{B} = \vec{\nabla} \times \vec{A} \qquad (A.5)$$

로 정의되는 유도된 개념이다. 여기서 8강으로 돌아가 식 A.5로 우리를 이끈 논증을 복습해 보는 것도 좋은 생각이다. 이 방정식이 자기 홀극과 무슨 관계가 있을까? 그 답은 수학적 항등식으로, 우리가 여러 차례 사용한 바 있다. **회전의 발산은 언제나 0이다.**

즉 또 다른 장(이 경우 벡터 퍼텐셜 $\vec{A}$)의 회전으로 정의된 $\vec{B}$ 같은 임의의 벡터장은 저절로 발산이 0이다. 따라서 $\vec{\nabla} \cdot \vec{B} = 0$ 은 바로 $\vec{B}$의 정의에서 피할 수 없는 결과로 보인다.

그런데도 많은 이론 물리학자는 자기 홀극이 존재할 수 있고 아마도 존재하리라고 확고하게 수긍하고 있다. 그 논증은 폴 디랙까지 거슬러 올라간다. 그는 1931년 어떻게 홀극을 '위조'할 수 있는지를 설명했다. 사실 그 위조품은 너무나 그럴듯해서 진품과 구분하기가 불가능할 정도다.

보통의 막대자석(그림 A.2)으로 시작해 보자. 전자석 또는 솔레노이드가 훨씬 더 좋다. 솔레노이드(그림 A.3)는 도선으로 감은 원기둥으로, 전류가 그 도선 속을 흐른다. 전류는 자기장을 만들어 낸다. 이는 막대자석의 장과 비슷하다. 솔레노이드의 장점은 도선 속을 흐르는 전류를 변화시킴으로써 자석의 세기를 변하게

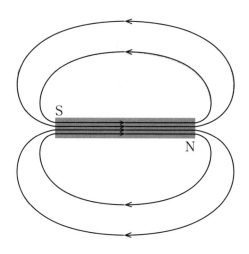

그림 A.2 N극과 S극이 있는 막대자석.

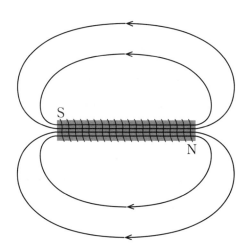

그림 A.3 솔레노이드 또는 전자석. 원기둥 심 주변으로 감긴 도선을 흐르는 전류가 자기장을 만들어 낸다.

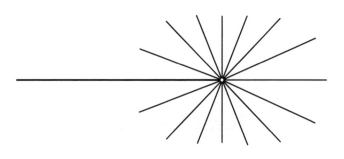

그림 A.4 길게 늘인 솔레노이드.

할 수 있다는 점이다.

솔레노이드를 포함해 모든 자석에는 N극과 S극이 있다. 이를 우리는 양극과 음극으로 부를 수도 있다. 자기장은 양극으로부터 나와 음극을 통해 되돌아간다. 이들 사이의 자석을 무시한다면 이는 하나가 양이고 다른 하나가 음인 한 쌍의 자기 홀극과 아주 비슷해 보인다. 하지만 물론 솔레노이드를 무시할 수는 없다. 자기장은 극에서 끝나지 않는다. 자기장은 솔레노이드를 관통해 지나가서 선속의 선들이 단절되지 않으며, 이들은 연속적인 고리를 형성한다. 한 쌍의 원천이 있는 것처럼 보인다고 하더라도 자기장의 발산은 0이다.

이제 막대자석이나 솔레노이드를 늘려서 아주 길고 가늘게 만들어 보자. 동시에 S극(음극)이 아예 무한히 멀리 있는 것처럼 여겨질 만큼 아주 먼 거리로 떼어 놓는다.

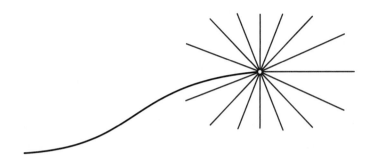

그림 A.5 디랙 끈. 가늘고 유연한 솔레노이드.

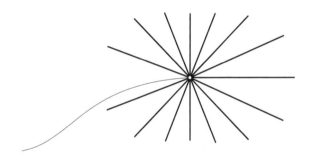

그림 A.6 디랙 끈의 극한적 상황. 끈이 너무 가늘어서 관측하지 못할 수도 있다.

남아 있는 N극은 고립된 양의 자기 전하처럼 보인다. (그림 A.4) 만약 그렇게 흉내 낸 홀극이 여러 개 있다면 이들은 실제 홀극들과 아주 비슷하게 서로 자기 쿨롱력을 가하면서 상호 작용을 할 것이다. 그러나 물론 기다란 솔레노이드가 가짜 홀극에 어쩔 수 없이 들러붙어 있고 자기 선속이 그 속을 관통해 지나간다.

우리는 한 걸음 더 나아가서 그림 A.5에서 보여 주듯이 솔레노이드가 유연하다고 생각할 수 있다. (이를 디랙 끈이라고 하자.) 선속이 끈 속을 관통해 지나가 다른 극으로 나오기만 한다면 맥스웰 방정식 $\vec{\nabla} \cdot B = 0$을 만족할 것이다.

마지막으로, 우리는 유연한 끈을 아주 가늘게 만들어서 보이지 않게끔 할 수도 있을 것이다. (그림 A.6) 솔레노이드는 쉽게 감지되므로 홀극이 가짜라는 사실을 쉽게 밝혀낼 수 있으리라 생각할 수도 있다. 하지만 솔레노이드가 너무 가늘어서 그 근처를 지나가는 임의의 하전 입자가 솔레노이드와 부딪혀 끈 안쪽의 자기장을 느낄 기회가 무시할 만하다고 가정하자. 끈이 아주 가늘다면 임의의 물질에 영향을 주지 않고 그 원자들 사이를 지나갈 수 있을 것이다.

모든 물질을 관통해 지나갈 만큼 아주 가는 솔레노이드를 만드는 것은 현실적이지 않다. 그러나 중요한 것은 사고 실험이다. 이를 통해 자기 홀극 또는 적어도 설득력 있는 모조품이 수학적으로 틀림없이 가능함을 알 수 있다. 게다가 솔레노이드의 전류를 변화시키면 솔레노이드 끝의 홀극이 임의의 자기 전하를 갖도록 할 수 있다.

만약 물리학이 (양자 역학적이지 않고) 고전적이라면 이 논증은 옳을 것이다. 임의의 자기 전하를 가진 홀극이 가능하다. 그러나 디랙은 양자 역학이 새로운 미묘한 요소를 도입한다는 점을 깨달았다. 양자 역학적으로, 무한히 긴 솔레노이드는 일반적으로 감지되지 않을 도리가 없다. 하전 입자들이 솔레노이드에 결코 가까이 다가가지 않는다 하더라도 솔레노이드는 하전 입자의 운동에 영향을 준다. 왜 그런지를 설명하려면 양자 역학을 조금 사용할 필요가 있다. 그래도 간단하게만 써먹을 것이다.

우리의 가느다란 솔레노이드가 극도로 길어서 모든 공간을 가로질러 뻗어 있고, 우리는 양쪽 끝에서는 멀리 떨어져 있지만 끈 근처 어딘가에 있다고 생각해 보자. 우리는 원자에 미치는 영향을 밝히고 싶다. 그 원자핵은 솔레노이드 근처에 놓여 있고 전자는 솔레노이드 주변을 돌고 있다. 고전적으로는, 전자가 자기장 속을 지나가지 않기 때문에 아무런 효과가 없을 것이다.

실제 원자는 약간 복잡하므로 대신 우리는 단순화된 모형을 이용할 수 있다. 즉 반지름이 r 인 원형 고리로서 전자가 이를 따라 미끄러지듯 움직이고 있다. (그림 A.7) 만약 솔레노이드가 고리의 중심을 관통해 지나간다면 전자는 (만약 전자가 어떤 각운동량을 갖고 있다면) 솔레노이드 주변을 돌게 될 것이다. 먼저, 솔레노이드에 전류가 없어서 끈을 관통하는 자기장이 0이라고 가정하자.[1] 고리 위의 전자의 속도는 v 라 하자. 그 운동량 p 와 각운동량 L 은

$$p = mv \qquad\qquad (A.6)$$

---

[1] 이것이 솔레노이드의 다양한 장이 도움이 되는 경우이다.

그림 A.7 가느다란 끈 같은 솔레노이드를 둘러싸는 고리. 대전된 전하가 고리를 따라 미끄러지듯 움직이고 있다. 솔레노이드의 전류를 변화시킴으로써 우리는 끈을 관통하는 자기장을 변화시킬 수 있다.

그리고

$$L = mvr \qquad (A.7)$$

이다.

마지막으로 전자의 에너지 ϵ는

$$\epsilon = \frac{1}{2}mv^2 \qquad (A.8)$$

이다. 이는 각운동량 L의 함수로 표현할 수도 있다.

$$\epsilon = \frac{L^2}{2mr^2}. \qquad (A.9)$$

이제 양자 역학을 도입할 때가 되었다. 우리에게 필요한 것은 닐스 보어가 1913년에 발견한 한 가지 기본적인 사실뿐이다. 보어는 처음으로 각운동량이 불연속적인 양으로 나타난다는 점을 알아냈다. 이는 원자에 대해서 사실이며, 원형 고리 위를 움직이는 전자에 대해서도 마찬가지로 사실이다. 보어의 양자화 조건은 전자의 궤도 각운동량이 플랑크 상수 $\hbar$의 정수배여야 한다는 것이다. 궤도 각운동량을 L이라 하면 보어는

$$L = n\,\hbar \qquad\qquad (A.10)$$

으로 적었다. 여기서 n은 임의의 정수로서 양수나 음수, 또는 0일 수도 있지만, 그 사잇값은 안 된다. 그 결과 고리 위를 움직이는 전자의 에너지 준위는 불연속적이며

$$\epsilon_n = n^2 \frac{\hbar^2}{2mr^2} \qquad\qquad (A.11)$$

의 값을 갖는다. 지금까지 우리는 끈을 관통하는 자기장이 없다고 가정했다. 그러나 실제 우리의 관심은 끈 속을 지나가는 자속 ϕ를 가진 끈이 전자에 미치는 영향이다. 그러니 전류를 늘려서 끈 속의 자속을 만들어 내자. 자속은 0에서 시작한다. Δt의 시간 간격 동안 자속은 최종값인 ϕ까지 증가한다.

전자가 자기장이 위치한 곳에 있지 않으므로 자기장을 켜는

것이 전자에 영향을 미치지 않으리라 생각할 수도 있다. 이는 틀렸다. 그 이유는 패러데이 법칙 때문이다. 자기장이 변하면 전기장을 만들어 낸다. 실제로 이는 단지 맥스웰 방정식

$$\vec{\nabla} \times \vec{E} = -\frac{\partial \vec{B}}{\partial t} \qquad (A.12)$$

이다. 이 방정식은 자속을 증가시키면 끈을 둘러싼 전기장을 유도하고 전자에 힘을 가한다고 말한다. 힘은 돌림힘(토크)을 가해 전자의 각운동을 가속하고 그럼으로써 그 각운동량을 변화시킨다. (그림 A.8)

끈을 관통하는 선속을 $\phi(t)$라 하면 식 9.18에 따라 기전력은

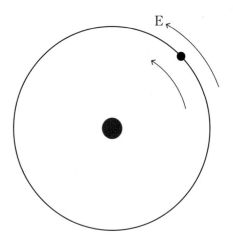

그림 A.8 또 다른 관점에서 바라본 솔레노이드, 고리, 전하.

$$EMF = -\frac{d\phi}{dt}$$

이다. 기전력은 단위 전하를 전체 회로로 한 바퀴 밀어 넣는 데에 필요한 에너지를 나타내므로, 고리에서의 전기장은 부호가 반대이며 고리의 길이를 따라 '퍼지게' 된다. 즉

$$E = \frac{\dot{\phi}}{2\pi r} \qquad (A.13)$$

이며 돌림힘(힘 곱하기 r)은

$$T = \frac{q\dot{\phi}}{2\pi} \qquad (A.14)$$

이다.

연습 문제 A.1: 식 9.18을 기초로 해서 식 A.13을 유도하라.

힌트: 9.2.5절의 식 9.22를 유도했던 것과 똑같은 논리를 따르면 된다.

힘이 운동량을 변화시키는 것과 똑같은 방식으로 돌림힘은 각운동량을 변화시킬 것이다. 사실, 시간 Δt 동안 적용된 돌림힘 T에 의한 각운동량의 변화는

$$\Delta L = T \Delta t, \qquad (A.15)$$

또는 식 A.14를 이용하면

$$\Delta L = \frac{q\dot{\phi}}{2\pi} \Delta t \qquad (A.16)$$

이다. 각운동량이 얼마나 많이 변하는지를 계산하기 위한 마지막 단계는 $\dot{\phi}\Delta t$ 라는 곱이 그냥 최종 선속 ϕ 임을 인식하는 것이다.[2] 따라서 선속을 증가하는 과정이 끝나면 전자의 각운동량은

$$\Delta L = \frac{q\phi}{2\pi} \qquad (A.17)$$

의 양만큼 변화한다. 이 시점에는 솔레노이드 속의 선속이 변하지 않으므로 더는 전기장이 존재하지 않는다. 그러나 두 가지가 변했다. 첫째, 이제 솔레노이드 속에 자속 ϕ가 존재한다. 둘째, 전자의 각운동량이 $\frac{q\phi}{2\pi}$ 만큼 변했다. 즉 L의 새로운 값은

$$L = n\,\hbar + \frac{q\phi}{2\pi} \qquad (A.18)$$

---

2) 기술적으로, 이는 Δt 의 시간 간격 동안의 선속의 변화이지만, 가정에 따라 선속이 0에서부터 시작한다. 따라서 이 두 양은 똑같다.

이다. 이는 반드시 $\hbar$의 정수배인 것은 아니다. 이는 이제 전자가 고리 위에 있든 원자 속에 있든, 전자의 가능한 일군의 에너지 준위를 변화시킨다. 원자가 가질 수 있는 가능한 에너지의 변화는 원자가 방출하는 스펙트럼선으로 쉽게 관측할 수 있다. 그러나 지금 에너지 변화는 끈 주변을 도는 전자에만 발생한다. 따라서 원자를 끈 주위로 움직여 그 에너지 준위를 측정함으로써 그런 끈의 위치를 파악할 수 있을 것이다. 가짜 홀극으로 아트를 놀리려던 레니의 속임수를 이런 식으로 끝장낼 수도 있다.

하지만 한 가지 예외가 있다. 식 A.18로 돌아가 각운동량의 변화가 단지 마침 플랑크 상수의 n'만큼의 정수배와 똑같다고 가정하자. 즉

$$\frac{q\phi}{2\pi} = n' \, \hbar \qquad \text{(A.19)}$$

라 하자. 이 경우 각운동량(그리고 에너지 준위)의 가능한 값들은 선속이 0일 때 그랬던 것, 즉 플랑크 상수의 어떤 정수배인 것과 전혀 다르지 않다. 아트는 원자에 대한 끈의 효과로 끈이 존재하는지, 또는 그 밖의 다른 무언가가 있는지 말할 수 없을 것이다. 이런 일은 선속이 어떤 양자화된 값을 가질 때, 즉

$$\phi = \frac{2\pi n \, \hbar}{q} \qquad \text{(A.20)}$$

일 때에만 일어난다. 이제 끈의 한쪽 끝, 말하자면 양의 끝으로 돌아가 보자. 끈을 관통하는 자속이 퍼져 나가 그림 A.6에서와 꼭 마찬가지로 홀극의 장을 흉내 낼 것이다. 홀극의 전하 μ는 단지 끈의 끝으로 쏟아 내는 선속의 양이다. 즉 그 전하는 ϕ이다. 만약 이 값이 식 A.20에서처럼 양자화된다면 그 끈은 심지어 양자 역학적으로도 보이지 않을 것이다.

이 모두를 종합하면, 레니는 정말로 자신의 '가짜' 자기 홀극으로 아트를 속일 수 있다. 다만 홀극의 전하가 전기 전하 q와

$$\mu q = 2\pi \hbar n \qquad (A.21)$$

의 관계에 있어야만 한다. 물론 중요한 점은 단지 누군가가 가짜 홀극으로 속을 수도 있다는 사실이 아니다. 모든 면에서 사실상, 실제 홀극이 존재할 수 있다. 다만 그 전하가 식 A.21을 만족할 때만 그렇다. 이 논증이 억지스러워 보일지도 모르겠으나 현대 양자 장론에 따르면 이것이 옳다고 물리학자들은 확신한다.

하지만 이는 '왜 자기 홀극을 지금까지 전혀 본 적이 없는가?'라는 질문을 남긴다. 왜 자기 홀극은 전자만큼 풍부하지 않을까? 양자 장론이 제시한 답은 홀극이 아주 무겁다는 것이다. 너무나 엄청나게 무거워서, 가장 강력한 입자 가속기에서 일어나는 것과 같은 입자들의 충돌에서조차 만들어질 수가 없다. 지금의 추정이 옳다면, 우리가 언젠가 건설할지도 모를 그 어떤 가속

기조차도 자기 홀극을 생성할 만큼 충분한 에너지로 입자들을 충돌시킬 수 없을 것이다. 그렇다면 자기 홀극이 관측 가능한 물리학에 어떤 영향이라도 미치고 있는가?

디랙은 무언가 다른 것을 알아차렸다. 이 우주에서 단 하나의 자기 홀극의 영향도, 또는 심지어 단지 자기 홀극이 있을지도 모른다는 가능성만으로도 심오한 의미를 갖는다. 자연에 전기적으로 대전된 입자가 존재해서 그 전하가 전자 전하의 정수배가 아니라고 가정해 보자. 그 새 입자의 전기 전하를 Q라 하자. q가 전자의 전하일 때 식 A.21을 만족하는 자기 홀극은, 만약 q가 Q로 대체된다면 이 방정식을 만족하지 않을 것이다. 이 경우 아트는 새 입자를 이용한 실험으로 레니의 사기적인 홀극을 폭로할 수 있을 것이다. 이런 이유로 디랙은 우주에서 단 하나의 자기 홀극의 존재조차, 심지어 그런 홀극의 가능성조차, 모든 입자가 하나의 기본 전하 단위, 즉 전자의 전하의 정수배인 전기 전하를 가지기를 요구한다고 주장했다. 만약 $\sqrt{2}$ 곱하기 전자 전하, 또는 여느 다른 무리수 배수의 전하를 가진 입자가 발견된다면, 이는 홀극이 존재할 수 없음을 뜻할 것이다.

자연의 모든 전하가 전자 전하의 정수배임은 사실인가? 우리가 아는 한 그렇다. 중성자와 중성미자처럼 전기적으로 중성인 입자들이 있다. 이들에 대해서는 그 정수가 0이다. 양성자와 양전자의 전하는 전자 전하의 −1배이다. 다른 많은 경우에도 그렇다. (원자핵, 원자 이온 같은 복합체, 힉스 보손 같은 이색적인 입자, 그리

고 다른 모든 입자를 포함해서) 지금까지 발견된 모든 입자는 전자 전하의 정수배인 전하를 갖고 있다.[3]

---

3) 쿼크가 이 논증에 대한 반례를 제시한다고 생각할지도 모르겠지만, 그렇지 않다. 쿼크가 전자 전하의 $\pm\frac{1}{3}$ 또는 $\pm\frac{2}{3}$의 전하를 지니는 것은 사실이다. 하지만 이들은 언제나 전자 전하의 정수배를 산출하는 조합으로만 나타난다.

부록 B ⏲ 3-벡터 연산자 복습

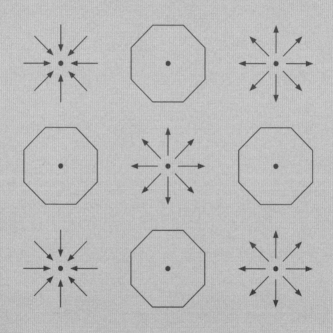

이 부록에서는 일반적인 벡터 연산인 경사, 발산, 회전, 라플라시안을 요약한다. 여러분이 이전에 이들을 접한 적이 있다고 가정할 것이다. 우리의 논의는 3차원 데카르트 좌표계에 국한된다. 이 모든 연산이 기호 $\vec{\nabla}$ 을 사용하므로, 먼저 이것부터 기술할 것이다.

B.1 $\vec{\nabla}$ 연산자

데카르트 좌표계에서 기호 $\vec{\nabla}$ ('델'로 읽는다.)은

$$\vec{\nabla} \equiv \frac{\partial}{\partial x}\hat{\mathbf{i}} + \frac{\partial}{\partial y}\hat{\mathbf{j}} + \frac{\partial}{\partial z}\hat{\mathbf{k}} \qquad (\text{B.1})$$

로 정의된다. 여기서 $\hat{\mathbf{i}}$, $\hat{\mathbf{j}}$, $\hat{\mathbf{k}}$는 각각 x, y, z 방향으로의 단위 벡터들이다. 수학적인 표현에서는 연산자 성분($\frac{\partial}{\partial x}$ 같은)을 마치 이들이 수치량인 것처럼 대수적으로 다룰 것이다.

B.2 경사

스칼라 양 S의 경사는 $\vec{\nabla}S$로 쓰며

$$\vec{\nabla} S = \frac{\partial S}{\partial x}\hat{\mathbf{i}} + \frac{\partial S}{\partial y}\hat{\mathbf{j}} + \frac{\partial S}{\partial z}\hat{\mathbf{k}}$$

로 정의된다. '축약된' 표기법에서는 그 성분들이

$$\left(\vec{\nabla} S\right)_x = \partial_x S$$

$$\left(\vec{\nabla} S\right)_y = \partial_y S$$

$$\left(\vec{\nabla} S\right)_z = \partial_z S$$

이다. 여기서 미분 기호는

$$\partial_x S = \frac{\partial S}{\partial x}$$

$$\partial_y S = \frac{\partial S}{\partial y}$$

$$\partial_z S = \frac{\partial S}{\partial z}$$

의 약식 표기이다. 경사는 그 스칼라의 최대 변화 방향을 가리키는 벡터이다. 그 크기는 그 방향으로의 변화율이다.

B.3 발산

$\vec{A}$ 의 발산은 $\vec{\nabla} \cdot \vec{A}$ 로 쓰며

$$\vec{\nabla} \cdot \vec{A} = \partial_x A_x + \partial_y A_y + \partial_z A_z,$$

즉

$$\vec{\nabla} \cdot \vec{A} = \frac{\partial A_x}{\partial x} + \frac{\partial A_y}{\partial y} + \frac{\partial A_z}{\partial z}$$

로 주어지는 스칼라 양이다. 특정한 위치에서 장의 발산은 그 점으로부터 그 장이 퍼져 나가는 경향을 나타낸다. 양의 발산은 그 장이 이 위치로부터 퍼져 나간다는 뜻이다. 음의 발산은 반대로 장이 그 위치를 향해 수렴하는 경향이 있음을 뜻한다.

B.4 회전

회전은 벡터장이 회전하거나 선회하는 경향을 나타낸다. 만약 어떤 위치에서 회전이 0이라면 그 위치에서 그 장은 비회전성이다. $\vec{A}$ 의 회전은 $\vec{\nabla} \times \vec{A}$ 로 쓰며 그 자체로 벡터장이다. 이는

$$\vec{\nabla} \times \vec{A} = (\partial_y A_z - \partial_z A_y)\hat{\mathbf{i}} + (\partial_z A_x - \partial_x A_z)\hat{\mathbf{j}} \\ + (\partial_x A_y - \partial_y A_x)\hat{\mathbf{k}}$$

로 정의된다. 그 x, y, z 성분은

$$(\vec{\nabla} \times \vec{A})_x = \partial_y A_z - \partial_z A_y$$

$$(\vec{\nabla} \times \vec{A})_y = \partial_z A_x - \partial_x A_z$$

$$(\vec{\nabla} \times \vec{A})_z = \partial_x A_y - \partial_y A_x,$$

즉

$$(\vec{\nabla} \times \vec{A})_x = \frac{\partial A_z}{\partial y} - \frac{\partial A_y}{\partial z}$$

$$(\vec{\nabla} \times \vec{A})_y = \frac{\partial A_x}{\partial z} - \frac{\partial A_z}{\partial x}$$

$$(\vec{\nabla} \times \vec{A})_z = \frac{\partial A_y}{\partial x} - \frac{\partial A_x}{\partial y}$$

이다. 편의상 우리는 숫자 첨자를 이용해 앞선 방정식들을 다시 쓸 것이다.

$$(\vec{\nabla} \times \vec{A})_1 = \frac{\partial A_3}{\partial X^2} - \frac{\partial A_2}{\partial X^3}$$

$$(\vec{\nabla} \times \vec{A})_2 = \frac{\partial A_1}{\partial X^3} - \frac{\partial A_3}{\partial X^1}$$

$$(\vec{\nabla} \times \vec{A})_3 = \frac{\partial A_2}{\partial X^1} - \frac{\partial A_1}{\partial X^2}.$$

회전 연산자는 벡터의 외적과 똑같은 대수적 형태를 갖고 있다. 쉽게 참조하기 위해 벡터 외적을 여기 요약해 둔다. $\vec{U} \times \vec{V}$ 의 성분들은

$$(\overrightarrow{U} \times \overrightarrow{V})_x = U_y V_z - U_z V_y$$

$$(\overrightarrow{U} \times \overrightarrow{V})_y = U_z V_x - U_x V_z$$

$$(\overrightarrow{U} \times \overrightarrow{V})_z = U_x V_y - U_y V_x$$

이다. 첨자 표기법을 쓰면 이는

$$(\overrightarrow{U} \times \overrightarrow{V})_1 = U_2 V_3 - U_3 V_2$$

$$(\overrightarrow{U} \times \overrightarrow{V})_2 = U_3 V_1 - U_1 V_3$$

$$(\overrightarrow{U} \times \overrightarrow{V})_3 = U_1 V_2 - U_2 V_1$$

이다.

B.5 라플라시안

라플라시안은 경사의 발산이다. 발산은 2차 미분 가능한 스칼라 함수 S에 작용하며 그 결과는 스칼라이다. 기호로는

$$\nabla^2 = \overrightarrow{\nabla} \cdot \overrightarrow{\nabla}$$

로 정의된다. 식 B.1로 돌아가 참고하면 이는

$$\nabla^2 = \left(\frac{\partial}{\partial x} \hat{\mathbf{i}} + \frac{\partial}{\partial y} \hat{\mathbf{j}} + \frac{\partial}{\partial z} \hat{\mathbf{k}} \right) \cdot \left(\frac{\partial}{\partial x} \hat{\mathbf{i}} + \frac{\partial}{\partial y} \hat{\mathbf{j}} + \frac{\partial}{\partial z} \hat{\mathbf{k}} \right)$$

$$\nabla^2 = \frac{\partial^2}{\partial x^2} + \frac{\partial^2}{\partial y^2} + \frac{\partial^2}{\partial z^2}$$

이다. 스칼라 함수 S에 ∇^2을 적용하면

$$\nabla^2 S = \frac{\partial^2 S}{\partial x^2} + \frac{\partial^2 S}{\partial y^2} + \frac{\partial^2 S}{\partial z^2}$$

을 얻는다. 특정한 점에서 $\nabla^2 S$의 값은 그 점에서의 S의 값이 주변을 둘러싼 점들에서의 S의 평균값과 어떻게 비교되는지를 알려 준다. 만약 점 p에서 $\nabla^2 S > 0$이면 점 p에서의 S의 값은 주변을 둘러싼 점들에서의 S의 평균값보다 작다.

보통 우리는 ∇^2 연산자를 그 위에 화살표 **없이** 사용한다. 왜 냐하면 이는 스칼라에 작용해서 또 다른 스칼라를 만들어 내기 때문이다. 라플라스 연산자의 벡터 버전 또한 존재한다. 이는 화 살표와 **함께** 쓰며 그 성분은

$$\vec{\nabla^2}\,\vec{A} = \left(\nabla^2 A_x,\, \nabla^2 A_y,\, \nabla^2 A_z\right)$$

이다.

🕐 옮긴이의 글 🕐

'모든 것의 이론'을 향한 대가의 포석

「물리의 정석」 시리즈 세 번째 책은 특수 상대성 이론과 고전 장론에 관한 내용을 담고 있다. 언뜻 보기엔 특수 상대성 이론과 고전 장론 사이에 아무런 연관이 없어 보이지만, 특수 상대성 이론의 출발점이 전자기학이고 여기서 장의 개념이 나왔다는 점을 상기해 보면 이 둘의 조합이 그리 낯설지는 않다.

레너드 서스킨드는 2022년 현재 여든이 넘은 고령이지만, 여전히 물리학계의 최전선을 이끌고 있는 사람 중 한 명이다. 다른 대가들과 마찬가지로 그의 논증은 언제나 대상의 본질을 꿰뚫고 있기 때문에 항상 경청할 만하다. 특수 상대성 이론을 설명하며 자와 시계를 설정하는 방법, 운동 상태에 따라 달라지는 동시성, 로런츠 변환식을 유도하는 과정 등은 특히 감탄을 자아내는 대목이다.

학교에서 정규 물리학 교육을 받지 않았다면 이 책의 내용은 전반적으로 쉽지 않다. 특히 4-벡터나 계측 텐서, 가우스 법칙, 맥스웰 방정식 등은 처음 접하는 사람에게 대단히 어려울 것이다. 이런 독자에게는 수학적인 디테일에 너무 매달리지 말라는 조언을 하고 싶다. 그 수식으로 저자가 어떤 말을 하려고 하는지, 그 이면의 메시지에 집중하면 『물리의 정석: 특수 상대성 이론과 고전 장론 편』을 더 재미있고 깊게 즐길 수 있다. 예컨대 4-벡터의 경우 요란스런 첨자들에 매몰되면 큰 그림을 보기 어렵다. 수학이 익숙하지 않다면 4-벡터를 '어떤 규칙에 따라 특정하게 변환하는 벡터' 정도로만 이해해도 충분하다.

또한 큰 줄거리를 먼저 파악하는 것이 중요하다. 특수 상대성 이론의 놀라운 결과들, 즉 시간의 팽창이나 길이의 수축도 물론 흥미롭고 중요한 결과이지만 그보다 더 본질적이고 큰 의미는 상대성 이론이 좌표를 변환하더라도 변하지 않는 물리 법칙에 관한 이론이라는 점이다. 아인슈타인이 상대성 이론을 구상한 출발점도 바로 이곳이다. 특히 아인슈타인에게 각별했던 물리 법칙은 제임스 맥스웰이 19세기에 완성한 고전 전자기학이었다. 그래서 특수 상대성 이론 논문의 제목이 「움직이는 물체의 전기 동역학에 관하여」였던 것이다. 그러니까 움직이는 좌표로 변환하더라도 맥스웰 방정식으로 정리되는 전자기 이론이 그 모습을 그대로 유지할 것인가가 굉장히 중요한 문제이다.

서스킨드는 고전 장론의 기법을 이용해서 바로 이 지점을 보여 주려 한다. 여기서 기본이 되는 것은 최소 작용의 원리이다. 서스킨드는 가장 중요하고도 기본이 되는 이 원리를 처음부터 끝까지 우직하게 고수한다. 이 원리를 이용하면 어떤 계의 라그랑지안으로부터 오일러-라그랑주 방정식을 통해 거의 자동으로 운동 방정식을 이끌어 낼 수 있다. 그렇다면 어떤 물리계를 기술하기 위해 가장 먼저 해야 할 일은 올바른 라그랑지안을 구축하는 것이다. 물론 라그랑지안 구축도 아무렇게나 막무가내로 할 수는 없다. 이 단계에서부터 로런츠 불변성이나 게이지 불변성 같은 원리들이 적용된다.

이 대목에서도 세세한 부분은 역시 어렵다. 수많은 수학과 복잡한 첨자가 동반된다. 거기에 너무 빠져들지 말고 큰 줄거리에 집중하기 바란다. 특히 서스킨드의 논지에서 항상 기저에 깔려 있는 중요한 요소는 대칭성이다. 로런츠 변환식을 유도할 때도, 맥스웰 방정식을 상대론적으로 기술할 때도 대칭성은 큰 힘을 발휘한다. 보통 사람은 잘 파악하지 못하는 물리 현상 또는 원리에서 대칭적인 요소를 파악하는 것이 대가의 능력이다. 다른 수학적 디테일은 사실 그다지 중요하지 않다.

그럼에도 적지 않은 독자들은 특수 상대성 이론을 왜 이렇게 복잡한 수학으로 들여다봐야 할까, 왜 뜬금없이 고전 장론이 등장할까, 의아해할지도 모르겠다. 옮긴이로서 짐작해 보자면, 고전 장론을 지금 이렇게 깔아 두는 것은 이후의 주제, 즉 일반 상대성 이론이나 양자 장론, 끈 이론 등을 다루기 위한 사전 포석의 의미가 있다. 미래를 위한 무기를 미리 마련해 두는 셈이다. 상대성 이론이나 양자 역학이 아무리 고전 역학과 크게 단절하고 결별했다 하더라도 최소 작용의 원리와 라그랑지안의 구축, 해밀토니안 기법의 활용 등은 여전히 현대 물리학에서도 가장 핵심 요소로 작동하고 있다. 서스킨드는 시종일관 그 수준에서 고전 역학과 양자 역학, 상대성 이론 등을 아우르려 하고 있는 것이다. 독자들이 서스킨드의 이런 큰 그림과 의도를 짐작하면서 책을 읽어 나간다면 수학 지옥에 빠져들지 않으면서 흥미롭게 「물리의 정석」 시리즈를 즐길 수 있으리라 확신한다.

여러분의 건투를 빈다.

2022년 입춘에 정릉에서

이종필

⏱ 찾아보기 ⏱

하

이종필

서울 대학교 물리학과를 졸업하고 같은 대학교 대학원에서 입자 물리학으로 석사, 박사 학위를 받았다. 한국 과학 기술원(KAIST) 부설 고등 과학원(KIAS), 연세 대학교, 서울 과학 기술 대학교에서 연구원으로, 고려 대학교에서 연구 교수로 재직했다. 현재 건국 대학교 상허 교양 대학 교수로 재직 중이다. 저서로는 『물리학 클래식』, 『대통령을 위한 과학 에세이』, 『신의 입자를 찾아서』, 『빛의 전쟁』, 『우리의 태도가 과학적일 때』 등이 있고, 번역서로 『물리의 정석: 고전 역학 편』, 『물리의 정석: 양자 역학 편』, 『물리의 정석: 일반 상대성 이론 편』, 『최종 이론의 꿈』, 『블랙홀 전쟁』 등이 있다.

물리의 정석 특수 상대성 이론과 고전 장론 편

1판 1쇄 찍음 2022년 3월 15일
1판 4쇄 펴냄 2024년 6월 30일

지은이 레너드 서스킨드, 아트 프리드먼
옮긴이 이종필
펴낸이 박상준
펴낸곳 (주)사이언스북스

출판등록 1997. 3. 24.(제16-1444호)
(06027) 서울특별시 강남구 도산대로1길 62
대표전화 515-2000, 팩시밀리 515-2007
편집부 517-4263, 팩시밀리 514-2329
www.sciencebooks.co.kr

한국어판 ⓒ (주)사이언스북스, 2022. Printed in Seoul, Korea.

ISBN 979-11-91187-31-1 04420
        979-89-8371-838-9 (세트)